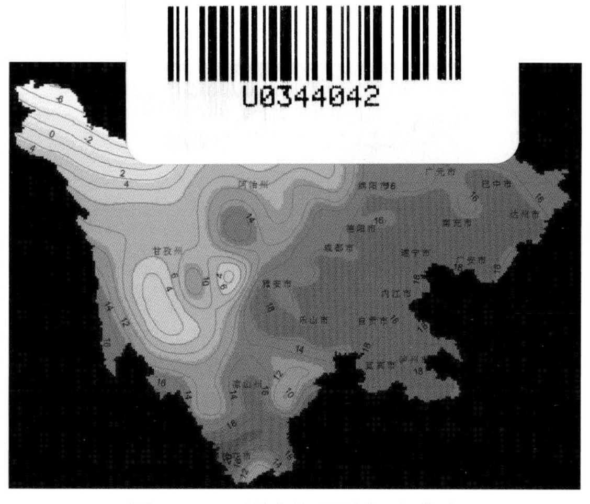

图2-1　四川省年平均温度分布

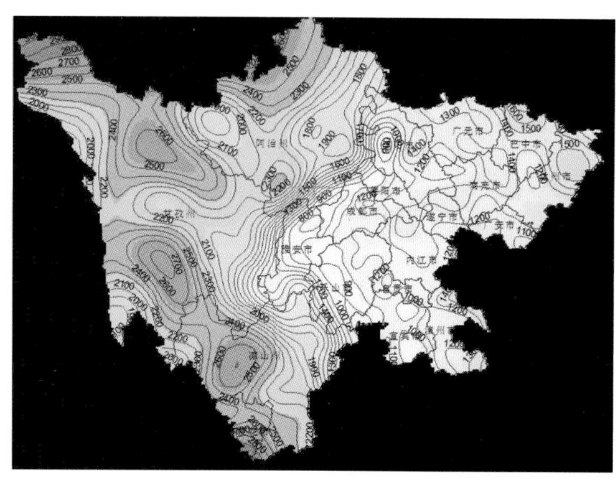

图2-2　四川省年日照时数分布

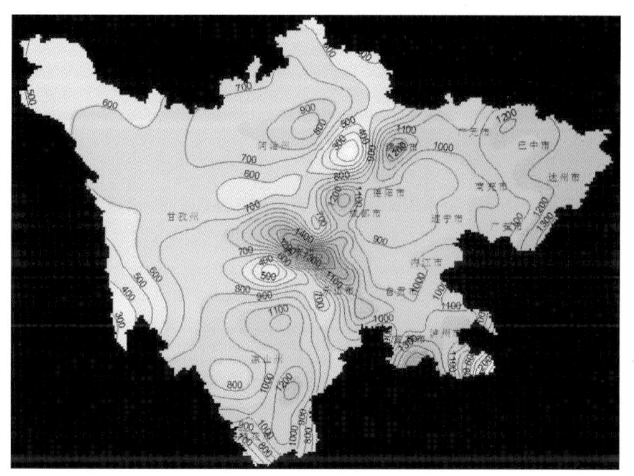

图2-3　四川省年降水量分布

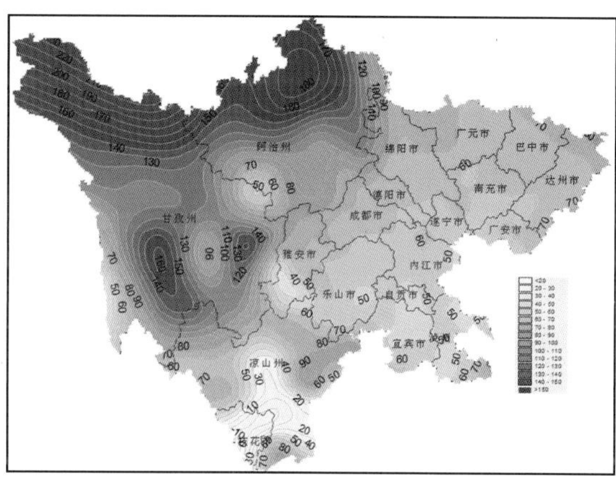

图2-4　四川省稳定通过10℃初日的空间分布
（注：图中数值以日序表示，1月1日为1，多年平均值）

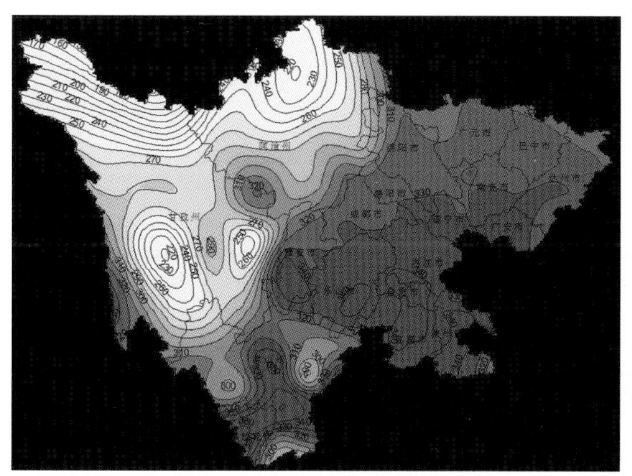

图2-6　四川省稳定通过10℃终日的空间分布
（注：图中数值以日序表示，1月1日为1，多年平均值）

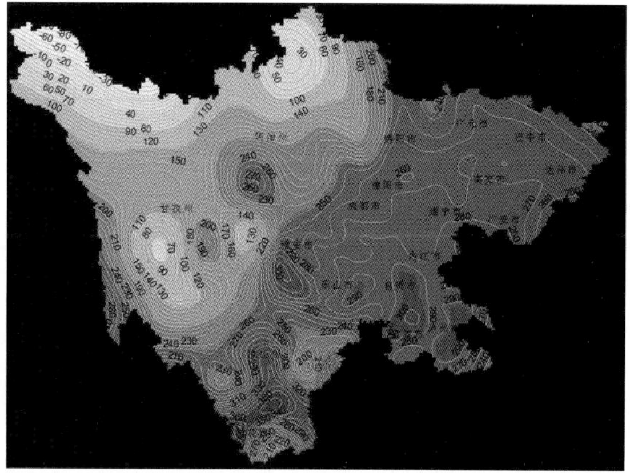

图2-8　四川省稳定通过10℃初终日期间天数
（多年平均值）的空间分布

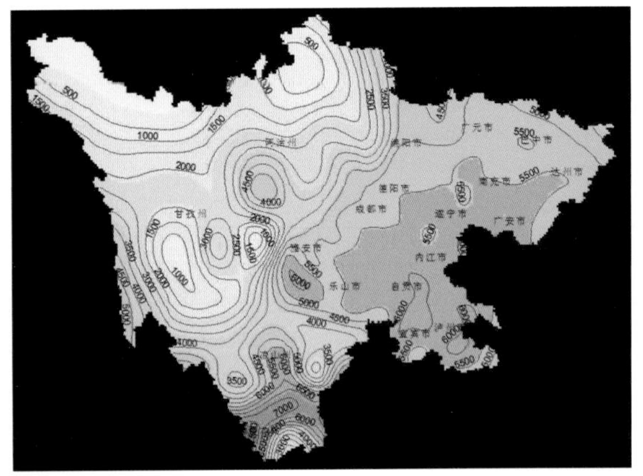

图2-9　四川省稳定通过10℃初终日期间积温（多年平均值）的空间分布

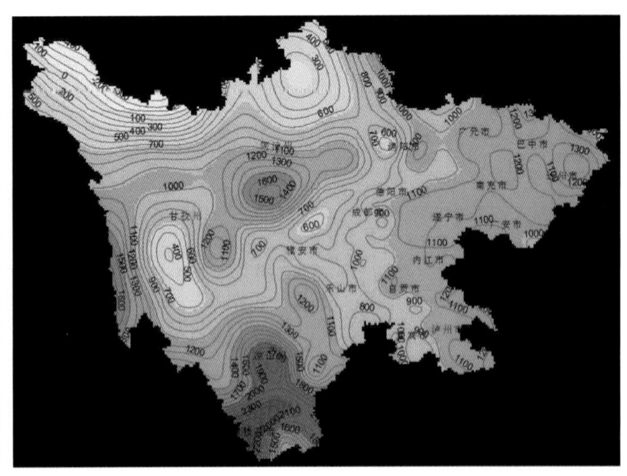

图2-11　四川省稳定通过10℃初终日期间日照时数（多年平均值）的空间分布

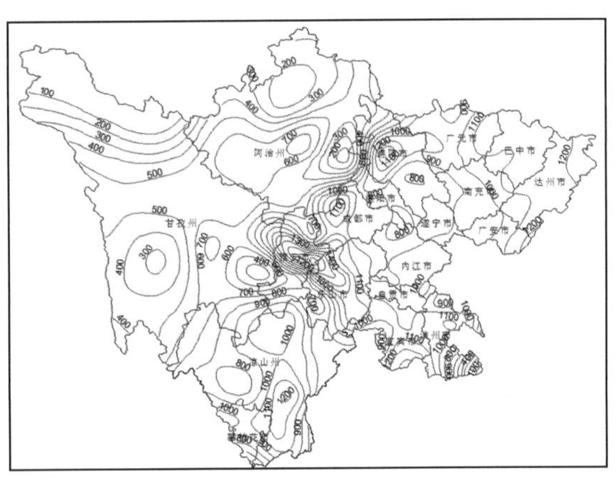

图2-13　四川省稳定通过10℃初终日期间降水量（多年平均值）的空间分布

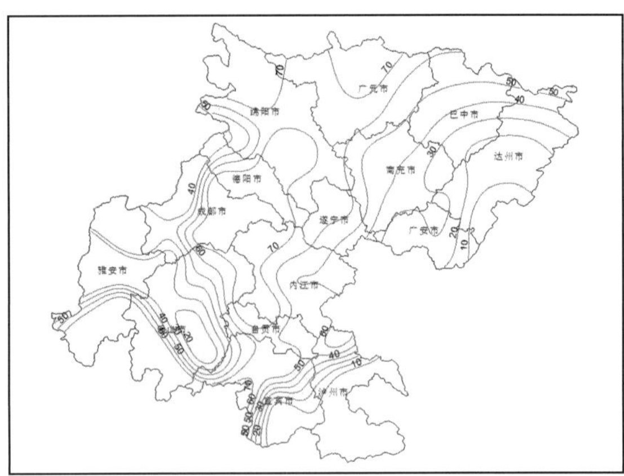

图2-14　四川盆地春旱频率分布

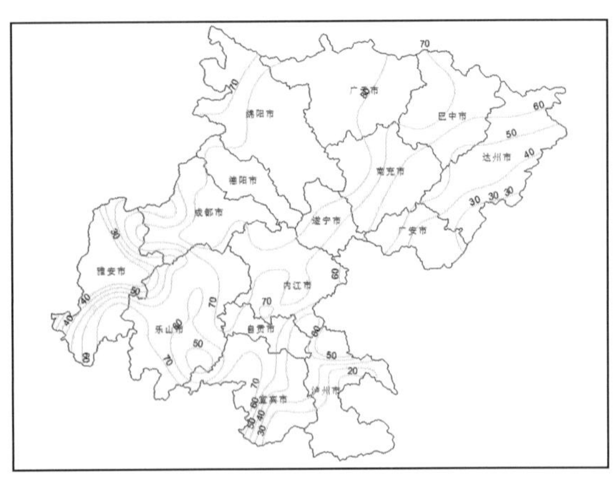

图2-16　四川盆区夏旱频率分布

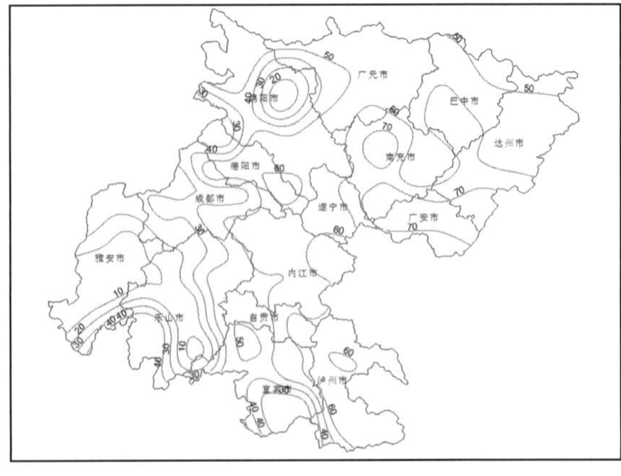

图2-18　四川盆地伏旱发生频率分布

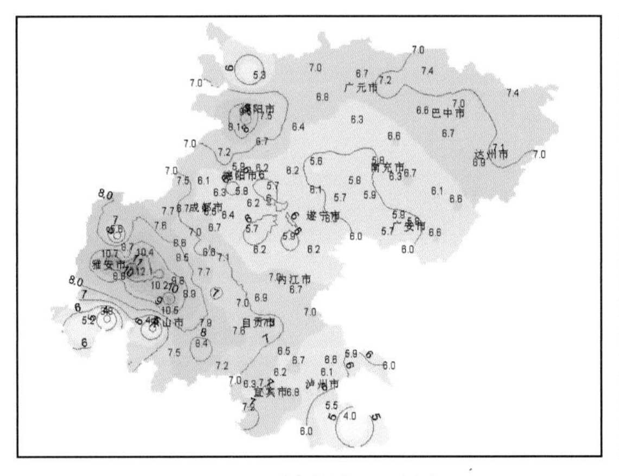

图2-20　四川盆地6-8月大雨（日雨量≥25mm）日数分布（天/a）

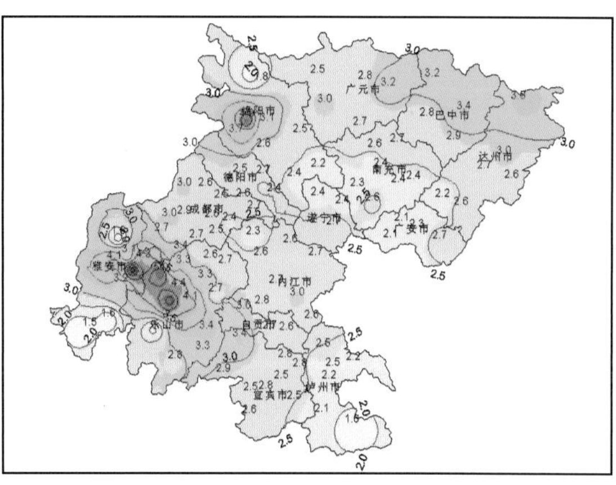

图2-23　四川盆地6-8月暴雨（日雨量≥50mm）日数分布（天/a）

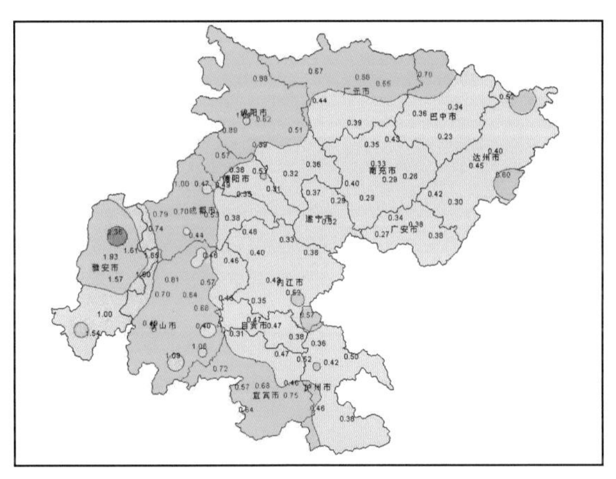

图2-26　四川盆地6-8月绵雨（连续7天日雨量≥0.1)日数分布（次/a）

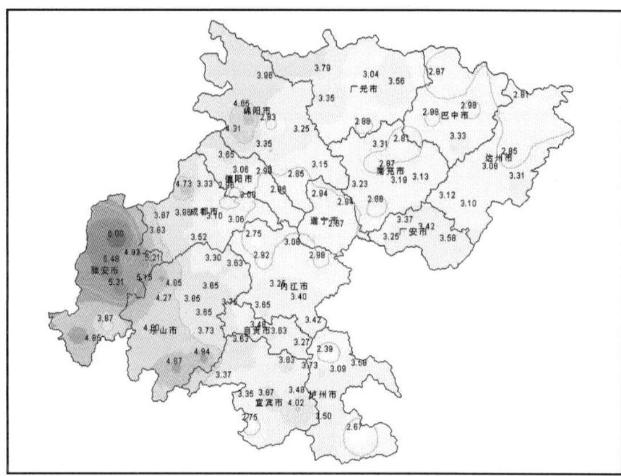

图2-28　四川盆地6-8月连阴雨日数分布（次/a）

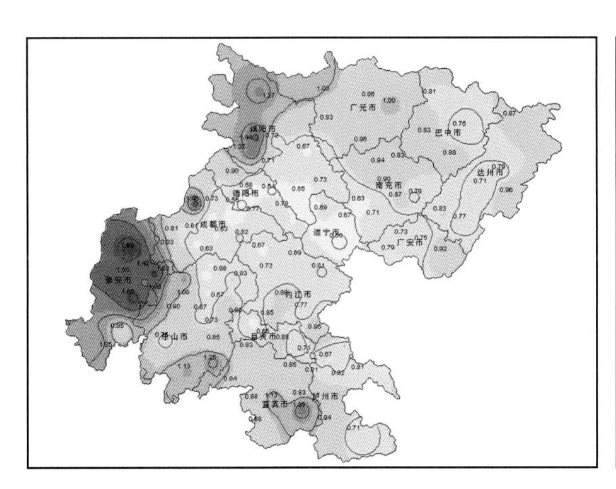

图2-29　四川盆地6-8月连阴雨日数分布（次/a）

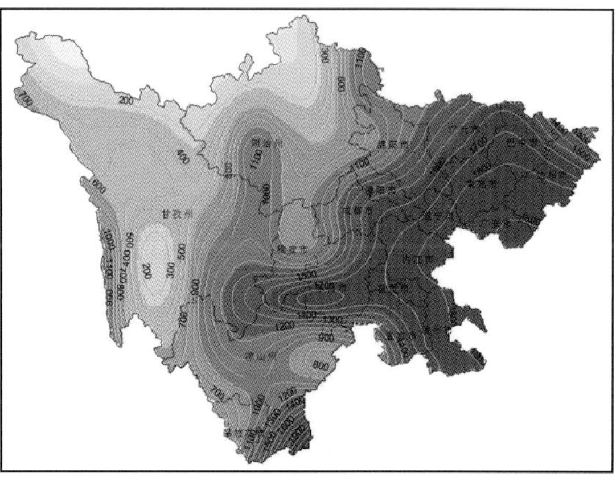

图2-32　稳定通过10℃期间的玉米光温生产潜力(kg/666.7m^2)

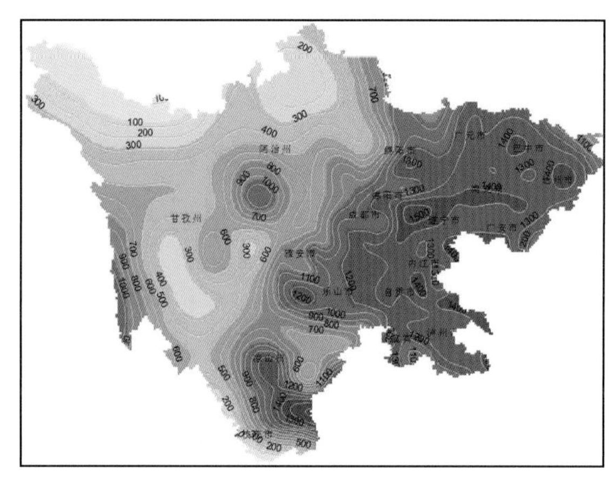

图2-33　四川玉米气候生产潜力分布
（3月上旬–5月下旬播期平均，kg/666.7m2）

图5-2　玉米育苗方式

图5-3　育苗移栽关键技术环节

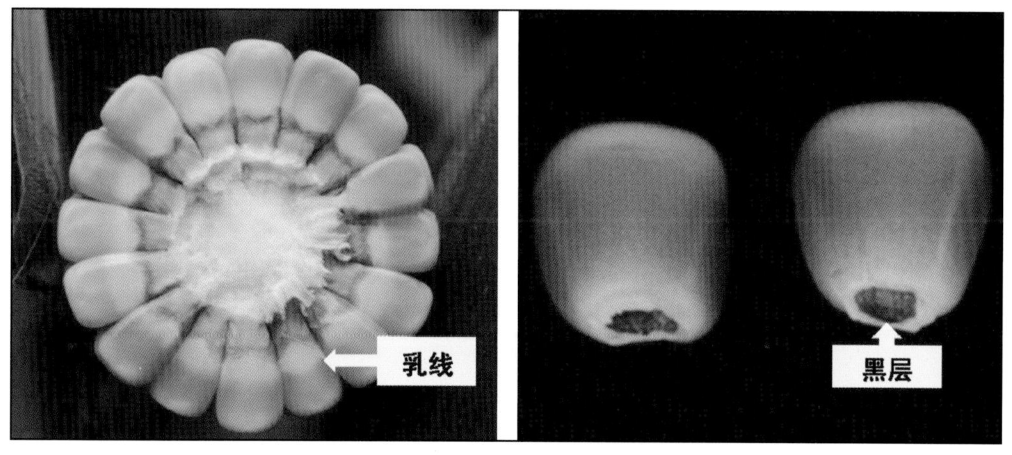

图5-5　玉米籽粒胚乳线与黑层

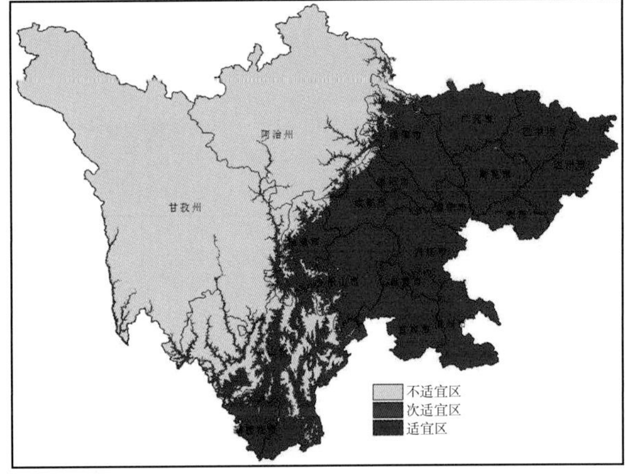

图8-3　玉米种植气候分区

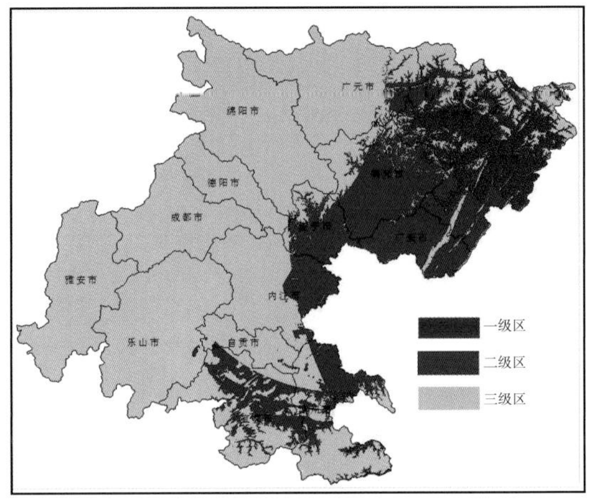

图8-4　四川盆区玉米气候生产潜力优势分区（平面图）

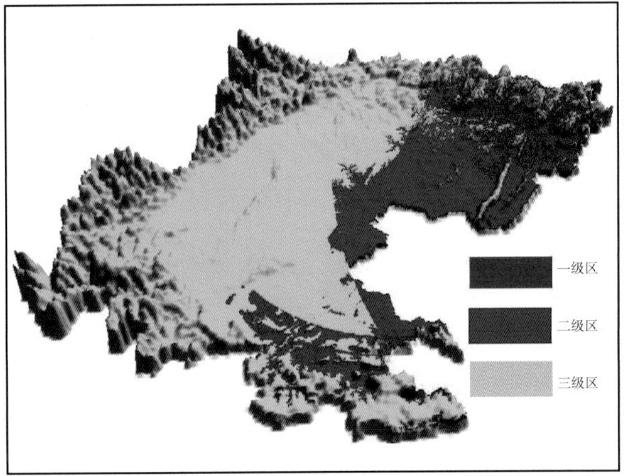

图8-5　四川盆区玉米气候生产潜力优势分区（立体图）

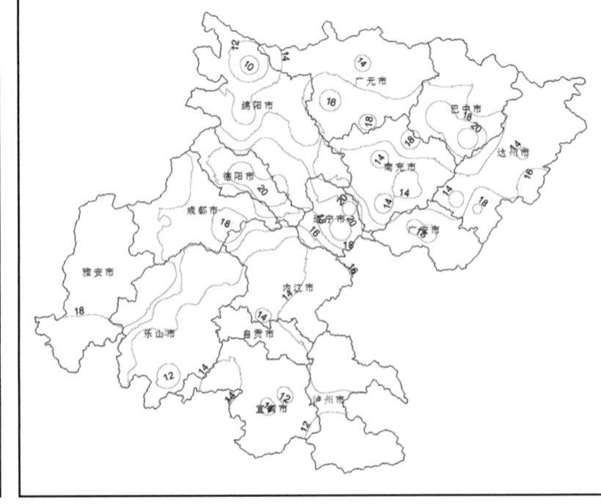

图8-8　四川盆区玉米光温生产潜力利用率分布

四川玉米高产创建理论与技术

刘永红　主编

中国农业科学技术出版社

图书在版编目（CIP）数据

四川玉米高产创建理论与技术 / 刘永红主编. —北京：中国农业科学技术出版社，2015. 5
ISBN 978 - 7 - 5116 - 2081 - 1

Ⅰ. ①四… Ⅱ. ①刘… Ⅲ. ①玉米 - 高产栽培 - 栽培技术 Ⅳ. ①S513

中国版本图书馆 CIP 数据核字（2015）第 089992 号

责任编辑 闫庆健 鲁卫泉
责任校对 马广洋

出 版 者 中国农业科学技术出版社
北京市中关村南大街 12 号 邮编：100081
电　　话 （010）82106632（编辑室） （010）82109702（发行部）
（010）82109709（读者服务部）
传　　真 （010）82106625
网　　址 http://www.castp.cn
经 销 者 各地新华书店
印 刷 者 北京富泰印刷有限责任公司
开　　本 787 mm × 1 092 mm 1/16
印　　张 11.5 彩插 6 面
字　　数 268 千字
版　　次 2015 年 5 月第 1 版 2015 年 5 月第 1 次印刷
定　　价 60.00 元

《四川玉米高产创建理论与技术》

编 委 会

主　　编： 刘永红

副 主 编： 刘代银　杨　勤　梁南山　王荣焕

参编人员： 陈传永　陈远学　杜国友　鄂文第　冯伯润

何　川　蒋　凡　柯国华　李昌东　李朝泉

李　涛　李　卓　梁南山　刘代银　刘永红

卢廷启　彭国照　冉　鹏　任厚连　任厚银

孙洪双　田山君　庹万里　王荣焕　王小中

王秀全　徐田军　杨　勤　岳丽杰　严永德

郑祖平　周元春　朱德茂

序

这是一本根据四川实际，长期开展玉米高产栽培研究与高产创建实践，利用获得的第一手资料和创新性成果写成的好书，既可用于指导四川玉米生产，也可供我国西南广大地区参考应用。对玉米高产研究者、教学者和生产一线工作者都能开卷有益。

玉米是粮、经、饲、菜多元用途作物，在四川省粮食作物中玉米种植面积和产量均处于第二位。作为畜牧业大省和饲料加工业、酿酒业大省，四川玉米需求缺口一直较大。近年来，随着玉米加工业的快速发展，玉米需求缺口呈逐年扩大趋势。在种植面积不可能大幅扩大和全国玉米供给趋紧的情况下，充分挖掘玉米增产潜力，依靠科技提高单产、品质和生产效率，对提高全省玉米自给率，保障粮食安全，促进畜牧业和玉米加工业健康发展具有十分重要的意义。

2007 年以来，四川省按照农业部的统一部署，整合行政、科研和推广力量，以提高单产、提升品质和转化增值为总体目标，加大玉米高产栽培技术集成、创新和推广力度，狠抓新品种、新模式、新技术、新机制的“四新”联动，良种、良壤、良法、良制、良机“五良”配套，统一打造成片连线的玉米高产示范带、展示线和辐射区，有力带动了全省玉米大面积增产，为粮食实现“七连增”奠定了坚实基础。四川省玉米高产创建的单块田、万亩片的产量水平多次创造和打破了全省及西南地区高产纪录，整建制高产创建的技术模式、推广机制走在全国前列，多次得到部省领导的肯定性批示。

该书由四川省玉米高产创建专家指导组组长刘永红研究员牵头，整合省、市、县、乡镇有关农业科研人员，系统总结了 7 年来全省玉米高产创建工作，提出了玉米“四度”联合调控栽培理论、技术扩散基础理论、高产高效栽培关键技术与区域高产创建技术模式，分析总结了高产创建中运用的机制模式及典型案例，充分展示了四川省玉米高产创建的主要成果。该书还介绍了高产创建由来和国内外高产创建经验模式、高产创建的内涵与外延及四川现代玉米产业发展战略。这些内容反映了全省乃至全国玉米科技的重要进展，大大丰富和发展了我国玉米栽培学、农技推广学的内容。

我由衷祝愿《四川玉米高产创建理论与技术》早日问世，祝编著者们在未来科研、生产工作中取得更大的成绩！

四川省农业厅副厅长 牟锦毅

2015 年 4 月 1 日于成都

前　言

四川玉米2014年面积2071万亩，处于全省主要粮油作物的第二位，居全国玉米面积的第九位。总产751.9万吨，居全国第八位。近年全省玉米的年均消费缺口约在500万吨，产不足需，发展潜力巨大。四川玉米在惠农政策、高产创建和科技成果大规模转化的推动下，总产从2007年602.67万吨的基础上，连续突破650万吨、700万吨、750万吨大关，7年之内实现了3次跨越式发展。

本书是一部反映农业部和四川省2007年启动高产创建、玉米产业技术体系建设以来，四川研究与推广玉米科技成果的综合性专著。在介绍高产创建由来、国内外高产创建（高产竞赛）模式的基础上，重点阐述高产创建的内涵与外延、高产创建关键技术与模式及推广机制，总结探讨高产栽培"四度"联合调控与技术扩散基础理论，提出现代玉米产业的发展战略，旨在加强四川及全国玉米科技与生产交流，促进玉米产业健康发展。

全书共8章。第1章在介绍国内外高产创建由来、模式的基础上，诠释高产创建的内涵与外延，由王荣焕、陈传永、鄂文第等撰稿；第2章通过分析玉米高产高效的重大技术问题，系统阐述玉米高产栽培与技术扩散的基础理论，由刘永红、彭国照、杨勤、田山君撰稿；第3章介绍用于高产创建的耐密品种鉴选指标与方法，并推荐一批适合不同产量目标高产创建的品种，由王秀全、郑祖平、岳丽杰等撰稿；第4章介绍高产创建土壤定向培育与水肥管理的最新研究成果，由陈远学、李卓、杨勤等撰稿；第5章介绍高产创建中成功运用的几项关键栽培技术，由杨勤、刘永红、蒋凡撰稿；第6章推介分区域和目标产量构建的高产创建技术模式，由刘永红、梁南山、李清撰稿；第7章总结四川高产创建中运用的机制模式及典型案例，由刘代银、梁南山、王秀全、郑祖平、李朝泉、李涛等撰稿；第8章分析提出现代玉米产业发展战略，由刘永红、彭国照等撰稿。

在研究和推广过程中，先后得到国家玉米产业技术体系（CARS－02）及公益性农业科研专项（201303031－06）、四川省青年科技创新研究团队（2013TD0007）、农业部和四川省高产创建专项、国家科技支撑计划（2012BAD04B13）等项目资助，在此一并致谢。

本书承蒙四川省农业厅牟锦毅副厅长，农业部玉米专家指导组组长、北京市农林科学院赵久然研究员，中国农业科学院李少昆研究员，中国农业大学陈新平教授指导和帮助。对先后参加该项工作的全体人员和给予出版支持的领导专家，表示衷心的感谢。由于作者水平有限，书中不妥之处，请读者批评指正。

作　者

2015年3月20日于四川省农业科学院作物所

目 录

第一章 高产创建的历史、现状与发展趋势

第一节 中国玉米生产发展概况

我国是玉米生产和消费大国，其播种面积、总产量、消费量仅次于美国，均居世界第二位。由于玉米种植范围大，用途广泛，产量潜力大，新中国成立以来我国玉米种植面积不断扩大，总产与单产不断增加，在粮食生产与国民经济中的地位稳步提高。1949—2014年，我国玉米种植面积从1.94亿亩（15亩=1hm^2，全书同）增加到5.56亿亩，增加了1.87倍，年均增加0.06亿亩；总产由0.12亿t增加到2.16亿t，增加了17倍，年均增加0.03亿t；亩产从64.1 kg提高到2013年401.8 kg的历史最高水平，增加了5.27倍，每亩年均增长5.28 kg。2006年，玉米总产和亩产超过小麦，成为我国第二大粮食作物，2012年玉米总产超过水稻，成为我国第一大粮食作物。在2008年国务院《国家粮食安全中长期发展规划（2008—2020年）》所制定的2009—2020年新增1 000亿斤粮食目标中，玉米要承担53%的增产份额。2004—2014年，我国粮食生产实现“十一连增”，共增产1.764 5亿t，其中，玉米增产0.998 7亿t，占56.6%，成为我国粮食增产的主力军。

新中国成立以来，随着玉米生产水平、田间管理水平、机械化水平的提高以及国家农业政策的调整，玉米种植面积与总产在全国粮食种植面积与产量中占的比重不断提高，分别由20世纪50年代的11.77%、10.67%提高到21世纪以来的27.35%、30.24%。我国玉米生产发展历程主要经历了以下几个阶段。

1. 缓慢增长阶段

1950—1969年，玉米种植面积、总产、亩产有较大起伏，整体处于徘徊与缓慢增长阶段。在此期间，我国玉米平均种植面积2.16亿亩、总产0.20亿t、亩产92.65 kg，玉米种植面积与总产在全国粮食种植面积与产量中所占的比重较小，仅为11.77%、11.35%。

2. 第1次快速发展阶段

1970—1977年，随着玉米杂交种大面积种植、化肥增施和病虫草害防治等单项技术措施的运用，我国玉米生产得到较大发展，玉米单产水平得到大幅度提高，我国玉米生产迎来了第1次快速发展阶段其种植面积、总产与亩产分别为2.64亿亩、0.41亿t、154.26 kg，较20世纪五六十年代分别增加了22.23%、102.80%、66.51%。玉米种植面积与总产在全国粮食种植面积与产量中所占的比重上升到14.58%、17.47%。

3. 稳步增长阶段

1978—1989年，党的十一届三中全会以后，联产承包责任制等农村和农业政策的调整和实施，极大地解放和发展了农村社会生产力，大大调动了农民的生产积极性。随着一

批优良高产玉米品种的推广及配套栽培技术的应用，玉米单产水平继续提高。玉米种植面积、总产与亩产分别为2.91亿亩、0.68亿t、233.37 kg，较上一阶段分别增加10.14%、65.73%、51.28%。玉米种植面积与总产在全国粮食种植面积与产量中所占的比重为17.12%、19.73%。

4. 第2次快速发展阶段

1990—1999年，随着紧凑型玉米品种的大力推广，玉米种植密度大幅提高，并且随着畜牧养殖业和玉米加工业的发展，玉米需求量逐步增大，促进了我国玉米生产的快速发展，尤其是20世纪90年代中后期，玉米种植面积快速扩大，总产显著提高，我国玉米生产迎来了第2次快速发展阶段。90年代，玉米种植面积、总产和亩产水平均迈上新台阶，分别达到3.42亿亩、1.10亿t、322.28 kg，较上一阶段分别增加17.68%、62.92%、38.10%。玉米种植面积与总产在全国粮食种植面积与产量中所占的比重为20.38%、25.19%，玉米在我国粮食生产中的重要地位凸显。

5. 调整下降阶段

2000—2003年，受种植业结构调整影响，我国玉米种植面积与总产增幅减小，单产下降。种植面积、总产和亩产分别为3.60亿亩、1.14亿t、317.25 kg，较90年代中后期有较大幅度下降。但种植面积和总产量占全国的比重仍小幅上升，达到22.98%、26.89%。

6. 高速发展阶段

2004年以来国家相继出台了一系列支农惠农政策，而且因玉米市场需求强劲，玉米价格持续高位，充分调动了农民种植玉米的积极性，我国玉米生产进入了高速发展阶段。玉米平均种植面积、总产和亩产均有大幅提升，分别达到4.70亿亩、1.74亿t、367.26 kg，较上一阶段分别增加30.54%、51.92%、15.76%。此阶段，我国玉米种植面积逐年增加，总产与亩产再创新高。2006年，我国玉米种植面积首次突破4亿亩，总产超过1.5亿t，亩产超过350 kg，超越小麦成为我国第二大粮食作物，我国玉米生产进入新纪元。2011年，种植面积突破5亿亩；2012年，总产突破2亿t；2013年，亩产超过400 kg。继2007年种植面积超过水稻之后，2012年，总产超过水稻，成为我国当之无愧的第一大粮食作物。种植面积与总产在全国粮食种植面积与产量中所占的比重达到29.01%、32.22%，玉米开始在我国粮食生产中发挥领头羊的作用。

第二节　高产创建的涵义及实施背景

1. 高产创建的涵义

高产创建的概念可诠释为集优势区域布局规划、高产优质品种、高产高效栽培技术和优质高效投入品为一体的科技成果转化和推广活动，是挖掘不同产区玉米产量潜力、促进先进科学技术进入千家万户、提高技术到位率和普及率的重要载体。简单地说，高产创建是通过集约资源、集成技术、集中力量，集成推广优良品种和配套栽培技术，挖掘增产潜力，促进粮食增产的有效途径。

高产创建是在我国耕地资源约束日益加大情况下，为促进我国粮食生产稳定发展，保障国家粮食安全与有效供给，整合全国范围内的农业行政、科研、教学、推广、企业、协会等各方面资源和力量，在我国主要粮食产区选择资源禀赋、生态条件、生产基础较好的生态区，根据当地的光、温、水资源，土壤条件，种植布局，茬口安排、农业机械化发展水平，通过选用高产、优质品种，进行粮食高产配套栽培技术研究，并在研究过程中不断完善各项栽培技术，实现良种良法相配套，农机农艺相配套，品种技术相统一，充分挖掘良种和技术在产量、品质、抗性等方面的生产潜力，形成一套具备较高科技含量，适合不同生态区的轻简化、标准化、高产、高效技术模式。通过推广将专家的产量转化为农民的产量，把小田块的高产转化为大面积均衡增产，缩小不同生态区域间、同一生态区的省际间、县际间单产差距，全面提升粮食综合生产能力，不断提高我国粮食生产水平。

2. 高产创建的实施背景

20 世纪中后期，由于粮食连年丰收，库存增加，市场粮价下跌，加之调整农业生产结构，土地、资金等要素大量转向非农产业，种粮效益较低，粮食播种面积逐年减少。进入 21 世纪以后，我国粮食生产出现了耕地面积、粮食播种面积、粮食产量和人均占有量“四个连年减少”。2003 年，我国粮食种植面积降至 14. 9 亿亩，产量仅 4. 3 亿 t，当年缺口 0. 6 亿 t，粮食安全形势十分严峻。

2004 年以来，为保障国家粮食生产安全，党中央、国务院高度重视农业、重视粮食生产，相继出台了一系列促进粮食生产发展的优惠政策，如保护耕地、按最低收购价托市收购粮食、粮食直补、良种补贴、农机购置补贴、农资综合直补等补贴政策，以及减免税收政策、粮食价格政策等。并相继启动了国家粮食丰产科技工程、行业科技、玉米产业技术体系、农业科技入户工程、农业节水工程等提升粮食综合生产能力的科研项目，极大地调动了广大农民和农业科研工作者的积极性和创造性，我国粮食生产局面出现了重要转机。2007 年，我国粮食总产达到 5. 015 亿 t，实现连续 4 年增加，打破了“两增一平一减”的传统周期，其中，玉米总产 1. 523 亿 t，占全国粮食总产的 30. 37%，在全国粮食生产中发挥了重要作用。同年，“全国稳定发展粮食生产座谈会”与“全国农业工作会议种植业专业会议”指出，高产创建是发展粮食生产的一条重要经验，充分挖掘单产潜力，分作物、分区域、分季节落实关键性技术措施，促进良种良法配套，实现区域平衡增产，全面提高单产水平是保持粮食生产持续稳定发展的重要措施。为促进我国粮食生产稳定发展，保障粮食安全和市场供给，农业部将 2008 年作为“全国粮食高产创建活动年”，依托良种推广补贴、测土配方施肥、科技入户等重大项目，提高单产水平，力争四大粮食作物综合优质率达到 65%，在全国范围内大力开展包括玉米在内的粮食高产创建活动。

第三节　国内外玉米高产创建历程

许多国家都通过培育高产纪录来带动大面积粮食生产技术的发展。这是因为，高产纪录是育种、栽培等各项技术综合运用的结果，同时，又能极大地促进育种和各项栽培技术的研究和开发。

最早开始高产创建的是美国。美国主要通过玉米高产竞赛不断创造和刷新玉米高产纪录（赵久然，2009）。1920 年，美国最大的玉米生产州衣阿华州在世界上第一次开展了玉米高产竞赛，之后逐渐扩大到美国整个玉米带。到 1965 年变为由美国国家玉米种植者协会（NCGA）举办，称之为全国玉米高产竞赛（NCYC），以后每年各州和全国都举办竞赛。其目的，一方面在于鼓励玉米种植者不断创新新技术进而实现玉米更高产，另一方面也是充分展现美国玉米生产中采用合理栽培技术的重要性。随着 NCYC 的影响不断扩大，参加竞赛人数也不断增加，1996 年共 3 679人、2010 年增至 7 125人、2013 年高达 8 983人。1971 年高产竞赛亩产首次超过 1 000 kg，2002 年最高产纪录达到 1 850. 3 kg/亩，2013 年美国弗吉尼亚州的 David R. Hula 创造了美国也是目前全世界玉米最高单产纪录 1 870. 7 kg/亩。目前，美国玉米高产竞赛已成为美国各大种子公司展示和宣传各自品种，以及玉米种植者充分利用优良品种和配套栽培技术措施挖掘玉米品种产量潜力的重要平台，并在很大程度上带动和促进了整个美国玉米生产的不断发展。美国玉米高产竞赛参与者在生产实践中不断总结和交流高产经验，并相互学习，特别是在气候条件不利的年份，通过积极采取各项有效应对技术措施及全程精细化、精准化的田间管理，依然实现了较高的玉米产量水平。美国玉米创高产的理念及技术值得我们学习和借鉴。

我国早在 20 世纪 50 年代就开始了对玉米高产潜力的积极探索工作，且具有明显的时代特征（李少昆，2010）：20 世纪 50—70 年代，以组织农民高产攻关、总结和推广农民丰产经验为主要特征；20 世纪 80—90 年代，以高产技术集成与吨粮田建设为主要特征；进入 21 世纪以来，则以高产竞赛、高产创建和增产模式攻关为主要特征。2014 年，我国粮食总产量达到 6. 07 亿 t，比 2013 年增加了 516 t，粮食总产实现了 2004 年以来的“十一连增”，为新常态下我国经济平稳健康发展奠定了坚实基础。

1. 中国玉米小面积高产潜力探索

早自 1972 年，我国著名的玉米育种和高产栽培专家李登海即开始进行夏玉米小面积高产攻关试验，积极探索夏玉米增产途径，并进行高产玉米品种的选育工作（宋逊风，2014）。在全国率先选育出了亩产达 700 kg、900 kg、1 100 kg、1 400 kg、1 500 kg的高产玉米杂交种，7 次创造我国夏玉米单产最高纪录，两次创造世界夏玉米单产最高纪录，1 次创造我国春玉米单产最高纪录。1972 年，采用烟单 10 号进行玉米高产攻关，亩产达到 512 kg，在我国首次实现玉米亩产超千斤；1973 年选用烟单 2 号创造了亩产 602. 2 kg 的玉米高产纪录；1975 年，选用烟单 3 号创造了亩产 656. 9 kg 的高产纪录；1977 年采用自主选育的平展型玉米杂交种“掖 107 × 525”，创造了亩产 674. 3 kg 的高产纪录；1979 年采用自主选育的紧凑型玉米品种掖单 2 号创造了亩产 776. 9 kg 的我国夏玉米高产纪录；1980 年，掖单 2 号春播亩产突破了 900 kg；1988 年，自主选育的紧凑型玉米品种掖单 12 号、掖单 13 号高产攻关田亩产首次突破 1 000 kg，达到 1 088. 8 kg；1989 年，掖单 13 号亩产高达 1 096. 29 kg，创造了世界夏玉米高产纪录；2005 年，采用自主选育的紧凑型玉米品种登海 661（超试 1 号）进行高产攻关，亩产高达 1 402. 86 kg，创造了我国也是世界夏玉米最高产量纪录。2006 年，又创造了亩产 1 316. 87 kg的当年高产纪录；2007 年以来，在全国玉米高产创建中出现了较多亩产 1 100 kg以上的高产典型；2014 年，采用自主选育的紧凑型高产早熟玉米品种登海 618 进行百亩高产攻关，102. 60 亩高产田平均亩产 1 151. 65 kg，创造了我国百亩方夏玉米高产新纪录；采用中矮秆大穗型玉米品种登海 661 进行高产攻关，10 亩高产田平均亩产高达 1 335. 81 kg，刷新了我国十亩方夏玉米高产新纪录。

我国全国范围的玉米小面积高产攻关竞赛正式启动于 2006 年。为进一步提高玉米单产，农业部借助农业科技入户示范工程项目支持，在农业科技入户示范工程玉米示范县开展高产竞赛活动。2005 年，玉米科研工作者在总结前人高产栽培经验的基础上，借鉴美国玉米高产竞赛经验，通过科研、教学、推广、企业与农户多方联动，在全国各地有针对性地开展玉米高产创建活动，先后涌现出亩产超过 1 000 kg的高产田 36 块，为以后的高产田建设提供了初步的经验（陈国平，2008）。2006 年，农业部玉米专家指导组、中国作物学会全国玉米栽培学组借鉴美国玉米高产竞赛的经验，积极倡导并组织骨干专家结合各自岗位和所承担的项目，正式组织开展了全国性的玉米高产攻关和高产竞赛活动。2007 年以来，通过高产攻关，各地涌现出了多个不同规模的玉米高产田，并从中总结出了一些玉米超高产的规律，初步建立了我国玉米超高产的区域化技术模式，为之后农业部组织开展全国玉米高产创建提供了许多有益信息和宝贵启示。

2. 我国玉米大面积高产创建发展历程

玉米不仅是重要的粮食作物，而且还是饲料之王、加工原料之王，特别是近年随着畜牧养殖业的快速发展和玉米加工业的快速壮大，玉米需求迅猛增加。从长远来看，我国玉米需求将继续保持刚性增长，在种植面积不可能大幅扩大和全球玉米供应总体偏紧的情况下，充分挖掘玉米的增产潜力，努力提高玉米单产，对确保我国玉米自给和国家粮食安全具有十分重要的意义。

近年来，我国玉米大面积高产创建的规模不断扩大。2008 年，农业部共在全国粮食主产区建设了 500 个万亩优质高产创建示范点，其中，在全国 25 个省（区、市）选择了 150 个县（市、区）各建立了 1 个万亩连片玉米高产创建示范区，产量目标是东北、华北、黄淮海地区亩产 800 kg 以上，其他地区亩产 600 kg 以上，各创建示范县（点）玉米总产较前 3 年平均增加 10% 以上。自 2009 年，农业部高产创建工作在更大规模、更广范围、更大力度上不断推进，目前，已扩展到包括粮、棉、油、糖在内的多种作物。2009 年，农业部在全国 1 700个粮棉油生产大县建设了 2 600个粮棉油高产创建示范片，其中，在 300 个玉米主产县安排了 600 个万亩玉米连片高产创建示范片；2010 年，共在全国建设了 5 000个粮棉油糖高产创建示范片，其中，在全国建设了 1 000个万亩连片玉米高产创建示范片。

然而，高产创建万亩示范片不是最终目标，应是更大面积、更广范围的高产。从近年各地高产创建工作的具体实践来看，整建制推进高产创建是发展的必然和有效的途径，是扩大示范效应、突破资源瓶颈、转变农业发展方式的迫切需要。为实现玉米高产创建从点到面不断延伸，示范带动更大范围均衡增产，各地以高产创建为平台，集成推广高产优质品种和配套栽培技术，率先在万亩示范片进行展示和推广，并在万亩高产创建的基础上，深化创建内涵、扩大创建规模、由片到面延伸，整建制推进，促进均衡增产。自 2011 年起，农业部根据《国务院办公厅关于开展 2011 年全国粮食稳定增产行动的意见》要求，以《全国新增 1 000亿斤粮食生产能力规划》和《粮食优势区域布局规划》确定的重点建设县（市）为基础，综合考虑资源禀赋、生态条件、生产基础等因素，分类指导，突出重点，在全国高产创建示范片基础上选择基础条件好、增产潜力大的 50 个县（市）、500 个乡（镇），实行整乡整县整建制推进粮食高产创建。2012 年，为指导各地扎实开展整建制推进高产创建试点，促进集成技术推广、良种良法配套、农机农艺结合，提升高产创建的层次和水平，农业部继续开展整建制推进高产创建工作，把万亩示范片成功的技术模式、组织方式、工作机制向整乡（镇）、整县（市）、整市（地）推进，辐射带动更大面积的均衡增产。继续抓好50个县（市）、500个乡镇粮食作物整建制高产创建试点，选择了5个优势产粮地市开展整地市粮食作物高产创建试点，建设了一批几万亩、十几万亩、几十万亩的大方，打造了一批吨半粮乡、吨粮县、吨粮市。2013年，农业部在全国选择了5个市、71个县（市）、500个乡（镇）开展粮食整建制推进高产创建试点，并在部分试点县（市）开展粮食增产模式攻关试点。2014年，农业部在全国范围内开展了粮食高产创建及增产模式攻关提升年活动，以粮食高产创建万亩示范片为单元，突出抓好5个市（地）、50个县（市）、500个乡（镇）整建制推进试点；并以小麦、水稻、玉米、马铃薯、油菜5大作物为重点，将关键技术瓶颈攻关与成熟技术推广有机结合，加快标准化、区域性高产高效技术模式的推广，进一步挖掘增产潜力。

第四节　高产创建典型及模式

1. 高产创建典型

目前，我国玉米界比较一致地认为亩产≥1 000 kg的地块为超高田。近些年来，在各级政府各项政策的大力支持下，我国玉米科技工作者通过集成优良品种、采用先进配套技术、挖掘自然资源潜力等，积极探索，不断创造和刷新了几亩、几十亩、百亩、千亩、万亩甚至十万亩等不同规模的玉米高产纪录，创建了大量不同规模的玉米高产典型，对促进各地玉米生产发展、带动区域及我国玉米整体综合生产能力提高发挥了重要的科技支撑作用。

（1）玉米小面积高产纪录的创造与突破

2006年以来，我国各地涌现出多个亩产1 000 kg以上的玉米超高产田。据统计，2006—2010年全国经专家组严格测产验收的玉米超高产田共159块（陈国平等，2012年），其中2006年15块、2007年21块、2008年40块、2009年45块、2010年38块。从生态区分布看，东华北春玉米区共76块高产田，占高产田总数的47.80%；西北春玉米区共65块，占40.88%；黄淮海夏玉米区共15块，占9.43%，西南玉米区仅3块，占1.89%。从高产田的省份分布看，按田块多少依次是内蒙古自治区（全书简称内蒙古）、宁夏回族自治区（全书简称宁夏）、新疆维吾尔自治区（全书简称新疆）、吉林、山东、陕西、北京、甘肃、四川、河南和河北。从种植模式看，春播玉米高产田共144块，占高产田总数的90.57%，夏播玉米高产田共15块，仅占9.43%。

近年来，我国东北、西北、黄淮海和西南玉米主产区的高产纪录不断被突破和刷新。如，新疆兵团农六师奇台总场通过采取以“增密增穗、促控两条线，培育高质量抗倒群体，增加花后群体物质生产与高效分配”为核心的玉米高产技术路线，2011—2013年连续3年创造了亩产1 385.39 kg、1 410.30 kg、1 511.74 kg的我国春玉米最高单产纪录，实现了我国单季春玉米亩产“吨半粮”的突破。陕西省澄城县3.45亩春玉米高产攻关田2006—2007年连续2年创造了亩产1 250 kg的全国旱地春玉米高产纪录；定边县5亩旱地春玉米高产攻关田2012年亩产达到1 253.5 kg，实现了旱地春玉米小面积亩产超过1 250 kg的突破，刷新了我国旱地春玉米高产纪录；定边县5.8亩玉米高产攻关田2008年亩产达到1 326.4 kg，刷新了当年我国玉米高产纪录；6亩灌溉春玉米高产攻关田以增强玉米“三度”（密度、整齐度和成熟度）为重点，采用双垄沟播覆膜技术，2012—2014

年亩产分别达到 1 402. 0 kg、1 409. 2 kg和 1 420. 0 kg，实现了连续 3 年在同一块地亩产稳定突破 1 400 kg的全国玉米高产纪录。内蒙古自治区呼和浩特市 2006 年选用紧凑型耐密新品种内单 314 及“增密增肥”等综合配套栽培技术，玉米亩产 1 158. 9 kg，首次突破了内蒙古玉米单作亩产吨粮的历史高产纪录；2007 年在 3 大平原灌区 6 个点 7 个春玉米品种实现了亩产 1 ~ 1. 2 吨的超高产水平；2008 年，9 个玉米品种在 19 个点次实测亩产超吨粮，其中 6 个样点实测亩产达到 1 200 kg以上，最高亩产达 1 250. 5 kg，再次刷新了东北—内蒙古玉米高产纪录；2009 年实现了 20 个点 15 个品种实测亩产超吨粮，最高亩产达 1 342. 8 kg，刷新了东北—内蒙古春玉米区小面积超高产纪录；2010 年实现了 4 点 4 个品种实测亩产超吨粮；2011—2013 年，实现了 11 个点 7 个玉米品种实测亩产超吨粮。吉林省 2014 年中部半湿润区的农安县玉米超高产田项目区 1 亩地实收亩产达到 1 186. 08 kg，实现了半湿润区雨养条件下亩产超吨粮的历史性突破。河北省 2012—2014 年夏玉米小面积高产纪录平均亩产分别达到 812. 6 kg、903. 5 kg、973. 46 kg，连续 3 年刷新了全省夏玉米高产纪录。安徽省通过选择合适的优良品种，集成土壤深松、增加密度、平衡施肥、保绿防衰、成熟收获等关键技术，2012—2014 年夏玉米小面积高产纪录平均亩产分别达到 808. 2 kg、916. 64. 5 kg、973. 46 kg，连续 3 年刷新了全省夏玉米高产纪录。

（2）玉米大面积高产创建典型

我国历史上玉米生产每上一个台阶，都与突破性品种和技术直接推动密切相关。面对各项资源要素日益趋紧、种植面积难以大幅提高的严峻形势，增加种粮科技含量，提高单产将成为未来我国粮食生产发展的主要突破口。

近年来，我国各地在技术没有大突破的情况下，以玉米高产创建为主要抓手，通过集成推广成熟技术，已经提高了玉米单产水平，辐射带动了全国玉米大面积均衡增产。该路径的可行性已被生产实践证明是成功和有效的，对带动不同产区及全国玉米大面积均衡增产发挥了重要作用。经过近几年的组织和实施，我国玉米大面积高产创建工作取得了显著的成效。通过玉米良种良法配套技术的综合运用，在东北、黄淮海和西南西北玉米主产区涌现出了较多亩产 800 kg，甚至 1 000 kg 以上的万亩示范片和大面积高产典型。2008—2010 年，我国玉米万亩高产创建示范片中分别有 61 个、237 个、390 个达到亩产 800 kg 以上的产量水平；2012 和 2013 年，全国亩产 800 kg 以上玉米万亩高产创建示范片的数量均达到 1 000个以上，分别为 1 379个、1 297个。并且，玉米万亩示范片的平均单产水平大幅高于全国玉米平均水平。如 2013 年，全国 3 579 个玉米万亩示范片中平均亩产 729. 6 kg，比全国平均水平高出 327. 8 kg。玉米万亩高产典型为提升我国玉米生产整体水平和保障国家粮食安全发挥了重要的示范带动作用。

新疆：2013 年兵团农六师奇台农场玉米万亩示范片平均亩产达到 1 145. 0 kg，创造了当年全国大面积玉米高产纪录。2014 年，兵团第四师 71 团 10 500亩玉米高产创建示范田在前期受低温多雨影响，播期推迟 10 ~ 15 d、开花吐丝期干旱和秋季早霜低温等不利气候条件下，通过采用以防倒高效群体构建为核心的玉米高产技术路线，集成应用耐密抗倒适合机械收粒品种、增密种植、单粒精量点播、科学水肥、前控后促、统一管理等为关键技术措施的玉米密植高产机械化生产技术体系，强化规模种植、全程机械化作业和统一管理，创造了万亩玉米平均亩产 1 227. 6 kg 的全国玉米大面积高产新纪录，实现了我国玉米万亩平均亩产迈上 1 200 kg的新台阶，该纪录较 2012 年创立的亩产 1 113. 4 kg 产量水平又提高了 114.2 kg。大面积玉米高产典型的创立为提升新疆、西北地区及我国玉米生产整体水平，保障粮食安全将起到重要的示范带动作用。

陕西：玉米高产创建活动实施以来，实现了从玉米小面积高产攻关田—示范样板田—农民大田，从个别农户的偶然高产现象—多数农户的稳产高产，从百亩→千亩→万亩→十万亩的逐步推动，促进了全省玉米生产水平的提升，同时也为全国玉米生产树立了示范样板。①百亩高产典型：2007 年，榆林靖边县 125 亩玉米高产田亩产 1 234.1 kg，实现了百亩以上集中连片玉米示范田亩产突破吨粮，创造了全国玉米高产纪录。2012 年澄城县 107 亩旱地春玉米亩产 1 058.1 kg，2013 年旬邑县 110 亩旱地春玉米亩产 1 064.2 kg、宜君县 100 亩高产田亩产 1 069.1 kg，率先实现了百亩以上旱地春玉米亩产突破吨粮的全国纪录。2012 年，泾阳县 126 亩夏玉米平均亩产 761.0 kg，实现了陕西省夏玉米百亩连片亩产超过 750 kg 的突破，创造了全省百亩夏玉米高产纪录；2013 年高陵 120 亩夏玉米示范田平均亩产 760.3 kg，泾阳 120 亩夏玉米示范田亩产 790.7 kg，实现了关中夏玉米百亩连片亩产超过 790 kg 的突破。②千亩高产典型：2008 年，榆阳区 1 046亩玉米示范田平均亩产 1 005.9 kg、靖边县 1 250亩玉米示范田平均亩产 1 048.3 kg，创造了千亩集中连片过“吨粮”全国玉米高产纪录。2012 年，定边 1 200亩旱地春玉米平均亩产 903.0 kg、1 150亩灌溉春玉米亩产 1 206.3 kg，率先在全国实现了千亩灌溉春玉米亩产 1 200 kg、旱地春玉米千亩示范田亩产 900 kg 的高产典型。靖边县旱地全膜双垄沟播千亩玉米核心攻关田平均亩产达 954.9 kg。③万亩高产典型：2009 年，定边县 10 088 亩玉米灌溉示范田亩产 1 023.2 kg，率先实现了我国万亩玉米单产超过吨粮的突破。2010 年，定边县年降雨量 350 mm 的干旱地区 10 032亩玉米示范田平均亩产 803.0 kg，2011 年靖边县 17 600亩玉米示范田平均亩产 833.2 kg，2012 年定边县 12 000亩玉米旱地全膜双垄沟播示范片平均亩产达 900.7 kg，2013 年 13 440亩玉米示范田平均亩产 884.2 kg，2014 年 10 332亩玉米示范田平均亩产 885.1 kg。④ 10 万亩高产典型：2009 年，定边县 102 380亩玉米高产示范田平均亩产 838.7 kg，创建了 10 万亩大面积玉米示范片亩产超过 800 kg 的高产典型。

甘肃：通过开展玉米万亩高产创建，在当地树立了玉米大面积高产典型，并带动当地玉米生产水平不断提高。2008 年，武威市凉州区 1.2 万亩连片玉米高产田通过推广选用耐密抗倒伏品种，实施精量机播、地膜覆盖、增密增肥、配方施肥、淤洪灌溉为核心的玉米高产栽培技术，经严格测产验收平均亩产达到 970.52 kg，创全国玉米大面积高产纪录。2012 年，通过采用“全膜垄作沟灌、耐密品种、测土配方施肥、合理密植、病虫草害综合防治”主推技术，凉州区武南镇 10 350亩玉米高产创建示范田随机抽取的 30 个样点经实收测产平均亩产高达 1 041.3 kg，创当年全国玉米万亩集中连片的最高产量。2013 年，张掖市高台县在黑泉乡和合黎乡落实 2 个万亩玉米示范片，示范规模 2.1 万亩，示范片玉米平均亩产达到 861.92 kg，比创建目标产量（亩产 800 kg）增产 61.92 kg，增幅 7.7%。

内蒙古：高产创建活动实施以来，玉米高产创建规模从一亩→十亩→百亩→千亩→万亩逐步扩大，实现了从玉米小面积高产攻关田→大面积高产示范田→大面积高产稳产田的玉米高产高效技术扩散，促进了内蒙古自治区玉米单产水平和种植效益的提升，也为全国玉米高产树立了典型。①百亩高产典型：2009 年，赤峰市松山区穆家营镇衣家营村 100 亩玉米高产创建示范点实测平均亩产为 1 134.8 kg，夏家店乡三家村 100 亩郑单 958 高产创建示范点实测亩产达 1 282.0 kg，刷新了东北—内蒙古春玉米区百亩连片高产纪录。

2012 年，通辽市科尔沁区丰田镇建新村 100 亩郑单 958 实测亩产 993.37 kg（农户模式亩产 707.77 kg）。②千亩高产典型：2007 年，兴安盟兴安盟扎赉特旗巴岱工作部五家子村 1 150亩兴垦 3 号实测平均亩产达到 869.11 kg；2010 年通辽市开鲁县麦新镇先锋村 1 350 亩金山 27 实测平均亩产 1 120.7 kg；2012 年赤峰市阿鲁科尔沁旗双胜镇原野集团基地 1 000亩先玉 335 实测平均亩产 1 159 kg；连续创造了东北—内蒙古春玉米区千亩连片种植高产纪录。③万亩高产典型：2007—2009 年连续 3 年，赤峰市松山区安庆镇元茂隆村 11 550亩（豫玉 10、浚单 20、郑单 958 等品种）全国玉米高产创建示范点实测平均亩产分别为 856.6 kg、913.2 kg 和 1 002.1 kg，创造了东北—内蒙古区春玉米万亩连片高产纪录，居国内领先水平。2009 年，通辽市科尔沁区庆河镇顶合兴村 11 200亩玉米示范田实测平均亩产 999.4 kg；科左中旗花吐古拉镇关家村 10 840亩玉米示范田实测平均亩产 1 017.0 kg；2 个万亩示范田共计 2 2040亩，平均亩产 1 008.1 kg。2014 年，内蒙古建设 271 个玉米高产创建示范片（含 2 个整建制县，14 个整乡推进），完成面积 982.6 万亩，其中 186 个玉米万亩高产创建示范片平均亩产 820.69 kg，比上年项目旗县玉米平均单产增产 166.1 kg；2 个整建制推进旗县玉米 525 万亩（示范片 34 个），平均亩产 661.4 kg，比项目旗县上年亩增产 50.6 kg；14 个整乡推进玉米 241.84 万亩（示范片 51 个），平均亩产 682.7 kg，比项目旗县上年亩增产 49.25 kg。

吉林：通过多年探索与实践，相继创造了我国春玉米亩产超吨粮、10 亩连片超吨粮、百亩连片超吨粮、百亩全程机械化超吨粮等一系列高产纪录，2014 年又在春玉米单产上实现了亩产 1 216.6 kg的新突破。2014 年，通过采用精选优良品种、单粒免耕直播、群体密植增产、机械追肥喷药、机械化适时晚收等 5 项技术，半干旱区的乾安县百亩连片项目区全程机械化玉米超高产田平均亩产达到 1 136.1 kg，创造了吉林省西部半干旱区玉米百亩超吨粮的新纪录；桦甸市百亩连片玉米全程机械化超高产田，平均亩产达到 1 216.6 kg，创造了湿润区雨养条件下我国春玉米亩产超吨粮的最高产纪录；榆树市田丰机械种植专业合作社通过采用精选高产耐密高抗优良品种、宽窄行留高茬交替种植单粒免耕直播、群体质量调控、机械追肥喷药防螟防病、适时晚收等关键技术，玉米田现场收获产量达到平均亩产 941.6 kg，比普通农户地块产量（亩产 756.7 kg）增产 24.4%，充分显示了科技的支撑作用。2014 年，吉林省将农安县、德惠市、公主岭市和榆树市等 4 个县（市）作为整建制推进试点县，建设玉米万亩示范片 73 个，示范面积 75.81 万亩，平均亩产 797.49 kg，比所在县（市）上年亩产增 19.78%；作为整建制推进试点乡的榆树大坡等 20 个乡（镇），建设玉米万亩示范片 53 个，示范面积为 55.71 万亩，平均亩产 804.91 kg，比所在乡（镇）上年亩产增 22.87%。

山东：依托高产创建活动，积极打造并涌现出不同规模的夏玉米高产典型，大大促进了全省及黄淮海区夏玉米生产水平再上新台阶。2013 年，全省共创建了 343 个玉米高产创建万亩示范片，平均亩产达到 605.99 kg，整建制推进市、县、乡的玉米平均亩产分别达到 593.4 kg、602.44 kg、608.46 kg，其中，德州市齐河县万亩高产示范方玉米平均亩产 709.83 kg，千亩玉米吨粮田最高亩产 963.25 kg。德州市是我国第一个“亩产过吨粮、总产过百亿”的地级市，2012 年被农业部确定为全国 5 个整建制推进粮食高产创建试点市之一，并且是山东省唯一的整建制高产创建试点市。全市以整市推进高产创建为契机，近年来高标准打造了一批 5 万亩、10 万亩、15 万亩、20 万亩的高产创建示范区，有力推动了大面积均衡增产。齐河县是德州市的玉米主产区，近年来不断创造和刷新了夏玉米大面积高产创建纪录。2010 年，齐河县 5 万亩夏玉米高产创建区平均亩产 717.6 kg；2011 年，示范区面积扩大 1 倍增至 10 万亩，平均亩产达到 718.71 kg，刷新了全省玉米大面积增产、高产新纪录，并带动全县 110 万亩夏玉米平均亩产由 2010 年的 589.4 kg 增至 2011 年 618.7 kg，单产增幅为 5%；2012 年，10 万亩玉米高产创建示范片平均亩产达到 738.72 kg，比 2011 年亩产增加了 20.01 kg，再创历史新高。2013 年，示范区扩大到 20 万亩，成为全省标准最高、规模最大的高产创建示范方。

河南：玉米大面积高产创建工作对带动全省及黄淮海夏玉米生产水平提升发挥了重要引领作用。2011 年，全省共建设 112 个玉米万亩高产创建示范方，示范面积 132.6 万亩，平均亩产 665 kg，比全省平均亩产（374 kg）高出 291 kg，其中 23 个万亩示范方亩产达到 800 kg 以上。鹤壁市是河南省的重要产粮区之一，2010 年该市根据农业部高产创建技术规范，以“免耕早播、合理密植、配方施肥、及时浇灌、未病先防、适时晚收、秸秆还田”为关键技术，在浚县、淇滨区、淇县规划了 8 个万亩以上示范方，其中，淇滨区钜桥万亩玉米平均亩产 851.6 kg、浚县王庄乡 3 万亩示范区玉米平均亩产 782.8 kg。2012 年，鹤壁市被农业部确定为全国 5 个粮食整市推进高产创建试点市之一，通过采用“播前准备 + 科学播种 + 苗期管理 + 穗期管理 + 花粒期管理 + 适时晚收”等关键技术，全市 52.1 万亩夏玉米平均亩产 715.6 kg，10 万亩连片玉米高产创建示范片平均亩产达 766.6 kg，创全国整建制推进高产创建试点市玉米平均亩产最高纪录，万亩示范方平均亩产 872.3 kg，百亩超高产攻关田平均亩产 961.9 kg，刷新全国夏玉米百亩超高产纪录。2013 年，鹤壁市 39 个玉米万亩高产创建示范片共计 50.9 万亩平均亩产 718.8 kg，其中万亩、3 万亩、5 万亩核心示范片平均亩产分别为 873.4 kg、825.9 kg、771.3 kg。特别需要说明的是，浚县在玉米抽穗授粉期间连续 23 d 气温超过 35℃，灌浆期又遭遇严重干旱的不利条件下，12 万亩高产创建示范片玉米平均亩产仍然高达 768.8 kg。2014 年，通过采用超高产栽培技术，结合合理缩株密植、配方施肥、适时晚收等关键技术，实现了百亩夏玉米超高产攻关田平均亩产达到 973.8 kg、万亩核心示范区平均亩产 884 kg，均再次刷新了全国夏玉米同面积高产纪录；全市 39 个玉米万亩高产创建示范片平均亩产 723.7 kg，实现该市整建制玉米高产创建连续 2 年平均亩产创纪录，其中浚县 12 万亩玉米高产创建示范片平均亩产 770 kg、淇县西岗镇 3 万亩玉米高产创建示范片平均亩产 834.6 kg、淇滨区钜桥镇万亩高产创建核心示范片平均亩产 874 kg。河南省其他县市高产创建工作也卓有成效，如滑县 2012 年 10 万亩整建制夏玉米高产示范片平均单产达 737.9 kg，2014 年 15 个玉米高产创建万亩方平均亩产高达 753.2 kg。

河北：近年来以高产创建为抓手，因地制宜，集成创新，不断挖掘和突破全省夏玉米增产潜力，并带动了大面积持续增产。2012 年，通过集成应用“配肥强源、增密扩库、延时促流”等夏玉米高产高效栽培技术体系，在全省夏玉米生长中后期遭遇连续低温阴雨寡照等不利生产条件下，藁城 100 亩夏玉米高产攻关田平均亩产 805.49 kg，首次实现了河北省夏玉米亩产 800 kg 的产量突破；邯郸市万亩玉米高产创建示范方平均亩产达到 750 kg，最高亩产 812.6 kg。2013 年，泊头市 200 亩夏玉米高产攻关田平均亩产 900 kg。2014 年，全省在遭遇大面积持续干旱和后期低温雾霾寡照等不利条件下，通过采取合理调配水资源、节水灌溉技术、因苗管理、中耕保墒等 8 项技术措施，新乐、深圳、大名和曲周的夏玉米大面积高产示范区平均亩产分别达到 874.37 kg、859.07 kg、858.26 kg、819.38 kg，实现了大旱之年夏玉米的持续增产和超高产。

四川：宣汉县通过集成熟化与示范推广优良品种、缩行增密、地膜覆盖、一次性施肥、定距移栽、雨养旱作等超高产技术，连续 5 年共 4 次创建玉米高产纪录：2008 年单个田块 1.16 亩平均亩产达 1 181.6 kg，创西南山地单块田玉米超高产和高效纪录；2009 年 1.5 万亩玉米高产创建示范片平均亩产 800.4 kg，创南方玉米大面积高产纪录；2010 年虽然遭遇了前期低温寡照、后期部分地区暴雨洪涝灾害等不利天气，但通过依托高产创建等全面推广玉米高产集成技术，整县制 30 万亩玉米平均亩产仍达 624.9 kg；2011 年全县 27.5 万亩玉米高产创建示范片平均亩产 620.3 kg；2012 年全县 27 万亩玉米达到平均亩产 628.3 kg，再次创造了该区玉米大面积高产纪录，2010—2012 年连续 3 年整县制实现平均亩产 620 kg 以上。宣汉创建模式在高原区和丘陵区的推广应用同样创建了玉米高产纪录。2011 年，在属于高原区的盐源县 1.8 万亩玉米高产创建示范片平均亩产 719.1 kg，远远超过了项目预期产量 600 kg 的目标，3 亩超高产攻关田平均亩产 1 218 kg，再次刷新了西南及南方玉米高产纪录；甘孜州丹巴县 1.5 亩玉米超高产攻关田平均亩产 1 158.28 kg，百亩玉米高产创建核心示范片平均亩产 957.95 kg，3 000亩高产示范区平均亩产 814.25 kg。2012 年，丹巴县 3 000亩玉米高产示范区平均亩产仍达到 814.5 kg。2014 年，中江县通过采用良种夏播、覆膜直播、增密增肥、重有机肥、化控壮株等技术措施，实现了 20 460亩玉米平均亩产 637.4 kg，最高田块亩产达到 813.1 kg，创四川省丘陵地区夏玉米高产新纪录。

2. 高产创建技术模式

我国地域辽阔，各玉米产区的自然气候条件、耕作模式、栽培方式、管理水平、种植习惯等均大不相同，各地玉米创高产的技术模式也存在较大差异。

（1）新疆春玉米亩产 1 433.92 kg高产创建技术模式

2013 年，中国农业科学院作物科学研究所与新疆石河子大学、新疆生产建设兵团第四师农业局、71 团开展联合攻关，通过采取以“增密增穗、促控两条线，培育高质量抗倒群体，增加花后群体物质生产与高效分配”为关键的玉米密植高产机械化生产技术路线，经农业部组织专家进行严格测产验收，71 团 7 连 1.3 亩玉米高产田亩产达到 1 433.92 kg，在继 2009 年玉米亩产在该团实现 1 360.1 kg 之后，再次创造玉米高产纪录。

采取的主要关键技术包括：一是秸秆还田、增施有机肥，培肥地力；二是选用耐密、适合机械化生产的高产新品种；三是高密度种植，宽窄行配置；四是地膜覆盖、精细播种；五是采取前控后促、水肥与植物生长调节剂相结合的调控途径，防止群体倒伏，构建高质量群体；六是加强田间管理，采取机械耕整地、病虫害全程防控、适时晚收、机械收粒等技术措施，通过全程机械化实现技术集成与到位。

新疆春玉米亩产 1 433.92 kg 的高产创建技术模式为：

①品种选择及种子处理：选用品种为晋单 73，播种前一周晒种后，用玉米专用种衣剂进行种子包衣处理，并晾干待播种。

②精细整地和播种：前茬作物为玉米，3 月 30 日进行春季翻耕，耕深 25 ~ 28 cm；翻后晾晒 3 d 后用重型耙耙地，使土壤达到待播状态。4 月 10 日播种，机械铺膜，人工点种。

③高密度种植：采用40+70 cm宽窄行种植方式，株距为15 cm，理论密度为8 080株/亩，实际保苗7 021株/亩（中耕过程中有伤苗现象），实际收获穗数为6 540穗。

④科学肥水管理：土质为壤土，有机质含量2.56 g/kg，碱解氮70 mg/kg、速效磷25 mg/kg、速效钾180 mg/kg。3月30日春翻地时，亩施磷酸二铵27 kg、尿素13.7 kg、磷酸二氢钾11.4 kg；5月14日亩穴施磷酸二铵13.5（46%）5 kg、“博萨”锌2.4 kg；5月30日进行中耕施肥，亩施尿素35 kg；5月27日结合化控进行叶面喷肥，亩施“古米”磷钾68.5 g；5月30日，再次进行叶面喷肥，亩施尿素50 g、磷酸二氢钾3 kg。灌溉采用沟灌方式，共灌溉两次，分别为7月5日和8月2日，亩总灌溉量为160 m^3。

⑤加强病虫草害防治：结合春季播种前的耙地作业进行机械喷洒乙草胺封闭除草；苗期地下害虫防治主要通过种衣剂拌种进行防控；5月27日亩喷施玉黄金20 ml进行化控；5月30日喷施戊唑醇防病害（平均每亩37 g原药）。

⑥机械收获：9月27日组织测产，10月15日进行机械收获。

（2）陕西5亩玉米攻关田连续3年亩产突破1 400 kg高产创建技术模式

2012—2014年，西北农林科技大学与榆林市农科院、榆林市农技中心和定边县农技中心合作，在陕西省定边县建立了5亩陕单609玉米品种高产攻关田，配套双株宽窄行密植栽培技术，经过农业部玉米专家指导组和全国玉米栽培学组专家田间现场实产验收与评价，3年亩产分别达到1 402.2 kg、1 409.2 kg、1 420.0 kg，实现了连续3年同一地块小面积亩产超过1 400 kg的高产典型。

采取的主要关键技术包括：一是增施有机肥，培肥地力；二是选用耐密高产新品种；三是高密度种植，宽窄行配置，每亩收获株数达到8 000株；四是精细播种，提高群体整齐度；五是采取前控后促、前期控水控肥，氮肥后施，降低株高，构建合理群体结构；六是适时晚收，增加成熟度。

采取的玉米高产创建技术模式为：

①选育耐密优良品种，合理增加密度：选用耐密植优良玉米品种陕单609，实行宽窄行、双株密植栽培，种植密度为每亩8 000株，每亩4 000穴，每穴留均匀一致的双株苗。

②高质量播种，构建合理群体：精选高质量种子（纯度≥98%、发芽率≥90%），4月25—26日播种，40 cm+80 cm宽窄行种植，双株栽培，株距27.8 cm，每穴6~8粒种子，地膜覆盖。在整地、播种出苗阶段，抓好整地、施肥、防虫、播种期、选膜、播种方式、覆膜方式和留苗密度等关键环节，实现壮苗、旺苗、双株苗整齐一致；在田间管理中，抓好放苗、间苗、定苗、施肥、灌水和病虫草害防治等关键环节，植株生长健壮，群体结构合理。

③培肥地力，足量施肥：采取增施有机肥、培肥地力、足量施肥、分次追肥的原则。其中，底肥每亩施有机肥6 000 kg、尿素15 kg、磷酸二铵50 kg、硫酸钾32.5 kg、锌肥2.5 kg、硼肥2.5 kg；追肥于拔节期（7叶展）亩施尿素20 kg、大喇叭口期（13叶展）亩施尿素25 kg、灌浆期（吐丝后10 d左右）随灌水补施35 kg碳酸氢铵。

④及时灌水，保障水分供应：根据墒情适时足墒播种，浇好关键水（出苗水、抽雄水），前期适当控水，保证灌浆期土壤不缺水，玉米全生育期共灌水6~9次。

⑤适时收获：籽粒乳线消失至2/3以上时收获，一般在10月5—9日收获。

（3）内蒙古玉米高产创建技术模式

2009 年，内蒙古农业大学与赤峰市及松山区科技人员开展玉米高产联合攻关，采用内蒙古农业大学组装集成的“内蒙古平原灌区春玉米超高产栽培技术”（即此后颁布实施的《内蒙古平原灌区玉米超高产栽培技术规程 DB15/T 465—2010》地方标准）为核心的玉米高产技术路线，经农业部组织专家进行严格测产验收，在全国玉米高产创建示范点、农业部科技入户工程示范县赤峰市松山区，以安庆镇元茂隆村为核心区的11 550亩玉米高产示范田，实测平均亩产 1 002. 1 kg，刷新东北—内蒙古区春玉米万亩连片高产纪录；夏家店乡三家村百亩郑单 958 高产创建示范点实测亩产达 1 282. 0 kg，刷新东北—内蒙古春玉米区百亩连片春玉米高产纪录，其中 3 个点实测亩产 1. 3 t 以上，最高亩产达 1 342. 8 kg（20 亩），刷新东北—内蒙古春玉米区小面积超高产纪录。

采取的主要关键技术包括：一是秋深翻秸秆还田、增施有机肥，培肥地力，冬汇地；二是选用耐密、抗倒高产品种；三是高密度种植，宽窄行配置，每亩收获株数达到 5 500 ~6 500 株；四是采取前控（蹲苗）、防止群体倒伏，后促（水肥充分供给）、穗期构建高质量群体，花粒期防病虫、防早衰；五是通过地膜覆盖，增温、保墒、抑草、补光；六是精细田间管理，采取机械耕整地、精细播种、病虫害全程防控、适时晚收等技术措施，提高技术到位率。

创建和采取的春玉米亩产 1. 3 t 高产技术模式为：

①品种选择及种子处理：具有超郑单 958 和先玉 335 增产潜力的耐密、抗倒品种，采用高质量包衣种子。

②精细整地与播种：秋季进行土壤深翻（ >30 cm）秸秆还田，亩施有机肥 4 000 kg，浅旋耕及耙耱，地平埂直。11 月下旬土壤昼消夜冻时进行冬汇地，翌年春季 3 月下旬进行顶凌耙耱。4 月 27 日播种，地膜覆盖，采用 40 + 80 cm 宽窄行种植方式。种植密度每亩 5 500 株，亩实收穗数 5 215 穗。

③加强田间管理：高产田为壤土，土壤有机质 15 g/kg，速效氮 100 mg/kg，速效磷 10. 8 mg/kg，速效钾 150 mg/kg。播种时每亩深施磷酸二铵 22. 8 kg、硫酸钾 9 kg（K_2O 50%）、硫酸锌 0. 5 ~1 kg，拔节期亩追施尿素 18 kg，大喇叭口期亩追施尿素 30 kg，追肥后进行中耕培土并及时浇水。用频振式杀虫灯诱杀越冬代螟虫，并在 6 月下旬和 7 月初玉米螟卵期释放赤眼蜂 2 次，每亩释放 1 万 ~2 万头。

④收获：于 9 月 26 日进行收获。

（4）吉林省雨养春玉米亩产超吨粮高产创建技术模式

2014 年，吉林省农业科学院农业资源与环境研究所在桦甸高产研究基地开展攻关，通过采取以“大群体、壮个体、强根延衰增粒重”为核心的玉米高产攻关策略，经中国农业科学院专家进行严格现场测产验收，在吉林省桦甸市全民村百亩连片全程机械化玉米超高产田平均亩产达到 1 216. 6 kg，创造了湿润区雨养条件下我国春玉米亩产超吨粮的最高产量纪录。

采取的主要关键技术包括：一是品种优化技术，即选用耐密、适合机械化生产的高产新品种；二是高产群体调控技术，主要采用高密度种植和化控防倒技术结合，每亩收获株数达到 5 600 ~6 000 株，拔节后至大喇叭口期间喷施 2 次玉黄金等植物生长调节剂降低株高；三是土壤培育与养分管理技术，采用增施有机肥和拔节前深松培肥土壤，养分管理采用“氮肥后移、磷肥下移和钾肥一次性基施”方式满足高产玉米的养分需求；四是采用机械化化学防治玉米螟和叶斑病等主要病虫害防控技术；五是采用全程机械化技术，确保集成技术应用到位。

创建和采取的春玉米雨养亩产超吨粮高产技术模式为：

①品种选择及种子处理：选用耐密、适合机械化生产的高产品种，如先玉335、农华101、利民33等；播前对包衣种子进行等离子体技术处理，增强芽势、提高芽率。

②整地与播种：采取秋季整地，春季进行施肥（有机肥和化肥底肥）起垄，均匀垄种植。4月25—28日进行机械精密播种。种植密度为每亩6 000 ~ 6 200 株，每亩保苗密度为5 600 ~ 6 000 株。

③加强田间管理：拔节前，在玉米行间进行土壤深松（深松深度25 ~ 30 cm）。拔节后至大喇叭口期间，喷施2次玉黄金等植物生长调节剂，有效降低株高50 cm左右。攻关田土壤为冲积土，有机质含量1.5%左右，pH值接近中性，中等偏上肥力，养分管理采用“氮肥后移、磷肥下移和钾肥一次性基施”方式满足高产玉米的养分需求，开花后追施约45%氮肥。采用高秆作物喷药施肥机进行化学农药防治玉米螟。

④适时收获：10月10日玉米籽粒完全成熟后，机械直接收获果穗。

（5）山东省夏玉米亩产超吨粮高产创建技术模式

2014年，在山东省农业厅和山东农业大学的技术指导下，山东省岱岳区大汶口镇东侯村的省长指挥田夏玉米亩产达到1 239.35 kg。

采取的主要关键技术包括：一是秸秆还田、增施有机肥，培肥地力；二是选用耐密、抗倒、高产潜力大的玉米新品种；三是播前旋耕，人工点播，提高播种质量；四是高密度种植，宽窄行配置；五是水肥一体化，满足高产玉米养分需要；六是加强田间管理，病虫害综合防控；七是适时晚收，实现高产优质。

山东省夏玉米亩产超吨粮的高产创建技术模式为：

①品种选择及种子处理：选用耐密抗倒性强、产量潜力高的玉米新品种登海605。播前精选种子，并进行种子包衣处理。

②播前整地与精细播种：播前旋耕2次。6月15日人工点播，采用40 + 80 cm大小行种植方式。每亩种植密度6 500 株、保苗密度6 300 株。

③加强田间管理：土壤全氮0.93 g/kg、碱解氮75.67 mg/kg、速效磷32.61 mg/kg、速效钾99.07 mg/kg、有机质15.5 g/kg。全田铺设管道，进行水肥一体化灌溉和施肥。耕地前每亩施有机肥2 000 kg、氮27 kg、P_2O_5 18 kg、K_2O 30 kg、硫酸锌2 kg，均于旋耕前进行撒施，拔节期、穗期和花粒期追施氮肥与灌溉同时进行。苗期和穗期采取人工喷药、花粒期采取飞行喷雾器喷药方式，及时防治病虫草害。

④适时晚收：于10月3日，进行人工收获。

（6）河南省夏玉米亩产超吨粮高产创建技术模式

2007年，河南农业大学与鹤壁市农业科学院开展夏玉米联合高产攻关，利用浚单20高产玉米品种，在鹤壁市农科院试验基地以调土强根技术，即深耕改土、秸秆还田、氮肥后移、磷肥下移为核心技术，并配套相关高产技术，经农业部组织专家进行严格测产验收，15亩连片夏玉米平均单产达到1 064.78 kg。

采取的主要关键技术包括：一是土壤深耕，改善耕层结构；二是常年坚持秸秆全量还田，培肥地力；三是高密度种植，构建高质量群体；四是配方施肥，提高肥效；五是适时晚收，实现高产优质；六是加强田间管理。

河南省夏玉米亩产超吨粮的高产创建技术模式为：

①品种选择及种子处理：选用高产优良玉米品种浚单20。

②抢时早播，高密度种植：6月8日播种，采用40+80 cm宽窄行种植方式，每亩种植密度5 500株，亩收获5 430穗。

③培肥地力，科学施肥：常年坚持小麦、玉米秸秆全量还田，玉米秸秆粉碎后结合深耕翻埋还田，小麦秸秆粉碎后覆盖还田，通过连续多年秸秆还田，攻关田的土壤有机质含量达2%左右。在玉米收获后进行土壤深耕，耕深30 cm左右，通过多年深耕，土壤耕层达30 cm以上。每亩施纯氮30 kg、有效磷和有效钾各15 kg、硫酸锌1 kg。氮肥采用分次追施：播种时施入总量的20%，大口期施入40%，吐丝期施入40%；磷肥由过去3～5 cm浅施改为10～15 cm深施。

④加强田间管理，构建高质量群体：根据土壤墒情及玉米长势，及时浇好“蒙头水”、拔节水、抽雄水和灌浆水，保障玉米全生育期充足水分供应。全程防控田间杂草及黏虫、蓟马、玉米螟、蚜虫、锈病、纹枯病等病虫害。

⑤适时晚收：于10月8日籽粒达到生理成熟后进行收获。夏玉米田间生长期共122 d，超过一般大田15 d左右。

（7）河北省夏玉米亩产850 kg高产创建技术模式

2014年，河北农业大学与河北省玉米产业技术体系石家庄试验站（新乐）开展联合攻关，采取以“培育高质量抗倒群体，稳定亩穗数、主攻穗粒，促进花后物质生产与分配”为核心的玉米高产技术路线，经有关专家进行田间实收，新乐市100亩夏玉米高产田亩产达到874.37 kg，创河北省夏玉米大面积高产纪录，并首次实现了河北省夏玉米亩产850 kg产量水平的突破。

采取的主要关键技术包括：一是选用抗倒能力强、单株结实能力好的品种；二是精选种子，提高种子活力及整齐度；三是单粒精播，提高田间出苗整齐度；四是氮钾肥配施壮苗控倒，微肥防衰促流；五是适期补充灌溉，保证正常需水；六是适期晚收，提高千粒重。

河北省夏玉米亩产850 kg高产创建技术模式为：

①品种选择及种子处理：选用的玉米品种为先玉688，种子经过精选、分级，种子发芽率高、活力高且整齐度好。

②麦茬免耕机械单粒精量直播：前茬冬小麦收获后未经过其他处理。6月16日，采用单粒精量播种机进行夏玉米麦茬免耕直播。种植密度4 600株/亩，保苗密度4 527株/亩，亩收获穗数4 377株/亩。

③加强田间管理：夏玉米播后苗前，于玉米3～5叶期，采用烟嘧磺隆与莠去津混配喷施，进行化学除草。该高产田土壤有机质15.6 g/kg、速效氮86 mg/kg、速效磷32.1 mg/kg、速效钾105.5 mg/kg、有效锌2.1 mg/kg。按亩产850 kg以上产量水平进行配方施肥，需施纯氮20 kg、磷8 kg、钾9 kg，氮肥按种肥追肥比例6：4进行施用，同时每亩施用锌肥1 kg、硼肥200 g；追肥分两次，大喇叭口期亩追施尿素25 kg，花粒期亩追施尿素10 kg。因2014年夏季偏旱，在夏玉米播种后（“蒙头水”）、大喇叭口期和吐丝期

共浇 3 水，每亩灌水量 40 m^3。未采用化控措施。

④适时晚收：9 月 29 日进行人工摘穗收获。

第五节　高产创建的外延

从近年我国粮食单产及其对粮食增产的贡献率来看，近 10 年我国粮食平均亩产提高了 69.6 kg，对粮食增产的贡献率约 70%。在更高起点上实现继续增产更要发挥好科技的增产潜力，着力抓好新品种、新技术、新机具的推广应用。2013 年，为实现党的“十八大”提出的“确保国家粮食安全和重要农产品有效供给”的目标，农业部按照中央一号文件、中央农村工作会议和全国农业工作会议的部署，决定继续深入推进高产创建，并在总结高产创建经验的基础上开展粮食增产模式攻关，创新组织方式和技术推广方式，组织育种、栽培、农机等多领域的专家和各地农业部门，统筹考虑不同区域的资源禀赋，将万亩高产创建示范片的成熟技术组装成区域性、标准化的高产高效模式，在更广范围、更大面积进行推广普及。

2014 年，农业部在全国开展了粮食高产创建及增产模式攻关提升年活动，制定并下发了《全国粮食模式攻关推进实施方案》，在东北、黄淮海、长江中下游、西南西北 4 大区域的 29 个粮食生产优势区域，以水稻、小麦、玉米、马铃薯、油菜 5 大作物为重点，统筹考虑不同区域作物布局、茬口安排、光温水等资源条件，推广了包含 22 个玉米高产高效技术模式在内的共 58 个区域性标准化高产高效技术模式（农业部种植管理司等，2014），加快了标准化、区域性高产高效技术模式的推广，打造了一批增产增效试验区。通过试验试点，探索形成了一批科学实用、可复制、能推广的高产高效技术模式，并在不同区域进行大面积示范和推广，为我国粮食生产持续稳定发展、实现自 2004 年以来的“十一连增”做出了重要贡献。

高产创建与增产模式攻关均是国家科技兴粮的重要措施，二者既一脉相承又各有侧重。高产创建是对现有成熟技术的集成组装，技术成熟可行，可大面积推广。粮食增产模式攻关具有“技术创新”和“集成创新”双重特征，是高产创建的“升级版”，也是高产创建的外延。这主要体现在以下几个方面：一是创建目标的升级，将高产创建的做法和经验引入到增产模式攻关中，展示在更大区域、更大范围内，进行技术提升；二是研发与推广力量的聚合，高产创建是以基层农技人员为主，模式攻关通过农科教结合、产学研协作，跨县、跨市、跨省联合推进，协作攻关，突破制约区域内粮食产量提升的关键技术瓶颈，形成区域性、标准化的高产高效模式；三是应用范围的扩大，完成万亩示范片向生态区的转化，打破行政区域的界限，将成熟的技术模式应用于生态类型相近、种植制度相同的区域内，形成区域性、标准化的高产高效模式，通过在更广范围、更大面积进行推广和普及，力争示范区域产量比现有大田产量提高 20%，到 2020 年粮食增产 1 000亿斤以上。推进科技兴粮，就要把高产创建和粮食增产模式攻关一起抓，“双轮驱动”，为粮食稳定增产提供持续新技术支撑。

粮食高产高效技术模式需要集成推广以机械化为载体，农机农艺结合、良种良法配套、增产增效并举的区域性、标准化高产高效模式，进而推进农业生产的组织化、专业化、社会化、实现生产力与生产关系的协调互动。重点突出标准化、机械化和规模化，强调传统农业向现代农业转变，并遵循以下几个原则：一是科研与行政相结合，依靠科研单位进行技术瓶颈攻关，行政单位进行技术模式推广；二是模式攻关与高产创建相结合，粮食增产模式攻关是对高产创建成功经验的总结提升，也能通过高产创建平台发挥更大的示范带动作用；三是单项技术突破与技术集成创新相结合，在增产模式攻关过程中既要重视技术集成创新，也不能忽略单项技术、单个瓶颈的攻关突破；四是技术攻关与机制创新相结合，在增产模式攻关过程中，不仅要注重技术的攻关突破，在力量整合、资金整合、推进规模化经营等方面要进行大量的探索实践，搭建农科教、产学研大联合、大协作、大攻关的新平台；五是高产与高效相结合，确定不同技术模式的目标产量，既考虑实现高产，挖掘增产潜力，也兼顾投入产出效益；六是实用与先导相结合，既要适度超前，注重先导性，又要符合生产实际、注重实用性的原则，对关键技术和配套机械进行组合，形成不同的增产技术模式，有生产中已普遍应用的技术，也有正在重点示范推广的技术；七是农艺与农机相结合，组装配套综合性的增产技术模式，以机械化为平台，对适合农机作业的品种和栽培技术进行定性描述，对作业机械和作业指标进行定量表达，形成从种到收套餐式的组合，形成以农机作业为载体的区域性、标准化的高产高效模式，进一步提升农业生产的装备水平和科技水平；八是示范与推广相结合，根据每个区域性、标准化技术模式的投入产出效益，以使种粮农户达到城镇居民户均可支配收入水平为标准，形成套餐化、订单式的技术组合，提出每个技术模式适宜的经营种植规模。

致谢：感谢董树亭教授、李少昆研究员、李潮海教授、王立春研究员、崔彦宏教授、薛吉全教授、高聚林教授、张吉旺教授、王克如研究员、王永军副研究员等专家提供高产创建相关材料。

（本章撰稿：王荣焕、陈传永、鄂文第、徐田军）

参考文献

[1] 赵久然，王荣焕．美国玉米持续增产的因素及其对我国的启示［J］．玉米科学，2009，17（5）：156－159，163.
[2] 李少昆，王崇桃．玉米高产潜力·途径．科学出版社，2013.
[3] 宋逊风．开创育繁推一体化高产路．种子世界，2014，8：4－5.
[4] 陈国平，杨国航，赵明，等．玉米小面积超高产田创建及配套栽培技术研究．玉米科学，2008，16（4）：1－4.
[5] 农业部种植业管理司，全国农业玉米农业技术推广服务中心．“一增四改”生产技术手册．中国农业出版社，2007.
[6] 农业部．加快玉米生产发展的工作方案，2007.
[7] 农业部．全国粮食高产创建活动年工作方案，2008.
[8] 农业部、财政部．2009 年全国粮棉油高产创建项目实施指导意见，2009.
[9] 农业部、财政部．2010 年粮棉油高产创建项目实施指导意见，2010.
[10] 农业部．2011 年整建制推进高产创建实施方案，2011.
[11] 农业部．2012 年整建制推进高产创建实施方案，2012.

[12] 农业部 . 2013 年整建制推进高产创建实施方案，2013.
[13] 农业部 . 2014 年粮食高产创建及增产模式攻关提升年活动方案，2014.
[14] 陈国平，高聚林，赵明，等 . 近年来我国玉米超高产田的分布、产量构成及关键技术 . 作物学报，2012，38（1）：80 - 85.
[15] 农业部 . 全国粮食增产模式攻关推进实施方案，2014.
[16] 农业部种植管理司，全国农业技术推广服务中心 . 粮食高产高效技术模式 . 中国农业出版社，2013.

第二章 高产创建基础理论

第一节 四川玉米产区生态特征与气候生产潜力估算

玉米在高温、强光、低二氧化碳浓度下光合强度比小麦、水稻高出40%左右，是一种高产作物。由于长期的自然和人工选择，玉米适应力强，分布极其广泛。四川无论是平原、丘陵、山地都有玉米种植，在坡薄地上种植的比重大，中、低产面积较大，易受干旱等自然灾害的制约，年际间产量不够稳定。

一、四川玉米产区气候生态特征

1. 玉米产区气候概况

四川地域辽阔，海拔高差悬殊，气候条件在区域上相差也很大。据四川历年气候资料统计，年平均温度从0℃到20.8℃，其中，川西高原和川西南山地的凉山州西北部的一些县在10℃以下，盆周山区县在10～14℃，攀枝花市19～20.8℃，盆区内14～18℃，大部分地区在15～17℃，川南的部分地区18～19℃，属于盆地内温度最高的地区，具有准南亚热带气候特征，如彩图2－1。

产区内年日照时数800～2 600 h/a（小时/年），川西高原和川西南山地大部分在2 000 h/a以上，盆区内850～1 400 h/a，盆地东北部偏多，1 300 h/a左右，盆地西部偏少，大多数在1 000 h/a以下，如彩图2－2。

产区内年降水量在400～1 700 mm/a，川西高原区大部分在400～700 mm/a，盆区内800～1 300 mm/a，盆东北1 200～1 300 mm/a，中部在1 000 mm/a左右，盆地西部的雅安地区在1 600 mm/a以上，形成西部的多降水中心，川西南山地的凉山州大部分为800～1 000 mm/a，如彩图2－3。

2. 玉米产区有效气候资源的分布特征

玉米是喜温作物，由于长期的自然和人工选择，适应性很强，能够在海拔3 600 m以下的广大地区栽培。据相关试验研究，玉米种子发芽条件，温度最低8～10℃，气温12℃以上，最适宜温度为25～35℃，播种时耕层土壤湿度要求达到田间持水量的60%～70%。一般情况下，10～12℃时播种18～20 d出苗；15～18℃时播种8～10 d出苗；20℃时播种5～6 d就可以出苗。通常将气温稳定通过10℃初日作为玉米最早适播期。根据1961—2010年的气象资料统计，四川玉米最早适播期分布如彩图2－4。从彩图2－4可以看出，稳定通过10℃最早的出现在1月中旬中，最迟的出现在7月上旬前期。盆地出现较早，其中盆地东南部在2月中旬前后，盆地中部在2月下旬，盆地西部在3月上旬。盆周山区在3月下旬，川西高原在4月以后。稳定通过10℃初日随海拔变化明显，随着海拔的升高而推迟，经统计，海拔每升高 100 m，稳定通过10℃初日约推迟 2.4 d，但海拔在 2 500 m 以上时，随海拔的变化率比低层更大，从总体上看，具有抛物线特征，如图 2－5，统计关系式为：

$D_{10初日}=0.117h^2-1.802h+41\,703$，$R=0.891\,6$。

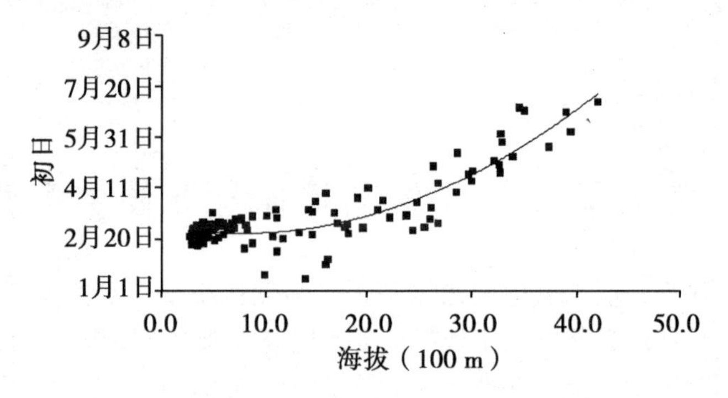

图 2－5　四川省稳定通过 10℃初日随海拔的变化

稳定通过10℃终日的分布如彩图 2－6。四川盆区稳定通过10℃终日在 11 月下旬末到 12 月上旬初。攀西地区南部在 12 月中旬以后或全年大于 10℃，凉山州北部在 10 月下旬，而川西高原在 8 月下旬至 10 月初，跨距很大，图中等值线也很密，海拔起到很大作用。随着海拔的升高，稳定通过 10℃的终日提前，每升高 100 m 提前 2.4 d，但不同的海拔高度提前的程度不同，在 1 000 m 以下提前率较小，在 1 000 m 以上提前率较大，仍然具有抛物线特征（图 2－7），统计关系式为：

$D10终日=-0.084h^2+0.633h+41\,971$，$R=0.945$。

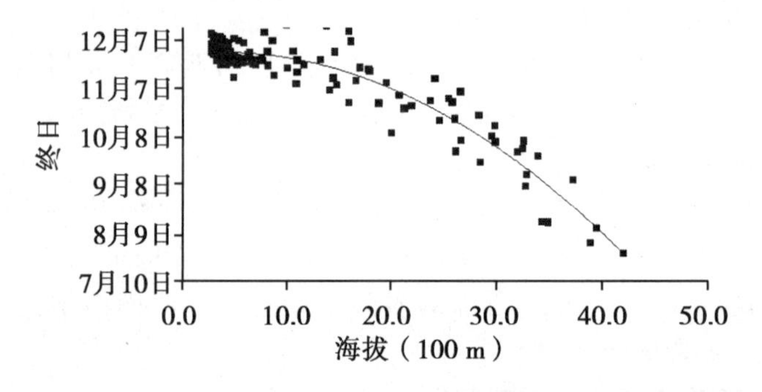

图 2－7　四川省稳定通过 10℃终日随海拔的变化

稳定通过 10℃初终日期间的天数，四川盆区在 240～300 d，大部分为 260～280 d，盆南的泸州、自贡、宜宾等地 300～330 d，攀西地区南部在 330～340，川西高原普遍在 200 d 以下，最短的不到 30 d，但在金川、小金等地出现一个大值中心，在 200 d 以上，如彩图 2－8。

稳定通过 10℃初终日期之间的积温盆区内为 5 500～5 800℃·d，盆地东南部的泸州、宜宾、自贡在 5 800～6 000℃·d，盆周山区为 4 500～5 000℃·d，攀西地区南部为 6 500～7 000℃·d，川西高原普遍在 2 500℃·d 以下，但金川、小金等地属于川西高原的大值区，达到 4 000℃·d，如彩图 2－9。普遍规律是随着海拔的升高，稳定通过 10℃

期间的积温减少，海拔每上升 100 m 积温约减少 128.5℃ · d，如图 2－10，统计关系式为：Q 积温 = －128.5h + 6 219，R = 0.934 3。

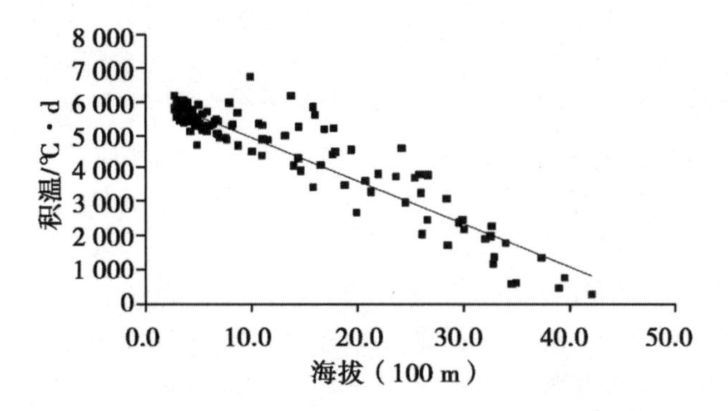

图 2－10 四川省稳定通过 10℃初终日期间积温随海拔的变化

稳定通过 10℃期间的日照时数的空间分布在盆区内东北部为 1 200～1 300 h，盆中 1 100～1 200 h，盆西 900～1 000 h，盆南 1 100～1 200 h，川西南山地在 2 000 h 以上，川西高原有几个中心，一个是金川、小金、理县等地，1 400～1 500 h，属于最多区域，其次是康定、泸定等地 1 100 h 左右，如彩图 2－11。稳定通过 10℃期间日照时数的分布和年日照时数的空间分布有很大不同，虽然川西高原年日照时数很多，但由于稳定通过 10℃期间的时间缩短，日照时数急剧减少。稳定通过 10℃期间日照时数随海拔的变化具有抛物线特征，如图 2－12。

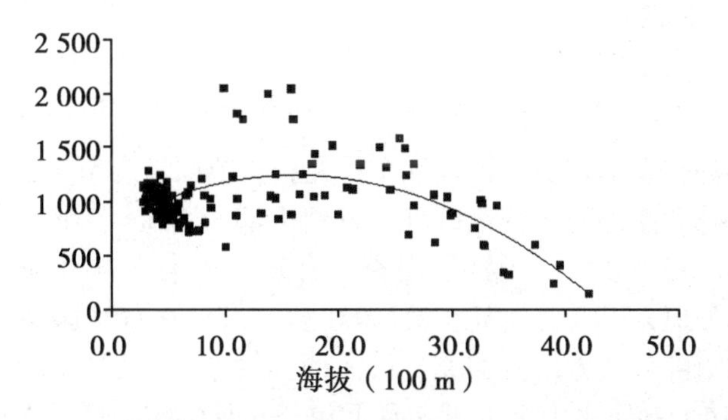

图 2－12 四川省稳定通过 10℃初终日期间日照时数积温随海拔的变化

稳定通过 10℃期间降水量分布特征如彩图 2－13。盆区内普遍比年降水量减少 100～200 mm，川西高原受通过 10℃期间天数缩短的影响，相差比较大，海拔越高减少就越多。

3. 玉米产区气候灾害的变化特征

四川盆地的年降水量比较丰沛，但时空分布不均，年际变化较大，降水季节和作物需水季节常常出现错位，加之盆地大范围的丘陵坡土蓄引水困难，很大程度上仍然“靠天吃饭”。因此，该地区农业季节性干旱频繁发生，范围大且持久，常造成大范围作物减产甚至绝收，灾害损失为各类自然灾害之首。四川盆地对玉米生产有较大影响的干旱主要有春旱（3—4 月，影响春玉米区的播种出苗）、夏旱（5—6 月，影响春玉米的拔节、孕穗、开花授粉，夏玉米的播种出苗）、伏旱（7—8 月，影响夏玉米的孕穗、开花授粉）；其次，夏季（6—8 月）大雨以上的强降水常常造成玉米地被冲毁，导致玉米倒伏等，对玉米生产造成重大损失；其三，夏季持续的阴雨寡照天气使玉米生长受阻，营养不良，或出现“溜秆现象”，或雌雄花不同步，开花授粉不畅，玉米秃尖率增加，严重影响玉米产量等。下面从干旱、夏季大雨、暴雨、连阴雨分析玉米气候灾害的变化特征。

(1) 四川盆区季节性干旱

①干旱的区域分布特征。

春旱：盆地大部分地方春旱发生频率为30% ~80%。岷江以东、嘉陵江以西、长江以北的大部分地方，以及雅安、乐山、宜宾等市的部分地方共54县（市）出现频率在50%以上。其中，岷江以东、涪江以西、简阳以北的大部分地方以及广元、石绵、汉源、古蔺，共18县（市）持续30 ~40 d，少数春旱可持续发展为夏旱，连续期可达100余天。春旱最为频繁的地区在绵阳、德阳、石绵、广元、汉源、广汉、成都7县（市），频率为80% ~83%。春旱集中出现于3月中旬至4月上旬，出现频率70%以上，如彩图2－14。据历年资料统计，四川盆地每年平均有47县（市）发生春旱，80年代初严重，20世纪80年代中期到90年代中期较轻，90年代后期开始偏重，如图2－15。

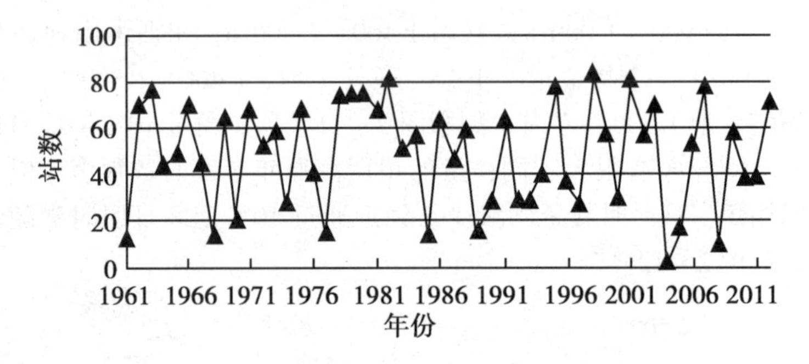

图2－15　四川盆地春旱发生站数历年变化

夏旱：分布形势与春旱相似，常现区东扩北移，范围较春旱小，但中心区则比春旱稍大。除盆地区东北部和南部的部分地区外，盆地大部为30% ~80%，其中，成都、广元、绵阳、遂宁、德阳、资阳6市，内江、南充、自贡3市的大部分地方，眉山、乐山、雅安、宜宾4市的部分地方以及岳池县，共计60县（市）在60%或以上，绵阳、德阳两市大部分地方，成都市部分地方以及西充、广元两县（市），共计15县（市）高达80% ~93%，如彩图2－16。夏旱集中出现于5月上旬至6月中旬，夏旱常现区盆西南较东北部稍早开始。持续期20 ~40 d，最长的可达两个月以上。四川盆地年平均有60县（市）市夏旱发生。夏旱发生县（市）数较多的年份主要出现在20世纪60年代和90年代中后期、70年代后期至80年代初，如图2－17。

伏旱：常现区西界沱江流域，北抵龙门山南麓，范围包括盆东和盆中的偏东地区，伏旱中心区位于盆东及南充以下嘉陵江流域，出现频率达70%左右，其中南充、广安、泸州等地高达73% ~80%，如彩图2－18。伏旱集中出现于7月中旬至8月中旬，开始期南早于北，持续期以20 ~40 d最多，最长可达两个月以上。伏旱发生年平均涉及39县（市）。伏旱发生县（市）较多的年份主要出现在20世纪70年代；60年代和80年代均较少，90年代及以后总体增加。如图2－19。

②季节性干旱的特点。

丘区降水量的季节变化具有冬干夏雨的特点；区域分布特点是盆东雨季早，盛夏有较

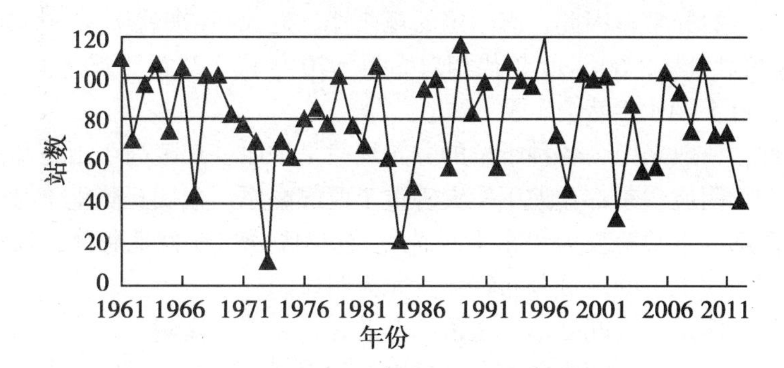

图 2－17　四川盆地夏旱发生站数历年变化

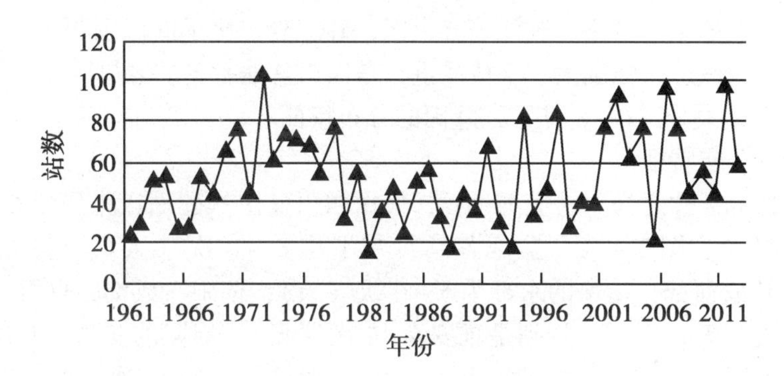

图 2－19　四川盆地伏旱发生站数历年变化

长的少雨时段；盆西雨季迟，降水特别集中在盛夏；盆中大雨始期虽然较盆西略早，但初夏少雨持续时间最长，盛夏又有明显的少雨时段。夏半年（5—10 月）降水量占全年降水量的 80% ~90%，但由于时空分布不均，也常有干旱发生。大雨（日降水量≥25 mm）的初终期是直接关系到春夏旱轻重程度的大问题，东部保证率 80% 的大雨初期始于 5 月中、下旬，终于 9 月中旬，大雨期约 4 个月；盆中始于 6 月上、中旬，终于 9 月上旬，大雨期约 3 个月；盆西大雨期最短，仅 60 ~70 d，始于 6 月下旬，而终于 8 月下旬或 9 月上旬。各地历年大雨初终期出现最早与最晚的年份，一般相差三四个月，以盆西北和盆中丘区的年际变动最大。与降水特点相对应，归纳总结四川盆地干旱发生具有以下几方面的特点。

——频率高：盆地因降水时空分布不均，年际变化大，以致干旱发生频繁，危害甚巨。春夏旱频率自东向西增高，伏旱频率自东向西减低。盆地西部春夏旱频率在 60% 以上，伏旱频率低于 30%；盆地中部春、夏、伏旱频率均在 50% 左右，干旱最为频繁；盆地东北部伏旱频率则在 50% 以上。而一年中其他时段而言，仍然有干旱发生，如冬干、秋旱等。由于四川盆地每年至少有一种或一种以上干旱发生，如果将发生任一种干旱定义为旱年，那么旱年几乎每年都会发生。

——分布广：从地域上来说，四川盆地任何地方都可能发生干旱，就连被誉为“雨城”的雅安，尽管其年降水量 1 600 mm 以上，仍然也发生过干旱，甚至出现特大干旱，这反映了四川盆地干旱区域的广泛性。

——准周期：四川的干旱，主要由于季风气候周期变化及降水量分布不均所造成，根源是大气环流运行的异常，因此，有一定的规律性。近50年来就干旱的影响而言，20世纪50、80年代相对少旱，60、90年代相对多旱，70年代干旱最为严重。此外，大范围、长时间的干旱，每5~10年就会出现一次。

——局地性：一般来说，各种干旱的分布规律是平原、丘陵高于山地和高原，谷底重于山上、阳坡重于阴坡。东部盆地干旱灾害重于西部高原；盆底丘陵重于盆周山区；盆地东部重于盆地西部，常常表现为"东旱西涝"。重旱区分布在盆地底部，以丘陵为主，平原、低山次之。不同旱型的区域分布特点，尤为明显。

——多叠加：四川旱灾既受单种之苦，更遭叠加之害。嘉陵江、涪江、沱江三江流域是干旱叠加区，其中沱江以西为盆西春夏旱重复常现区，南充、遂宁、内江三市和宜宾市东部为夏伏旱重复常现区，盆地中部为春、夏、伏交错地带，其中苍溪、阆中、盐亭、射洪、蓬溪、遂宁、乐至、简阳、雁江等县市区，春、夏、伏旱的出现频率均在40%以上，各类干旱兼有，范围广、强度大、旱情严重，是四川盆地有名的老旱区。

（2）四川盆地夏季（6—8月）强降雨的分布特征

①大雨频率分布特征。

日雨量≥25 mm称之为一次大雨过程，根据四川盆区从建站以来历年6—8月的气象资料统计，结果如彩图2－20。盆区各站每年平均6~8次（天），川东北在7~8次（天），南充、广安西部、遂宁的东部为5~6次（天），德阳、成都、自贡一线以西以及绵阳等地在7次（天）以上，特别是雅安在10次（天）、绵阳的安县在9次以上。即使在同一地区，不同年际之间的差异都很大，少的年代可能就1~2次，多的年代达到15~20次，就各站最多次统计，12~15次包含的站数最多，达到13~24站，尤其是14次的有24站。16次以上的在10站以下，少于12次的也在10站以下，如图2－21。大雨站次随年际的变化如图2－22。从图2－22看出，近50多年来四川盆区大雨次数平均每年有700站次左右，20世纪60年代前期和20世纪80年代中期较多，每年都在900站次以上，20世纪60年代中期至20世纪70年代中期和20世纪90年代中期、21世纪00年代中期相对偏少，在600站次左右。总体上看具有减少的趋势。

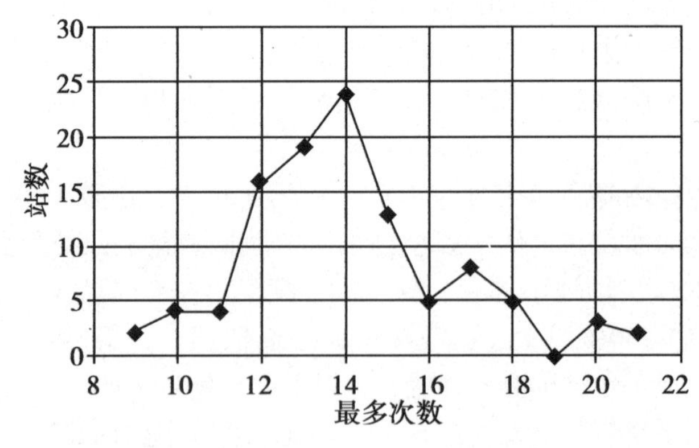

图2－21　四川盆地6—8月大雨最多次数与站数

②暴雨频率分布特征。

日雨量≥50 mm称之为一次暴雨过程，根据四川盆区从建站以来历年6—8月气象资料统计，广元、巴中、达州东北部每年平均暴雨次（日）数3.0~3.5，盆地西部的雅安、

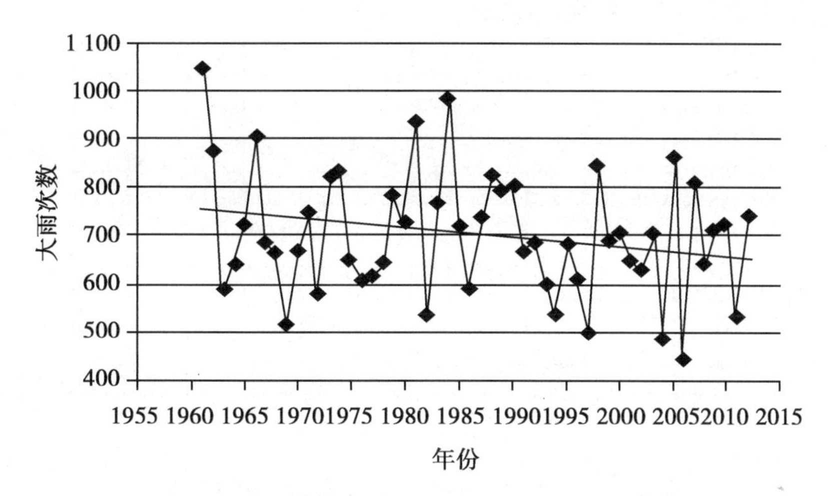

图 2－22　四川盆地 6—8 月大雨站次随年代的变化

乐山等地每年平均暴雨次（日）数在 4～6 次，绵阳也在 4 次（日）以上。盆地内其余区域暴雨次（日）数都在 2～3 次，如彩图 2－23。

但个别地区最多年份暴雨次（日）数扩大 10 次以上，站数相对较少，有 20 多站点最多次数在 6～8 次，如图 2－24。就整个四川盆区而言，每年平均暴雨日数在 270 站次左右。

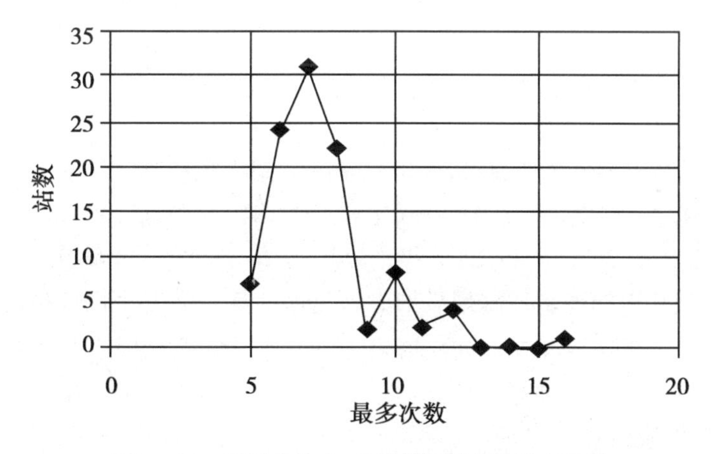

图 2－24　四川盆地 6—8 月暴雨最多次数与站数

暴雨发生的站（次数）的年际变化特征与大雨次的变化基本类似，20 世纪 60 年代前期在 300 次（站）左右，最多的 20 世纪 61 年接近 450 次（站），20 世纪 70 年代在 300 次站以下，大部分年份在 250 次（站）以下，20 世纪 80 年代相对偏多，有 7 年在 300 次（站）以上，20 世纪 90 年代中期相对较小，在 250 次（站）以下，进入 21 世纪以后，为 150～320 次（站），但波动很大，如图 2－25。

（3）四川盆地夏季（6—8 月）连阴雨的分布特征

①绵雨分布特征。

以连续 7 天日雨量≥0. 1mm 称之为一个绵雨过程，从 1961—2012 年 6—8 月逐日雨量统计，四川盆区夏季（6—8 月）绵雨频率普遍在 1 次/a 以下，盆地内在 0. 5 次/a 以下，

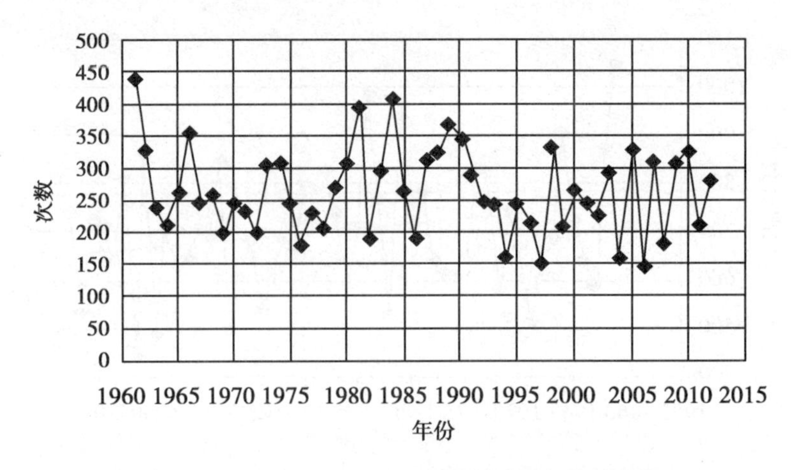

图 2-25　四川盆地 6—8 月暴雨站次随年代的变化

盆周山区较多，在 0.5~0.8，而雅安及乐山西部在 1 次/a 以上，尤其是宝兴达到 2.35 次/a，绵阳的北川等地也在 1 次/a 以上，如彩图 2-26。有些站点的有些年份，6—8 月可能出现 2~3 次绵雨过程，最多的一年有 5~6 次，如宝兴 1976 年出现 6 次，分别是 6 月 16—22 日、7 月 1—7 日、7 月 12—18 日、7 月 25—31 日、8 月 2—12 日、8 月 20—29 日。出现 5 次的有 3 年，如宝兴的 1970 年出现 5 次，分别是 6 月 1—7 日、6 月 14—25 日、7 月 22—29 日、8 月 6—22 日、8 月 14—21 日，名山的 1981 年出现 5 次，分别是 6 月 1—9 日、6 月 15—21 日、6 月 28 日至 7 月 5 日、7 月 8—14 日、8 月 19—25 日，名山的 1983 年又出现 5 次，分别是 6 月 26 日至 7 月 4 日、7 月 7—14 日、7 月 26—8 月 1 日、8 月 4—10 日、8 月 12—19 日。

绵雨发生的站数平均每年约 60 站次，在年际之间变化很大，一般在 30~100 站次之间，多的年份达到 120 站次以上，如 1966 年和 1971 年，分别为 136 站次和 125 站次，少的在 20 站次以下，如 2006 年和 2009 年，分别为 10 站次和 18 站次。从时间变化看，1980 年代中期之前相对偏多，其后相对偏少，总体上具有随着年代推移，发生站次具有减少的趋势，统计关系式为：$y = 808.1 - 0.376\ t$。每推迟 10 年减少 3.7 站次，如图 2-27。

② 6—8 月连阴雨的分布特征。

连阴雨天气指多雨少日照的天气。我们以连续 3 d 或以上日雨量 ≥0.1 mm、日照时数≤3 h为一次一般性连阴雨天气过程，以连续 5 d 或以上日雨量≥0.1 mm、日照时数≤3 h 为一次严重连阴雨天气过程。

从彩图 2-28 看出，四川盆区 6—8 月一般性连阴雨发生频率每年平均在 3 次左右，巴中东北部、达州东北部、绵阳南部、遂宁、全部、南充西南部在 3 次以下，广元、德阳、内江连线以西以及以南都在 3 次/a 以上，最多的仍然出现在雅安、绵阳等地，普遍在 4 次/a 以上，特别是雅安市全部都在 5 次/a 以上。

从彩图 2-29 看出，四川盆区 6—8 月严重性连阴雨出现频率（连续 5 天或以上日雨量≥0.1 mm，日照时数≤3 h）盆东北的广元、巴中、南充以及达州的一部分、广安的南部在 0.8 次/a 以上，成都东部、德阳东部、遂宁、内江、资阳、自贡在 0.6~0.8 次/a，

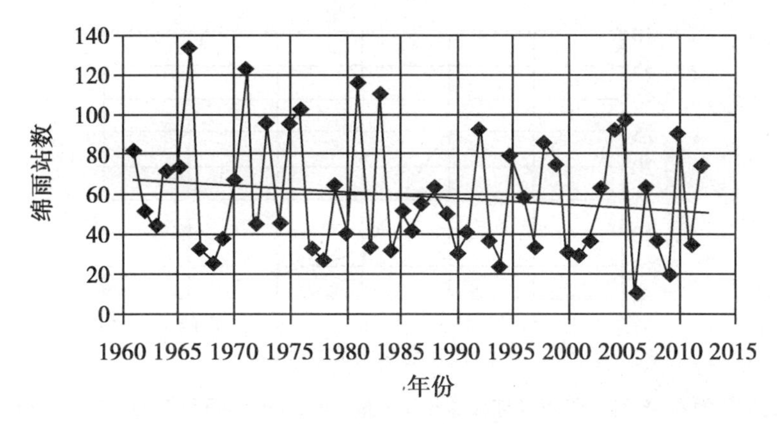

图 2－27 绵雨站数的年际变化

盆地西北部、西部、西南部都在 1 次/a 以上，高值中心在雅安、绵阳在 1.5 次/a 或以上。有些站点的有些年份严重连阴雨会出现多次，次数最多的年份可达 5 次以上，只是站数较少如图 2－30，如北川 2009 年，出现了 6 次，分别为 6 月 5—13 日、6 月 25—29 日、7 月 1—5 日、7 月 22—26 日、8 月 7—14 日和 8 月 16—23 日。最多次数在 3 次的有 60 个站（年），4 次的有 35 站年。从一次严重连阴雨过程的持续天数来看，长的有 10～11 d 之多。最长持续 6 天的有 19 个站（年），7 d 的有 25 个站（年），8 d 的有 7 个站（年），9 d 的有 4 个站（年），10 d 的有 11 个站（年），如图 2－31。

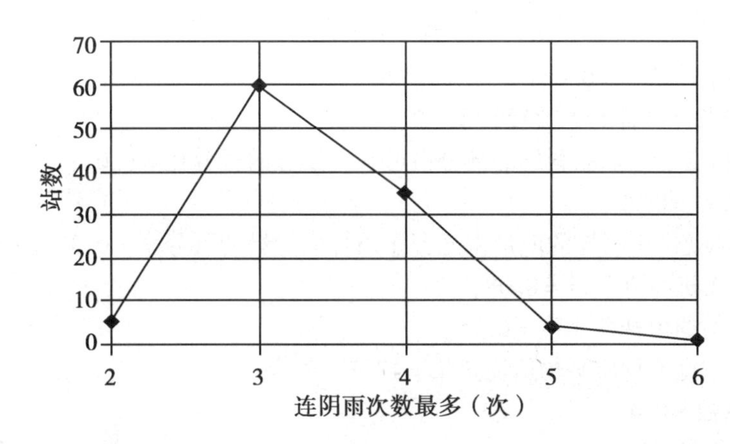

图 2－30 四川盆地 6—8 月连阴雨（连续 5 d 日雨量≥0.1 mm，日照时数≤3 h）次数最多与站数

二、气候生产潜力估算

气候生产潜力是指土壤、品种和其它农业技术都适宜的条件下，由自然气候条件决定的最高单产水平。它可以反映一地的光、热、水资源的配置状况。

1. 气候生产潜力的计算方法

近 100 多年以来，世界各国对气候生产潜力进行了大量的研究，相继提出了许多有价值的计算模型和方法。FAO（联合国粮食及农业组织）推荐的潜力递减法（也叫逐步订正法）是业界公认的气候生产潜力计算方法。将潜力递减法综合如下式：

$$Y = a \times F(Q) \times F(t) \times F(w) \times C \quad (1)$$

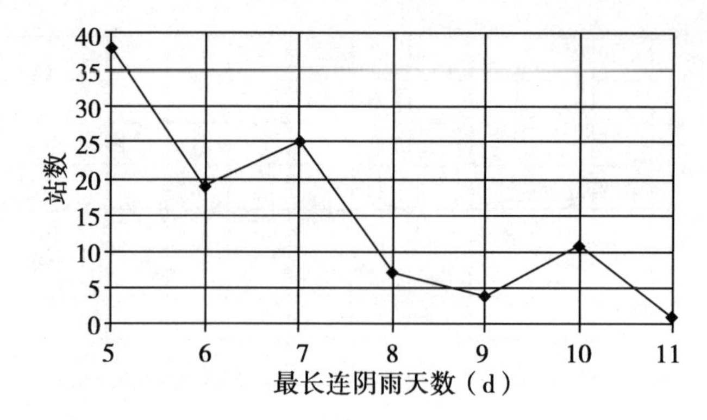

图 2－31　四川盆地 6—8 月连阴雨（连续 5 d 日雨量≥0.1 mm，日照时数≤3 h）最长天数与站数

$$Y1 = A \times F(Q) \quad ①$$

$$Y2 = Y1 \times F(t) \quad ②$$

$$Y3 = Y2 \times F(w) \quad ③$$

式中，A＝a×C，为折算系数；Y1 为光合生产潜力；Y2 为光温生产潜力；Y3 为气候生产潜力；Y 为气候生产潜力，a 为常数。

$$a = \varepsilon(1-R)(1-t)(1-n)(1-N_0)(1-R_5)\cdot E/(r\cdot(1-I)(1-J)$$

式中，ε：380～710 μm 波段的光合有效辐射占投射到作物群体上太阳总辐射的百分比＝0.49；

R：作物群体对光合有效辐射的反射率＝0.08；

t：作物群体透光率＝0.06；

n：植物非光合器官的无效吸收率＝0.1；

N_0：光饱和点以上未能利用的部分占可利用部分的百分比＝0.01；

E：量子效率＝0.22；

Rs：植物呼吸作用消耗的能量占光合作用合成能量的百分率＝0.3；

I：植物中无机养分含量＝0.08；

J：风干植物的植株含水率＝0.15；

r：每形成一克干物质平均所需热量＝17.2。

C：经济系数＝0.4。

F（Q）是辐射函数。

F（t）：温度订正函数。

$$F(t) = 0 \qquad t<6 \text{ Or } t\geq 44$$

$$F(t) = 0.027\times t - 0.162 \qquad 6\leq t<21$$

$$F(t) = 0.086\times t - 1.41 \qquad 21\leq t<28$$

$$F(t) = 1 \qquad 28\leq t<32$$

$$F(t) = -0.083\times t + 3.67 \qquad 32\leq t<44$$

F（w）：水分订正函数。

$$F(w) = w / E_0 \qquad w \leq E_0$$

$$F(w) = 1 \qquad w > E_0 \text{ And } w < 4E_0$$

$$F(w) = 0 \qquad w \geq 4E_0$$

式中，t 为日平均温度；w 为降水量；E_0 为农田蒸发量。

2. 四川玉米气候生产潜力分布

玉米气候生产潜力和玉米生长季时间长短相关，本研究按照 3 种时间长度进行计算分析，一是稳定通过 10℃期间的玉米总生产潜力，这是玉米生产能够利用的最大气候生产潜力；二是稳定通过 10℃初日至稳定通过 16℃终日之间的潜力，这可以称之为玉米安全生长季的气候生产潜力；三是从玉米播种 – 成熟期间的气候生产潜力，也可称之为单季玉米实际气候生产潜力。

为此，利用全省 154 个气象站从 1961—2012 的气象资料，以旬为单位，首先推算出各站的地面总辐射，再根据潜力计算方法，逐步计算出玉米的光合潜力和光温生产潜力。由于水分订正需要计算潜在蒸发，其中的很多参数不易收集，就没有进行水分订正。

（1）稳定通过 10℃玉米光温潜力分布

稳定通过 10℃玉米光温潜力的空间分布如彩图 2 – 32。从图 2 – 32 看出，玉米生产潜力具有明显的阶梯式分布特征，在盆东北地区的达州、巴中、南充、广安等地以及盆中的遂宁、内江、川南的泸州等地为 1 700 ~ 1 800 kg/666.7m^2，西部的乐山等地在 1 500 ~ 1 700 kg/666.7m^2，川西高原的金川、小金、理县等地 1 000 kg/666.7m^2 左右，川西高原的其他地区在 1 000 kg/666.7m^2 以下，川西南山地 1 000 ~ 1 200 kg/666.7m^2。川西高原、盆周山区到四川盆地的过渡地带潜力等值线比较密集，说明潜力在这些过渡地带变化很大，而在盆中、盆东的大部分地区潜力等值线比较稀疏，说明这些区域气候条件分布相对比较均匀，因此，潜力的变化也比较小。

（2）玉米安全生长季光温潜力分布

据有关研究，玉米灌浆阶段最适宜的温度条件是 22 ~ 24℃，籽粒快速增重期适宜温度 20 ~ 28℃，低于 16℃灌浆停止。因此，将稳定通过 10℃初日至稳定通过 16℃终日之间称之为玉米的安全生长季。

表 2 – 1　四川玉米安全生长季天数、光温潜力的分布及统计特征

区域	站名	10 ~ 16℃ 天数	光温潜力 (kg/hm^2)	标准差	变异系数 (%)	区域平均 (kg/hm^2)
川西北高原	巴塘	195	15 630.0	1 992.0	12.7	15 990
	金川	194	14 497.5	1 575.0	10.9	
	得荣	227	17 662.5	1 845.0	10.4	
	汶川	197	15 361.5	1 939.5	12.6	
	九寨沟	190	14 811.0	2 016.0	13.6	
川东北	南江	224	24 939.0	2 719.5	10.9	24 255
	万源	206	19 921.5	2 535.0	12.7	
	广元	227	23 323.5	2 398.5	10.3	
	达州	240	26 329.5	3 732.0	14.2	
	宣汉	233	26 742.0	2 758.5	10.3	

（续表）

区域	站名	10～16℃天数	光温潜力（kg/hm^2）	标准差	变异系数（%）	区域平均（kg/hm^2）
盆中	遂宁	245	26 178.0	3 034.5	11.6	26 175
	广安	242	25 713.0	3 817.5	14.8	
	南充	252	261 46.5	3 168.0	12.1	
盆西	青神	247	24 048.0	2 152.5	9.0	22 515
	犍为	260	23 728.5	2 482.5	10.5	
	沐川	252	21 645.0	2 569.5	11.9	
	马边	252	20 383.5	1 929.0	9.5	
	雅安	235	20 416.5	1 953.0	9.6	
	汉源	266	24 886.5	2 889.0	11.6	
盆南	南溪	262	24 457.5	3 115.5	12.7	23 573
	翠屏区	255	24 810.0	4 453.5	17.9	
	屏山	238	18 645.0	3 922.5	21.0	
	古蔺	251	26 304.0	3 019.5	11.5	
	筠连	249	23 650.5	2 482.5	10.5	
川西南山地	西昌	267	25 104.0	2 685.0	10.7	21 105
	盐源	187	12 048.0	1 933.5	16.1	
	木里	172	10 215.0	3 727.5	36.5	
	盐边	301	37 050.0	4 620.0	12.5	

通过统计，如表2－1，川西北高原部分地区玉米安全生长季天数在190～230 d，光温生产潜力在14 500～18 000 kg/hm^2，区域平均潜力16 000 kg/hm^2，光温潜力在年季间的标准差达到1 575～2 270 kg/hm^2，变异系数达到10.4%～13.6%；川东北玉米安全生长季天数在210～240 d，光温生产潜力在19 900～26 750 kg/hm^2，区域平均潜力为24 250 kg/hm^2，光温潜力在年季间的标准差达到2 400～3 700 kg/hm^2，变异系数达到10%～14%；盆中地区（以遂宁、广安、内江为代表），玉米安全生长季天数在240～250 d，光温生产潜力为26 000 kg/hm^2左右，光温潜力在年季间的标准差达到3 000～3 800 kg/hm^2，变异系数达到12%～15%；盆西地区玉米安全生长季天数在240～260 d，光温生产潜力在20 400～24 800 kg/hm^2，区域平均潜力22 500 kg/hm^2左右，光温潜力在年季间的标准差达到1 930～2 900 kg/hm^2，变异系数为9%～12%；盆南玉米安全生长季天数在240～260 d，光温生产潜力在18 600～26 300 kg/hm^2，区域平均潜力23 570 kg/hm^2，光温潜力在年季间的标准差达到2 480～4 450 kg/hm^2，变异系数达到10%～21%；川西南山地玉米气候条件变化很大，玉米安全生长季天数木里、盐源170～190 d，光温生产潜力在10 000～12 000 kg/hm^2，光温潜力在年季间的标准差达到1 900～3 700 kg/hm^2，变异系数达到16%～36.5%；西昌玉米玉米安全生长季天数达到267 d，光温生产潜力在25 100 kg/hm^2，光温潜力在年季间的标准差达到2 700 kg/hm^2，变异系数为10.7%；而盐边玉米安全生长季天数在300 d以上，光温生产潜力达到37 000 kg/hm^2，光温潜力在年季间的标准差达到4 600 kg/亩，变异系数达到12.5%。

就全省来看，盆中、川东北玉米安全生长季光温生产潜力比较大，且变异系数相对较小。虽然攀枝花市各县玉米安全生长季天数长、光温潜力大（如盐边县），但水分的限制很大，实际上玉米产量并不高。

（3）玉米生长期光温生产潜力分布

玉米实际生产潜力和播期、品种属性有关。根据多年试验资料统计，中熟玉米品种从播种期到成熟全生育期约需≥10℃的活动积温2 670℃·d，因此，从播种日开始计算，直到≥10℃的活动积温达到2 670℃·d时结束。不同播期、不同区域的玉米全生育期长度不同。

从3月上旬、中旬、下旬，一直到5月下旬，分为9个播期，分别得到9个播期的光温生产潜力，再将9个播期的光温生产潜力作平均，得到各个播期的平均光温生产潜力，如图2－33。

从彩图2－33看出，四川玉米光温生产潜力的分布具有明显的区域特征，盆区内为1 200～1 500 kg/666.7m^2，盆东北的达州、巴中有两个小的高值中心，在1 400 kg/亩以上，盆西的乐山、雅安等地在1 200 kg/666.7m^2以下，凉山州的部分地区也出现了一个高值中心，1 400 kg/666.7m^2，川西高原的少部分地区在1 000 kg/666.7m^2左右，但大部分都在800 kg/666.7m^2以下。虽然川西高原的日照时数多，总辐射量大，但是由于温度低，不能满足玉米生长发育的要求，生产能力受到很大限制，光温生产潜力很小，特别是甘孜州的西部、北部和阿坝州的北部，光温生产潜力都在300 kg/666.7m^2以下，因此几乎没有玉米种植。

气候在年际之间的变化比较大，因此，玉米气候生产潜力年际之间也有较大差异，统计1961—2012年的52年间的最大值，结果看出，大部分地区最大值和平均值之间的差异在200～300 kg/666.7m^2，多的达到450 kg/666.7m^2，即玉米气候生产潜力最大年份，可以达到1 800 kg/666.7m^2以上，如川东北部分、川中部分区域。

3. 玉米生长期光温生产潜力随海拔高度的变化

玉米气候生产潜力的空间分布与海拔密切相关。据统计，结果如图2－34。从图2－34看出，全省玉米气候生产潜力与海拔具有显著的线性关系，随着海拔的升高，潜力逐渐减小，海拔升高100 m，玉米气候生产潜力减少465 kg/hm^2。但海拔在1 000 m以下的区域，由于站点很集中，玉米气候生产潜力随海拔高度的变化并没有图2－22那样明显，海拔每升高100 m，玉米气候生产潜力降低约345 kg/hm^2，而且海拔1 000 m以下地区玉米气候生产潜力都在15 000 kg/hm^2以上，1 000～2 000 m地区玉米气候生产潜力在9 000～15 000 kg/hm^2，2 000 m以上地区则低于9 000 kg/hm^2。海拔1 000 m以上的高海拔地区（包括盆周山区和高原区）日照多，辐射量大，但由于温度普遍偏低，影响了玉米的光合作用效率，所以玉米气候生产潜力降低。

4. 玉米生长期光温生产潜力随播期的变化

由于播期的不同，玉米在生长季中的气候条件不同，特别是光温条件不同而使不同播期之间的光温生产潜力存在较大差异。利用所有统计站点资料分析，全省平均玉米生长期光温生产潜力随播期的变化具有抛物线特征，统计模式为：

$y = -88.46D^2 + 1\,036D + 13\,592 \quad R^2 = 0.98 \quad F(2, 151) = 3\,699.5$，达到极显著水平。

式中Y为玉米光温生产潜力（kg/ha），D为播期，以旬为单位，3月上旬为1，3月中旬为2，依此类推。

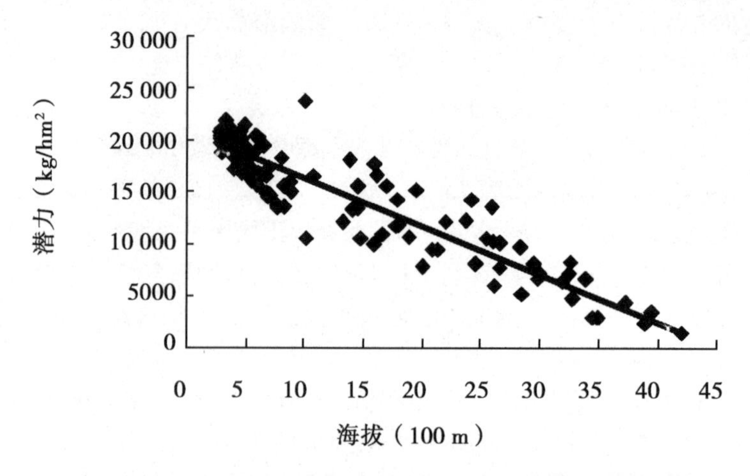

图 2－34　玉米生长期光温生产潜力随海拔的变化

从图 2－35 看出，4 月中旬到 4 月下旬播种，玉米生产潜力最大。在 4 月中旬前播种，随着播期的推迟，玉米光温生产潜力增加，在 4 月下旬之后播种，随着播期推迟，玉米光温生产潜力减少。虽然在前期播种，温度相对较低，玉米生育期相对延长，但前期的日照相对较少，辐射弱，玉米光合生产潜力较低。在 4 月中旬以后播种，日照多，太阳辐射强，但由于温度较高，玉米生育期相对缩短，以至于玉米的光温生产潜力减少，说明 4 月中下旬播种使玉米生长期间光温条件达到良好的配合协调。若考虑降水的影响，由于四川玉米产区存在春、夏、伏旱的影响，且春夏伏旱在各区域的分布也不同。因此，在实际生产中，各区域可结合避旱需要适度调整。

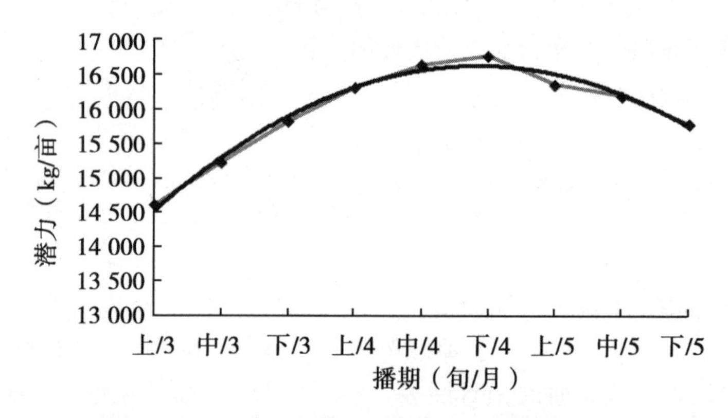

图 2－35　玉米生长期光温生产潜力随播期的变化

第二节　玉米高产创建的主要问题与潜力

一、玉米高产创建的主要问题

1. 制约产量挖掘的主要因素

（1）土壤瘠薄

四川玉米产区由紫色土、红壤和黄壤等构成区域性土壤组合，由河谷到山顶形成一系列热量带，坡耕地比重大，土层薄瘦。据对川中丘陵区玉米地典型调查，土层厚度在 20 cm 以下占 28.6%，20～40 cm 占 42.8%，60 cm 以上占 28.6%。据四川省农业科学院模拟试验结果，以土层厚度 20 cm 时产量为 100，土层厚度 60 cm 时，玉米产量可达 174。据在四川的 86 个玉米试验分析，玉米土壤 pH 值、有机质、速效氮（碱解氮）、有效磷、速效钾平均分别为 6.8、18.8 g/kg、117 mg/kg、14.9 mg/kg、99.1 mg/kg，四川玉米土壤养分水平普遍偏低。因此，土层瘠薄，地力差，土壤库容小，保水保肥力差，是挖掘玉米产量的第一限制因素。

（2）季节性干旱

玉米区内多发干旱、洪涝等自然灾害，近年阴雨寡照日趋加剧，严重制约了四川玉米稳产和高产。从全省玉米单产和总产变化发现，波谷的 1987、1994、2001 和 2006 年均是四川干旱年。有研究表明，四川省气候变化的趋势是日照时数和降雨量呈下降趋势，气温呈上升趋势。未来 50 年内发生严重干旱的频次远高于洪涝年的频次。盆东丘陵区常有伏旱，盆中丘陵区夏、伏旱交错，盆西常发生春旱，对玉米生产影响较大。气候生态条件影响了四川玉米的区域分布和总体产量水平，对玉米生产起着决定性的作用。季节性干旱是挖掘玉米产量的又一限制因素。

（3）投入不足

据调查，玉米主产区平均有效灌溉面积不足 10%，玉米多靠雨养。此外，施肥水平只相当于全国平均水平的 79.2%，部分山区还有“卫生田”（不施化肥），土地生产效率不高。与此同时，近年来，随着农村外出务工人员逐年增多，农村劳动力减少和素质下降，在玉米生产上的劳动力投入也逐年较少，特别是改革开放以来劳动力增长情况为负（-52.47%），对玉米产量增长的贡献程度为 -2.76%，也直接导致了先进实用技术的推广覆盖度低，集成配套性差。玉米生产中出现了播种质量差、种植密度低、施肥盲目、肥料利用率低、中后期肥水管理和病虫管理不到位等现象，严重制约了玉米产量的挖掘。

2. 高产创建关键技术现状与问题

在体系成立之初的 2007 年，参加的科技人员与示范县农技人员联合开展了生产调研，基本摸清了玉米生产主推高产技术的应用现状及问题。

（1）耐密高产品种

玉米高产创建面临的首要问题是品种选择。一是近年育成的玉米品种以长生育期、高秆大穗为主，忽视了耐密性，加上种质基础单一，亲本主要集中在几个骨干自交系，它们主要来自于美国玉米带的杂交种和我国北方优良杂交种，且绝大多数为二环系，忽视对非生物逆境抗性的选择，大多难以适应高产创建对品种耐密、抗病、高产的要求。二是品种多、乱、杂现象突出，玉米主产县市场销售品种一般在 100～200 个，在一些地方还存在种子质量差、私繁滥制、品种侵权等问题，良种良法配套难度大。因此，借鉴国内外高产创建经验，通过增加密度，挖掘玉米产量潜力一定程度上缺乏物质基础。

（2）地膜覆盖栽培

由于季节性干旱的日益频繁和山区玉米的发展需求，从 1985 年开始地膜覆盖栽培面积逐年增加，目前，玉米主产区达到了 40% 以上，但是，其中真正按照地膜覆盖技术规范实施的不到 60%。一是农膜价格上涨，每亩投入成本高，加上玉米产区多是贫困地区，投入生产的能力有限，导致生产上没有严格按照地膜宽度和厚度选择应用，降低了地膜的保墒、保温、除草效果；二是在浅丘区，玉米生产后期高温干旱严重，土壤温度和湿度调节困难，近年研发的膜侧栽培技术可解决地膜玉米根系早衰的问题。但是对配套技术掌握不到位，影响了该技术的作用发挥。

（3）育苗移栽技术

玉米育苗移栽技术是四川玉米推广最成功的栽培技术之一。1986 年开始，到 1997 年推广面积占到玉米面积的 60% 以上，但是 2000 年以后逐年下降，主要原因是随着农村劳动力的锐减，传统的高产育苗移栽技术比较费工、费时，难以将各项关键环节落实到位。

（4）水肥管理技术

水肥耦合，"以肥调水，以水调肥"是玉米高产水肥管理的关键。但是，季节性干旱等诸多因素影响水肥的同步实施，降低了肥料和水分的利用效率。加上农村劳动力减少，有机肥的入地大量减少，更使水肥的作用受到极大限制。

3. 玉米高产栽培技术推广存在的问题

（1）种粮农民文化水平低、种粮效益低，使用新技术积极性不高

据省农业厅 2013 年对三台、中江等县 72 个社的 181 户农户典型调查，在家务农的多为文化水平相对较低的老年人和中年以上的妇女。受调查户共计 336 人在家务农，占具备劳动能力总人数的 57%，其中，年龄 60 岁以上的 176 人，占种地人数的 52. 4%，比 2008 年增加 6. 5 个百分点；小学文化或文盲 242 人，占在家种地劳动力数的 72%。同时，农资和劳动力价格大幅上涨，而粮食价格上涨较慢（部分年份还在下滑），种粮成本增加完全抵消了粮价上涨和惠农补贴带来的利润和实惠，使种粮效益始终保持在较低的水平。上述两方面的原因导致农民采纳新技术的意识不强，积极性不高。

（2）农技服务不到位，技术指导缺乏

由于基层农技人员少，精力分散，设施差，推广激励机制不配套，加之农业生产经营分散，现有的技术人员难以培训指导到位。据农业厅 2013 年对农户获得新技术的途径调查，仅 41% 的农户通过农技员培训或指导获取农业技术，45% 的农户通过电视、杂志等途径，14% 的农户通过亲戚邻居的交流获得。65% 的农户很少见到农技员或无印象。5 年内，38% 的农户没有参加或仅参加过 1 次农业技术培训。

（3）传统推广方式简单，技术传播失真

多年来，基层农技人员推广农业技术主要通过开技术培训会、发放技术资料和做广播、电视讲座等方式，面对面指导服务很少。由于农民文化素质低，对知识领悟掌握的能力有限，通过培训讲授的方式接受新技术比较困难，导致技术措施落实不到田间地头，技术传播失真。

4. 小面积高产创建的难点

产量的突破并创建高产纪录，必须采用超常规的设计思路和方案，但同时伴随风险的管控。如大幅度提高种植密度带来的倒伏问题、病害加剧问题、田间管理的操作问题以及适配品种的选择问题等。

5. 大面积高产创建的难点

现有的生产经营以小农户为单元，如何将高产创建集成技术传递到千家万户的过程中，技术不失真、管理关键环节能抓住、问题出现能及时诊断解决，最终还需要解决农户不同地力条件下的田块之间如何促进玉米平衡生长发育，实现平衡增产的问题。

二、高产创建的潜力

1. 作物生产的理论潜力巨大

美国学者 Still 将作物产量描述为绝对产量、可达到的产量、合算产量和实际产量。绝对产量取决于品种的遗传潜力，可达到的产量还受环境条件的种种制约，合算的产量取决于栽培技术和效益。目前，实际产量与前 3 种产量的差距往往十分巨大。对于生产潜力大小有多种估算方法，最常用的是根据对太阳辐射的光能利用率进行估算。高亮之通过计算指出，把光能利用率提高到 2.7% ~3.8%，我国各地单季水稻的理论产量均在 1 000 kg/亩以上。王德禄也指出，松嫩平原黑土区小麦光能利用率可达 3.827%，理论产量为 771 kg/亩；玉米光能利用率可达 3.545%，理论产量为 1 051 kg/亩；大豆光能利用率可达 4.427%，理论产量为 792 kg/亩。均比目前平均产量水平高 1 倍左右。按照光温潜力计算，四川粮食作物的平均光温生产潜力约为 1 500 kg/亩，全省农作物复种指数极限可达到 240% ~250%，每亩耕地的粮食生产理论潜力尚有 740 kg 左右。

2. 玉米高产再高产潜力巨大

在粮食安全问题的压力下，我国长期不间断地进行作物高产再高产的研究与实践，取得了举世瞩目的成就。2004 年以来，国家加大了科技投入，在国家粮食丰产科技工程、科技入户等项目支持下，各地积极开展作物高产创建工作，依靠技术创新，增加投入，按点、片、面的途径挖掘和展示当地的产量潜力，源源不断地涌现出了高产典型。2013 年在新疆创造了 1 511.74 kg/亩的单块田全国玉米高产纪录，2014 年又创造了 10 500亩平均亩产 1 227.6 kg 的万亩玉米高产纪录，2009 年陕西定边县 102 380亩平均亩产 838.7 kg 的十万亩玉米高产纪录。四川省通过高产创建，也高度展示了本地作物高产再高产的产量潜力。2008 年，在宣汉县峰城镇创造了亩产 1 181.6 kg的四川省和西南地区玉米最高产纪录，2009 年万亩创造了平均亩产 800.4 kg，2010 年整建制平均亩产 624.9 kg 的大面积高产纪录。这些高产典型，通常比当地普通产量水平高 60% 以上，证明了玉米高产更高产的潜力巨大。

3. 玉米中低产变高产潜力巨大

在高产（如玉米亩产 600 kg）情况下，再提高产量，增加的投入和难度很大。但中、低产（平均产量水平以下）变高产，技术途径多，投入少，难度小。我国低产田土约占总耕地面积的 20%，这些田土主要分布在边远地区、交通不便、环境恶劣、生产条件差、经济水平低、耕作栽培粗放，产量很低；中产田土占总耕地面积的 50% ~60%，产量不高的原因主要是投入偏少、耕作粗放、新品种和新技术应用率低。中低产田块通过增加物质投入、针对性地普及先进技术、提高栽培管理水平，能够变成高产或超高产田块，这部分田土产量增加的潜力十分巨大。

第三节 高产栽培理论

玉米是世界上分布最广的作物之一，因为产量高和种植面积大，地位仅次于水稻和小麦；又因为单产量居首位，俗称世界三大作物单产之王（柯炳生，2002；程国强，2004；秦臻，2003）。据统计，目前中国玉米栽培面积和总产量均位列世界第二，在我国粮食作物中居第一位，其栽培区域主要集中在从东北经华北向西南这一狭长地带，种植面积约占全国总种植面积的85%（卢妍，2009）。

四川省作为西南玉米种植区的主要组成部分，是我国八大玉米产区之一。由于四川地形以丘陵为主，海拔分布不均，导致省内自然条件复杂，这是影响玉米单产最主要的因素（赖仲铭，1990；陈协蓉，1998；黄宜祥，1999）。

围绕玉米增产许多学者进行了大量研究（张学舜等，2001；Murrell，2000；王崇桃等，2006；赵明等，2006；赵久然等，2007；张永科等，2007；Duvick，1999），提出了多种技术方案如利用杂种优势、改良遗传性状、优化栽培措施、延长生育期等，并认为杂种优势对产量的贡献日趋下降（Duvick，1997；Vernon，2005；Tollenaar，1999；Charles，1999；李国等，2009；冯巍，2001；胡新宇等，2000；Wang，1995）。因此，对玉米进行遗传改良，同时优化栽培措施是实现玉米增产的根本途径（Wang，1996；李登海等，2004；张永科等，2004；张永科等，2006；李少昆等，2009；牛忠林，2004）。

作物生产是作物群体的生产。构建合理的群体结构，协调群体与个体的矛盾，充分发挥个体潜力，是实现作物高产的根本保证。密度是影响玉米产量的关键因素之一，玉米在全生育进程中对密度的响应非常敏感，其群体产量与密度压力息息相关。前人研究表明在一定种植密度范围内，玉米产量与密度呈正相关，但随着密度的持续增加群体产量呈现下降趋势。这是因为过低的密度导致单位耕作面积穗数过少，群体产量低下；而过高的密度导致光照养分等供应不足，植株间竞争趋向剧烈，单位面积穗数的增加不足以弥补因过高密度造成的产量构成因素锐减及空秆植株增加所带来的损失（李明等，2004；黄开健等，2001；李钟等，2000；杨世民等，2000；丁希武等，1997；李明等，2008；王聪玲等，2008；卫丽等，2009；李猛等，2009；张娟等，2009；郝兰春等，2009；张洪生等，2009；刘霞等，2007；杨国虎等，2006）。因此，合理密植能充分利用外界光照、温度和水肥条件，是高产创建第一位的栽培技术（薛珠政等，1998；郭焱等，1999；谭华等，2000；王斌功等，2009）。

一、植株整齐度调控

作物形态结构对外界环境因子（光温水）在生态系统中的传输与分布影响显著（Dauzat，1997；Chelle，1998），具有优良性状的植株是增产的重要保证。田间调查普遍偏向于最终的产量，对植株生长动态的评价不够全面。研究玉米生育进程中的多个性状与高产稳定性之间的关系，筛选确定植株生长调控的关键及指标，将极大提高栽培管理的可控性，使各项调控措施在生产中提前得到应用。

前人研究结果表明，株高、穗行数、穗直径变异系数的大小与产量关系密切（宋有洪等，2003；侯爱民等，2003；郭伟等，2003）。玉米产量与植株性状整齐度具有一定规律，如株高整齐度与穗行数、穗长呈极显著正相关，与秃尖长呈极显著负相关（张焕裕，2005；曹修才等，1996）。对株高整齐度与穗性状的相关性进行研究发现，穗长、单株产量与株高整齐度的相关性达到极显著水平（李雁等，1998；翟广谦等，1998）。对茎粗整齐度与穗性状的相关性也进行了研究，结果表明穗长、穗粗与茎粗整齐度呈极显著正相关，与空秆率呈极显著负相关（陶世蓉等，2000；赵守光等，2001；杨国虎等，1999）。对不同密度的3种类型玉米品种的植株整齐度与产量的相关性进行分析发现（表2-2），增加栽培密度，单株干物重、株高、穗位高、双穗率与产量的相关性下降，但是空秆率、穗位高整齐度与产量的相关性提高。4 000 株/亩处理的平均单株干物重、双穗率与产量极显著相关，5 000 株/亩处理的平均空秆率、单株干物重与产量显著相关。增加密度对不同类型品种植株整齐度的影响表现为单株干物重与产量的相关性成单 30、中单 909 下降，而荃玉 9 号的相关性提高；空秆率与产量的相关性成单 30、中单 909 显著提高，但是荃玉 9 号明显下降。因此，要因种调控植株整齐度。

表 2－2　不同栽培密度玉米植株整齐度与产量的相关性

密度	品种	单株干物重	干物重整齐度	株高	株高整齐度	穗位高	穗位整齐度	双穗率	空秆率
4 000 株/亩	成单 30	1.00**	0.76	0.87	0.99**	0.78	0.57	0.92	−0.43
	荃玉 9 号	0.79	0.99*	0.99**	0.99**	−0.11	0.94	0.00	−0.88
	中单 909	0.89	0.83	0.90	1.00**	1.00**	0.72	0.00	0.32
	平均	0.83**	0.61	−0.33	0.60	−0.49	−0.01	0.82**	−0.02
5 000 株/亩	成单 30	0.99**	0.72	0.77	0.73	0.94	0.64	0.64	−0.99*
	荃玉 9 号	0.81	1.00**	0.57	0.07	−0.21	−0.34	0.00	−0.77
	中单 909	0.73	0.99**	0.76	0.95	0.49	0.98*	0.99*	−0.95*
	平均	0.67*	−0.02	0.00	0.42	−0.24	0.17	0.42	−0.70*

注：* 表示 $p \leq 0.05$ 时显著，** 表示 $p \leq 0.01$ 时显著。下同。

二、穗部均匀度调控

玉米穗部性状与产量形成密切相关，稳产高产一直是玉米工作者所追求的主要目标之一。决定玉米穗部性状均匀程度的主要因素包括田间栽培管理措施、土壤地力、品种遗传性状等（隋存良等，2005），在一定栽培密度内，产量随着密度增大而增加，整齐度对产量的影响也越加明显。研究者将栽培密度、整齐度结合，与多个穗部农艺性状进行相关分析，结果表明，不同密度下，整齐度与单株籽粒产量、行粒数、穗长呈极显著正相关，整齐度与穗粗、穗行数呈正相关不显著；与秃尖长存在极显著负相关，这说明整齐度越高，秃尖越短，果穗结实性越好（边少锋等，2008；王俊生，2008）。对不同密度的 3 种类型玉米品种穗部性状整齐度与产量的相关性进行分析发现（表 2－3），增加栽培密度，平均穗长、穗粗、秃尖、行粒整齐度与产量的相关性均显著下降，但是穗长、穗粗、行粒数及穗行整齐度与产量的相关性均提高。4 000 株/亩处理的穗长及整齐度、秃尖整齐度、行粒数及整齐度与产量显著或极显著相关。5 000 株/亩处理的穗长、行粒数，以及穗行、行粒数整齐度与产量显著或极显著相关。增密对不同品种的穗部均匀度的影响表现为，穗行、行粒数整齐度与产量相关性成单 30、荃玉 9 号显著提高，而中单 909 的相关性下降。穗长与产量相关性成单 30 下降，荃玉 9 号、中单 909 显著提高。可见，中单 909 增密的穗部均匀度稳定性优于成单 30、荃玉 9 号。

表 2-3　不同栽培密度玉米穗部整齐度与产量的相关性

密度	品种	穗长	穗长整齐度	穗粗	穗粗整齐度	秃尖	秃尖整齐度	穗行	穗行整齐度	行粒数	行粒整齐度	千粒重
4 000 株/亩	成单 30	0.99*	0.98*	0.99*	0.95*	-0.88	-0.35	0.36	0.65	1.00**	0.69	0.19
	荃玉 9 号	0.06	0.90	0.68	0.99**	-0.99**	0.14	0.99**	0.86	0.68	0.65	0.65
	中单 909	0.08	0.86	0.52	0.98*	-0.98*	-0.96*	0.78	0.99**	0.75	0.99*	0.45
	平均	0.86**	0.80**	0.53	0.52	0.41	0.65*	0.21	0.04	0.96**	0.84**	0.90**
5 000 株/亩	成单 30	0.83	0.98*	0.74	0.69	0.23	0.11	0.81	0.79	1.00**	0.90	0.66
	荃玉 9 号	0.81	0.99**	0.98*	0.86	-0.72	-0.37	0.90	0.99**	0.91	0.99**	0.70
	中单 909	0.93	0.77	0.95*	0.73	-0.75	-1.00**	0.97*	0.73	0.65	0.35	0.99**
	平均	0.94**	0.57	-0.58	-0.27	0.35	0.28	-0.14	0.81**	0.98**	0.66*	0.57

三、籽粒灌浆特性与成熟度调控

玉米籽粒灌浆持续期是指从授粉至黑色层形成、乳线消失所经历的时期，籽粒灌浆受遗传与环境的双重作用。研究表明，玉米灌浆过程呈现慢快慢的"S"型，分期播种会影响灌浆进程（李绍长等，1999）。研究者认为灌浆持续时间、灌浆速率是增加粒重不可缺少的 2 个条件，粒重与这 2 个特性呈显著的正相关（黄振喜等，2007），灌浆速率对同一品种千粒重的影响作用较有效灌浆期大（秦泰辰等，1991），而较长的灌浆时间是玉米高产的保障（Jorge，1995），延长灌浆时期至玉米完全成熟时收获，产量甚至能提高 10%（李东海等，2010）。籽粒灌浆最适宜的日均温度为 22～24℃，不合适的播期间，过低或过高的温度将导致籽粒生物膜系统被破坏（张毅等，1995）或籽粒败育增多（刘明等，2009），均不利于灌浆。

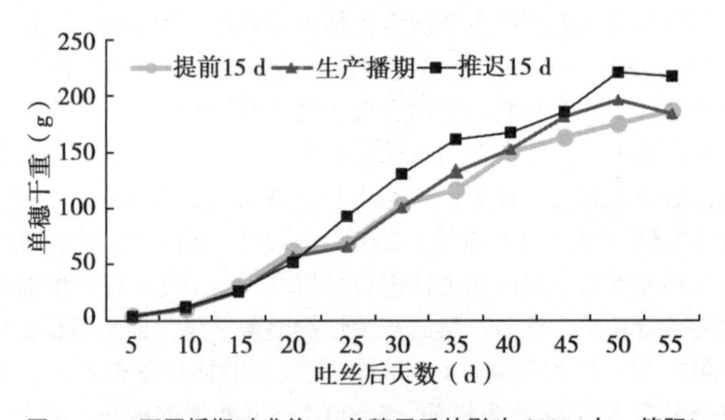

图 2-36　不同播期对成单 30 单穗干重的影响（2014 年，简阳）

由图 2-36 可知，不同播期下，成单 30 单穗干重随着时间增加，从较小的增长量逐渐增长到一个快速增长时期，而后增长速度趋于缓慢，最终达到一个较为稳定的总增长量。这一过程可表现为一种拉长的 S 形曲线，因变量增长特性的不同而呈现出多样的变化。前人对其他作物的灌浆特性和产量的相关性、灌浆的动力模型进行了深入研究（张学品等，2010；朱庆森等，1988；顾世梁等，2001），结合研究结果，以吐丝后天数（t）

为自变量，各时期玉米籽粒重量（mg）为因变量，使用对多样性增长过程具有很强描述能力的 Richards 方程对玉米籽粒灌浆过程进行拟合，并计算出相应的灌浆特征参数，对籽粒灌浆特性进行分析。Richards 方程为 W = A/（1 + Be − Kt）1/N，式中 W 为各时期玉米籽粒重量（mg），A 为终极生长量（mg），t 为吐丝后的时间（吐丝当日为 0 d），B、K、N 为方程参数。由表 2 − 4 可知，籽粒灌浆过程方程拟合的决定系数在 0.99 以上，说明不同处理籽粒灌浆过程均可用该方程进行描述。

表 2 − 4　不同播期和地域处理玉米灌浆 Richards 模型参数

处理	A	B	K	N	R^2
提前 15 d	302.862	2.874	0.105	0.237	0.999 4
生产播期	317.424	3.815	0.109	0.354	0.999 2
推迟 15 d	299.949	5.256	0.114	0.372	0.999 5
简阳	293.495	0.150	0.094	0.020	0.999 7
绵阳	327.680	21.352	0.118	0.556	0.999 9

不同处理对籽粒灌浆特性影响不同（表 2 − 5）。分析播期对灌浆进程的影响发现，随着灌浆时间增加，不同播期的千粒重、千粒重与最终千粒重比值均呈持续增大趋势，灌浆速率、灌浆速率与平均灌浆速率比值均呈持续下降趋势；且在相同的灌浆时间点，正常播种的千粒重及千粒重与最终千粒重比值 > 晚播 15 d > 早播 15 d，早播 15 d 的灌浆速率及灌浆速率与平均灌浆速率比值 > 晚播 15 d > 正常播种。说明正常播期能获得最大千粒重，最易达到高产，而且灌浆速率在 45 d 以后下降较快，有利于籽粒脱水成熟。分析地域对籽粒灌浆特性的影响发现，随着灌浆时间增加，不同地域的千粒重、千粒重与最终千粒重比值均呈持续增大趋势，灌浆速率、灌浆速率与平均灌浆速率比值均呈持续下降趋势；简阳（川中地区）的千粒重在灌浆 40 d 前 > 绵阳（川西北区），但在整个灌浆进程后期，简阳的千粒重与最终千粒重比值均大于绵阳，说明简阳（川中浅丘区）玉米籽粒脱水快于绵阳（川西北），吐丝后相同时间收获的成熟度更好。

可见，不但不同区域，而且同一区域不同播期均对玉米籽粒灌浆特性及脱水成熟度有显著的调控作用。

表 2 − 5　不同播期和区域对玉米籽粒灌浆特性及成熟度的影响

处理	项目	35 d	40 d	45 d	50 d	55 d	60 d
提前 15 d	千粒重（g）	225.78	254.00	272.73	284.60	291.90	296.33
	与最终千粒重比值（%）	74.55	83.87	90.05	93.97	96.38	97.84
	灌浆速率（mg/grain · d）	7.90	5.64	3.75	2.37	1.46	0.89
	与平均灌浆速率比值（%）	110.76	79.17	52.54	33.28	20.50	12.41
生产播期	千粒重（g）	251.80	276.82	292.92	302.86	308.85	312.40
	与最终千粒重比值（%）	79.33	87.21	92.28	95.41	97.30	98.42
	灌浆速率（mg/grain · d）	7.27	5.00	3.22	1.99	1.20	0.71
	与平均灌浆速率比值（%）	99.32	68.35	43.99	27.17	16.36	9.71

（续表）

处理	项目	35 d	40 d	45 d	50 d	55 d	60 d
推迟 15 d	千粒重（g）	233.42	259.51	276.08	286.11	292.01	295.42
	与最终千粒重比值（%）	77.82	86.52	92.04	95.39	97.35	98.49
	灌浆速率（mg/grain·d）	7.60	5.22	3.31	2.01	1.18	0.68
	与平均灌浆速率比值（%）	105.55	72.51	46.04	27.86	16.38	9.48
简阳	千粒重（g）	219.79	244.85	262.00	273.35	280.72	285.43
	与最终千粒重比值（%）	74.89	83.43	89.27	93.14	95.65	97.25
	灌浆速率（mg/grain·d）	6.95	5.01	3.43	2.27	1.47	0.94
	与平均灌浆速率比值（%）	102.04	73.62	50.39	33.36	21.63	13.84
绵阳	千粒重（g）	191.10	238.11	272.50	295.08	308.91	317.04
	与最终千粒重比值（%）	58.32	72.67	83.16	90.05	94.27	96.75
	灌浆速率（mg/grain·d）	10.98	9.40	6.88	4.52	2.77	1.63
	与平均灌浆速率比值（%）	145.73	124.81	91.33	59.95	36.72	21.58

四、高密度“四度”联合调控

对玉米栽培密度、植株整齐度、穗部性状均匀度和籽粒成熟度进行综合分析，结果表明（表2-6），随着密度增加，粒叶比，穗长、穗粗、穗行的整齐度与产量的相关性均表现为提高，干物质、株高、穗位高、行粒数的整齐度与产量的相关性表现为降低。但是，仅单株干物重整齐度与产量的相关性达到显著水平，因此，抓高密度群体中单株干物重的平衡是提高植株整齐度、穗部均匀度、籽粒成熟度及产量的基础。

表2-6　不同密度下玉米各性状整齐度与产量的相关性

密度	粒叶比	干物重整齐度	株高整齐度	穗位高整齐度	穗长整齐度	穗粗整齐度	穗行整齐度	行粒整齐度
4 000 株/亩	0.32	0.91**	0.92**	0.82*	0.34	0.13	0.31	0.49
5 000 株/亩	0.70	0.82*	0.34	0.23	0.52	0.51	0.53	0.24

施肥对荃玉9号亩植5 000 株的“四度”调控的作用效果分析表明（表2-7），高肥处理（80 kg/亩玉米专用复合肥）的产量显著高于低肥处理（40 kg/亩玉米专用复合肥），增密条件下增施化肥明显提高了玉米干物质重量、株高、穗位高、穗行数，显著提高了穗长和行粒数；以上性状的整齐度也呈升高趋势，其中，株高、穗位高、穗长、穗行数等性状的整齐度在高肥处理下表现为显著增加。

表2-7　施肥对玉米“四度”调控的作用效果

处理	干物质		株高		穗位		穗长		穗行		行粒		产量
	重量（%）	整齐度	高度（cm）	整齐度	高度（cm）	整齐度	长度（cm）	整齐度	行数（行）	整齐度	粒数（粒）	整齐度	（kg/亩）
高肥	261.5	4.9	273.7	60.8a	116.7	27.9a	15.6a	12.4a	16.3	9.3a	28.1a	6.8	549.6a
低肥	233.1	4.1	263.3	27.9b	107.5	10.0b	14.4b	8.5b	15.4	6.1b	25.4b	5.1	475.8b

一般情况下，单株籽粒产量随栽培密度的增大而减小，与千粒重和穗粒数变化一致；而群体产量则随密度增大而增大（申丽霞等，2005）。对2年不同密度下的3种类型玉米品种的产量及其构成因素进行分析发现（表2－8），5 000株/亩高密度处理后，单穗粒数、千粒重和穗粒重均显著低于4 000株/亩的低密度处理；但群体粒数和群体粒重明显高于低密度处理，实际产量也显著高于低密度处理。说明高密度群体以增加穗数获得的产量可超补偿个体减少的产量优势，这使得合理密植成为玉米高产的重要原因。对品种耐密特性进行分析发现，登海11（稀植大穗型）和成单30（半紧凑型）的单穗粒数和穗粒重等性状5 000株/亩处理显著低于4 000株/亩，中单909（紧凑型）的上述性状在增加1 000株/亩情况下仅呈现下降趋势，差异不显著。说明选择耐密品种可有效调控玉米群体与个体关系。

表2－8　不同栽培密度对玉米的产量和产量构成因素的影响

年度	品种	密度（株/667m²）	单穗粒数（粒/穗）	群体粒数（粒/667m²）	千粒重（g）	穗粒重（kg）	群体粒重（kg/667m²）	产量（kg/667m²）
2013	成单30	4 000	553a	2 213 013a	282c	0.156a	624.53a	536.91ab
		5 000	461b	2 305 600a	276c	0.128ab	638.00a	580.74a
	登海11	4 000	401bc	1 602 613b	320a	0.128ab	513.48a	444.95b
		5 000	330c	1 651 867b	309ab	0.102b	510.73a	485.80ab
	中单909	4 000	414bc	1 655 173b	315a	0.131ab	522.00a	419.80b
		5 000	398bc	1 990 350ab	290bc	0.115b	573.89a	525.30ab
2014	成单30	4 000	658a	2 630 800a	291ab	0.191a	764.41a	656.21bc
		5 000	539b	2 693 933a	282b	0.152b	761.49a	756.07a
	登海11	4 000	531b	2 125 013b	289ab	0.153b	613.76b	586.57c
		5 000	444c	2 219 317b	276b	0.123c	614.14b	607.36c
	中单909	4 000	559b	2 234 624b	304a	0.170ab	679.22ab	701.01ab
		5 000	508bc	2 539 833a	304a	0.154b	771.40a	760.81a
平均		4 000	519a	2 076 873b	300a	0.155a	619.57ab	557.58b
		5 000	447b	2 233 483a	290b	0.129b	644.94a	619.34a

注：表中同列数据中不同字母者代表在5%的显著水平时，差异显著。下同

源参与了库的建成和充实，是作物产量形成的基础。若不能保证玉米前期生育进程有充足的叶源量，就不能形成高效的光合系统和较大的潜在籽粒库。分析2种栽培密度下成单30不同生育期的叶面积指数发现（图2－37），在灌浆中期之前，5 000株/亩处理的植株具有较大的叶面积指数，且群体叶片进入衰老的时期比4 000株/亩植株晚20 d以上，说明高密度群体的叶片在籽粒灌浆期的持绿时间较长，这是高产的基础。

粒叶比是指单位面积绿叶所承载的籽粒数，它是一个重要的源库关系指标，反映了源与库的质量动态变化。对2种密度的粒叶比指标分析发现（表2－9），随着密度增加，3种类型玉米品种的粒叶比均呈现下降趋势，这说明增加密度后对叶面积（源）的提高幅度大于对籽粒数（库），因此，增密条件下源库调控的重点是稳定籽粒库容。分析不同品

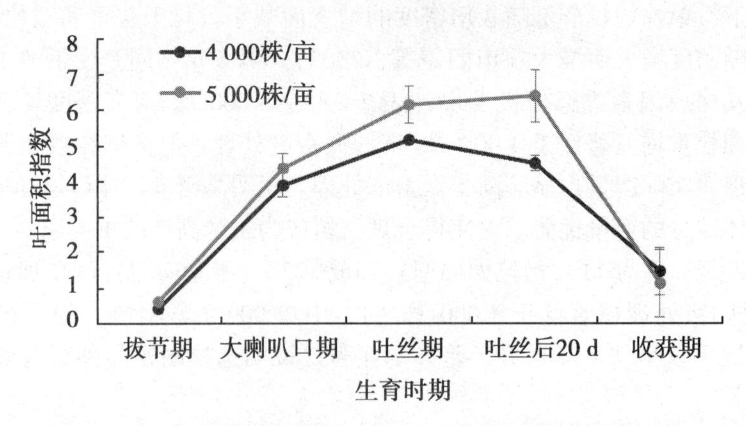

图 2-37　不同栽培密度对成单 30 叶面积指数的影响

种的粒叶比指标表明，增加栽培密度，中单 909 的粒叶比下降幅度最低（2 年平均为 10.4%），其次为成单 30（平均 16.2%），下降幅度最高的是登海 11（平均 16.8%）。再次反映了品种对“四度”的调控作用。

表 2-9　不同栽培密度对玉米粒叶比的影响

年度	品种	密度（株/667 m^2）	群体粒数（粒/667 m^2）	吐丝期群体叶面积（cm^2）	粒叶比
2013	成单 30	4 000	2 213 013a	36 069 788ab	0.066 4ab
		5 000	2 305 600a	42 414 063a	0.054 4ab
	登海 11	4 000	1 602 613b	32 968 190ab	0.048 8ab
		5 000	1 651 867b	39 275 763a	0.041 7b
	中单 909	4 000	1 655 173b	22 656 004c	0.074 0a
		5 000	1 990 350ab	29 523 496bc	0.067 6ab
2014	成单 30	4 000	2 630 800a	34 452 400b	0.076 4ab
		5 000	2 693 933a	41 187 224a	0.065 5bc
	登海 11	4 000	2 125 013b	32 328 110bc	0.065 8bc
		5 000	2 219 317 b	41 593 076a	0.053 3c
	中单 909	4 000	2 234 624b	27 986 350c	0.081 0a
		5 000	2 539 833a	35 860 788b	0.071 1ab
平均		4 000	2 076 873b	31 076 807b	0.068 7a
		5 000	2 233 483a	38 309 068a	0.058 9b

第四节　高产创建技术扩散理论

高产创建是政、技、物紧密结合，推动粮食增产的重要措施，也是技术成果集成推广的过程。研究高产创建的技术扩散理论，将为农业技术推广提供理论基础和指导。

一、技术扩散速度

技术传播的快慢通常用技术扩散速度来衡量，反映技术成果在群体层面上被人们接受利用的时间长短（李少昆等，2010）。技术扩散的速度通常用“扩散度”来表示，即某项

技术在空间的分布状况，可以表述为

扩散度 =（实际扩散规模/应扩散规模）×100%

式中，应扩散规模指在适宜扩散规模中剔除同类成果所占的规模。由扩散度概念，可将技术扩散速度分解为以下两种。

第一种是用来衡量技术成果在空间范围扩散快慢的速度概念，它是反映在一个较大区域中，从技术已被使用向周围渗透、侵占、传播的快慢指标，称之为横向扩散速度（TS），公式为

横向扩散速度（TS）=扩散度增量/时间增量

第二种是用来衡量技术成果从其产生到已被实际应用这个过程时间长短快慢的指标，它反映某项技术从发源地，经过各种阶段，通过一系列传输过程，到被某一地区的农民实际采用所经历的时间快慢，称之为纵向转化速度（VS），可表示为

纵向转化速度（VS）=1/科研成果产生到已被实际应用的时间（年）

这里的“已被实际应用”一般说来应根据不同的技术和不同的地区来确定，也可按照原国家科委的统计口径来定：“凡一项农业技术成果的扩散度等于或超过20%，则判定该项技术成果已被实际应用”（汪三贵等，1998）。对于某项技术成果在特定区域的扩散，纵向转化速度为一常数，而随着技术或研究区域不同，纵向转化速度也随之发生变化。横向扩散速度对于某项技术成果在某一地区的扩散来说，随着时间的变化，其速度随之变化。总之，这两种扩散速度从不同侧面反映了总的技术扩散速度，两者交织在一起反映技术扩散的快慢。

新技术的扩散是一系列个人采用决策的结果，当将扩散规模理解为接受某一技术的人数时，就可以将扩散度等同于某一时间的技术采用率。大量关于技术扩散的实证研究均表明，技术的扩散随时间 t 呈现出 S 形累积曲线分布，其值介于 0 和 1 之间，而反映这种情形的分布有许多模型，一般可根据其函数是否具有正态性将这些模型分为两类：一种是累积正态模型；另一种是非正态的或称为一般情形下的 S 形累积曲线。累积正态分布模型是一种基本的技术扩散模型，如果以在一定时间内接受新技术农户的百分比对时间作图，一般可得到一条铃形频率曲线，许多研究的综合结果表明，铃形曲线通常接近正态分布。

二、技术扩散理论

在通常情况下，农业技术扩散过程是一个模仿过程，先由少数先进农户采用，然后逐步通过交流扩散被其他农户接受和采用，可称之为邻里效应。Rogers（1995）在收集大量资料进行统计分析的基础上，依据技术采用者创新精神的程度及新技术采纳时间的不同，把采用者分为 5 种类型：率先采用者、早期采用者、早期大多数采用者、晚期大多数采用者和滞后采用者（落后者）。

（1）率先采用者

是最早采用创新的群体，这类农户最突出的个性是富有冒险精神，他们一般有比较强烈的探索精神和风险意识，拥有稳定的经济基础来承担创新可能的风险及带来的损失。

（2）早期采用者

早期采用者滞后于率先采用者。但是属于较早采用新技术的类型。他们对于新技术的

采用比较审慎，但是仍具有强烈的探索意识。早期采用者往往成为社会系统内其他农户仿效的榜样人物，从而推进农户新技术的采纳速度。

（3）早期大多数采用者

这类农户是比社会系统内普通农户成员略早采纳农业技术创新的群体。他们的加入是创新扩散的标志。

（4）晚期（后期）大多数采用者

比当地社会系统内普通农户还稍晚采纳技术创新的农户。

（5）滞后采用者（落后者）

这是社会系统内最晚采纳技术创新的农户群体。当滞后采用者最终去采纳某项技术创新时，往往这项技术可能已经被新的革命性的技术所代替，新一轮的创新浪潮和创新采用的过程已经开始出现。进入新的技术扩散过程。

高产创建是在政府的组织协调下，通过物资补贴激励和广泛培训发动，将率先采用者、早期采用者、早期大多数采用者一次性推动起来，采用新技术成果，实现集中成片统一品种、统一田间管理、统一病虫草害防治，保障项目区均衡增产，同时带动晚期大多数采用者和滞后采用者，使农业科技成果迅速转化应用。这是中国特色的农业科技成果扩散机制创新。譬如，将中山区玉米亩产 800 kg 的技术模式在宣汉进行高产创建推广，在 2007 年小面积集成应用基础上，2008 年推广应用到 2.0 万亩，2009 年面积为 5.0 万亩，2010 年在宣汉中山区全面应用达到 8.5 万亩，扩散度分别为 23.5%、35.3%、41.2%，平均横向扩散速度为 8.8%，该技术模式的纵向转化速度为 1/3 年。这充分反映了高产创建对技术成果转化推广的效果和作用。

通过四川 100 多个县近千个高产创建示范片的实践，形成了高产创建技术扩散的 3 套基本模式。

模式一，以创建示范区为样板的培训模式。

主要采用“专家讲、农民学、专家做、农民跟”的示范区模式，在玉米主产区建立综合示范区，通过针对不同时期农民需求的新品种、新技术现场展示和培训，让农民群众见识科技增产增收效果，刺激新技术在群众中自发的“传、帮、带”，为干部群众开阔眼界，增强信心，增添措施提供样板。并使农民在观摩学习中掌握技术规程，提高科学种田水平。

模式二，以专业合作社为载体的农科教结合模式。

探索形成了适应新时期市场化条件下农业新技术推广应用的“专家 + 合作社 + 农户”模式，由农村能人或龙头企业作为合作社领头人，联合专家、农户成立专业合作社。这种模式有 3 个特点：一是科技专家和教授作为先进农业新技术的最活跃的载体，带动最新的先进技术和市场信息深入农村，建起新技术迅速推广的“直通车”；二是专家通过农业专业合作社组织示范，使“直通车”迅速驶入农业新技术示范推广的“绿色通道”；三是在专家、专业合作社带动下，基地农业服务人员和广大农民自愿参与推广先进农业新技术，并使之很快变成家喻户晓的规范技术。

模式三，以专家大院为源头的研推一体化模式。

科研院校根据各自专业优势在农村第一线独资或共同建设农业专家大院，开展农业生产技术瓶颈攻关，解决高产创建中发现的新问题，并将形成的解决方案及时应用到高产创建实践中。该模式的特点是：针对高产创建中存在的问题和生产发展需求选择研究项目，专家、教授、农技人员与农民共建试验田、高产样板田，提高科技解决农业生产的能力，并通过良种与物资的配套应用实现专家大院的维护与发展。

（本章撰稿：刘永红、彭国照、杨勤、田山君）

参考文献

[1] 柯炳生. 提高农产品竞争力：理论、现状与政策建议［A］. 中国农业经济学会. 论提高农产品国际竞争力学术研讨会论文集［C］. 中国农业经济学会：2002：16.

[2] 程国强. 构建风险转移防范机制：重视国际玉米市场风险防范与管理［J］. 国际贸易，2004，12：18－19.

[3] 秦臻. 世界玉米贸易与中国玉米出口［J］. 国际贸易问题，2003，12：32－37.

[4] 卢妍. 我国玉米生产现状与发展对策研究：以吉林省为例［J］. 安徽农业科学，2009，23：11219－1128.

[5] 赖仲铭. 试论四川省当前玉米育种工作的几个问题［J］. 四川农业大学学报，1990，02：87－93.

[6] 陈协蓉. 关于四川省玉米生产的思考［J］. 四川农业科技，1998，01：4－5.

[7] 黄宜祥. 对四川农业结构调整中发挥玉米优势的几点意见［J］. 西南农业学报，1999，04：106－110.

[8] 张学舜，田守芳，刘经纬，等. 普通玉米育种问题的研讨［J］. 玉米科学，2001，03：42－44.

[9] Murrell T S，et al. Redefining corn yield potential［J］. *Better Crops with Plant Food*，2000，84（1）：33－37.

[10] 王崇桃，李少昆，韩伯棠. 玉米高产之路与产量潜力挖掘［J］. 科技导报，2006，04：8－11.

[11] 赵明，李建国，张宾，等. 论作物高产挖潜的补偿机制［J］. 作物学报，2006，10：1566－1573.

[12] 赵久然，孙世贤. 对超级玉米育种目标及技术路线的再思考［J］. 玉米科学，2007，01：21－28.

[13] 张永科，王立祥，杨金慧，等. 中国玉米产量潜力增进技术研究进展［J］. 中国农学通报，2007，07：267－269.

[14] Duvick D N，et al. Post-green revolution trends in yield potential of temperate maize in the North-Central United States［J］. *Crop Science*，1999，39：1622－1630.

[15] Duvick D N. What is yield GO Edmeades. Developing drought and low N-tolerant maize［J］. *Proceedings of a Symposium*，CIMMYT，ElBatan，Mexico，1997：332－335.

[16] Vernon W R. Scientific and technical constraints on agricultural production：prospects for the future［J］. *Proceedings of the American Philosophical Society*，2005，149（4）：453－468.

[17] Tollenaar M，et al. Yield improvement in temperate maize is attributable to greater stress

tolerance [J]. Crop Science, 1999, 39: 1597-1604.
[18] Charles C M. Future food: crop scientists seck a new revolution [J]. Science, 1999, 283 (5400): 310-314.
[19] 李国，林传富. 玉米研究新进展及未来发展对策 [J]. 温州农业科技，2009，02: 10-13.
[20] 冯巍. 面向 21 世纪发展我国玉米产业 [J]. 中国农业科技导报，2001，04: 32-37.
[21] 胡新宇，宁正祥. 玉米的综合加工与利用 [J]. 玉米科学，2000，03: 83-89.
[22] Wang Q C, et al. Relationship between plant type and canopy apparent photosynthesis in maize (Zea mays L.) [J], Biology Plant arum, 1995, 37 (1): 85-91.
[23] Wang Q C, et al. Effects of altered source-sink ration on canopy photosynthetic rate and yield of maize (*Zea mays* L.) [J], Photosynthetic, 1996, 32 (2): 271-276.
[24] 李登海，张永慧，杨今胜，等. 育种与栽培相结合，紧凑型玉米创高产 [J]. 玉米科学，2004，01: 69-71.
[25] 张永科，黄文浩，何仲阳，等. 玉米密植栽培技术研究 [J]. 西北农业学报，2004，04: 98-103.
[26] 张永科，孙茂，张雪君，等. 玉米密植和营养改良之研究：Ⅱ. 行距对玉米产量和营养的效应 [J]. 玉米科学，2006，02: 108-111.
[27] 张永科，孙茂，张雪君，等. 玉米密植和营养改良之研究：Ⅲ. 玉米营养和产量的相关分析 [J]. 玉米科学，2006，03: 129-132.
[28] 张永科，孙茂，张雪君，等. 玉米密植和营养改良之研究：Ⅰ. 密度对玉米产量和营养的效应 [J]. 玉米科学，2005，03: 89-92.
[29] 李少昆，王崇桃. 中国玉米生产技术的演变与发展 [J]. 中国农业科学，2009，06: 1941-1951.
[30] 牛忠林. 合玉 16 玉米的适宜种植密度与施氮量 [J]. 玉米科学，2004，03: 90-91.
[31] 李明，李文雄. 肥料和密度对寒地高产玉米源库性状及产量的调节作用 [J]. 中国农业科学，2004，08: 1130-1137.
[32] 黄开健，杨华铨，谭华，等. 秋玉米高产栽培技术的最佳密度和施肥量研究 [J]. 玉米科学，2001，01: 57-59.
[33] 李钟，郑祖平，张国清，等. 四川盆地杂交玉米单作密肥措施研究 [J]. 杂粮作物，2000，02: 23-27.
[34] 杨世民，廖尔华，袁继超，等. 玉米密度与产量及产量构成因素关系的研究 [J]. 四川农业大学学报，2000，04: 322-324.
[35] 丁希武，姚运生，刘新军，等. 不同栽培条件对不同生态类型玉米产量的影响 [J]. 黑龙江八一农垦大学学报，1997，02: 6-12.
[36] 李明. 玉米不同种植密度试验研究 [J]. 现代农业科技，2008，22: 169-171.
[37] 王聪玲，龚宇，王璞. 不同类型夏玉米主要性状及产量的分析 [J]. 玉米科学，2008，02: 39-43.

[38] 卫丽，马超，李鹏坤，等. 玉米种植密度与源、流、库关系研究进展 [J]. 贵州农业科学，2009，01：25－27.
[39] 李猛，陈现平，张建，等. 不同密度与行距配置对紧凑型玉米产量效应的研究 [J]. 中国农学通报，2009，08：132－136.
[40] 张娟，王立功，刘爱民，等. 种植密度对不同玉米品种产量和灌浆进程的影响 [J]. 作物杂志，2009，03：40－43.
[41] 郝兰春，谭秀山，毕建杰. 玉米产量与种植密度的相关性研究 [J]. 河北农业科学，2009，05：9－10.
[42] 张洪生，赵明，吴沛波，等. 种植密度对玉米茎秆和穗部性状的影响 [J]. 玉米科学，2009，05：130－133.
[43] 刘霞，李宗新，王庆成，等. 种植密度对不同粒型玉米品种籽粒灌浆进程、产量及品质的影响 [J]. 玉米科学，2007，06：75－78.
[44] 杨国虎，李新，王承莲，等. 种植密度影响玉米产量及部分产量相关性状的研究 [J]. 西北农业学报，2006，05：57－64.
[45] 薛珠政，卢和顶，林建新，等. 群体结构对玉米冠层特征、光合特性及产量的影响 [J]. 国外农学-杂粮作物，1998，06：28－30.
[46] 郭焱，李保国. 玉米冠层的数学描述与三维重建研究 [J]. 应用生态学报，1999，01：41－43.
[47] 谭华，黄开健，黄艳花，等. 杂交玉米高产群体结构的研究 [J]. 广西农业科学，2000，03：120－122.
[48] 王斌功，许海涛. 不同密度和追氮量对夏玉米产量及主要性状的影响 [J]. 现代农业科技，2009，01：180－182.
[49] 申丽霞，王璞，张软斌. 施氮对不同种植密度下夏玉米产量及籽粒灌浆的影响 [J]. 植物营养与肥料学报，2005，03：314－319.
[50] Dauzat J，et al. Simulating light regime and intercrop yields in coconut based farming system s [J]. European Journal of Agronomy，1997，7：63－74.
[51] Chelle M，et al. The nested radio sity model for the distribution of light with in plant canopies [J]. Ecological Modelling，1998，111：75－91.
[52] 宋有洪，郭焱，李保国，等. 基于植株拓扑结构的生物量分配的玉米虚拟模型 [J]. 生态学报，2003，11：2333－2341.
[53] 侯爱民，孟长先，杨先文，等. 玉米主要农艺性状的整齐度与产量的相关研究 [J]. 玉米科学，2003，02：62－65.
[54] 郭伟，郭建玲，杨永强. 玉米主要农艺性状及整齐度与产量的相关分析 [J]. 种子世界，2003，06：20－21.
[55] 张焕裕. 作物农艺性状整齐度的研究进展 [J]. 湖南农业科学，2005，04：33－36.
[56] 曹修才，侯廷荣，张桂阁，等. 玉米株高整齐度与穗部性状关系的研究 [J]. 玉米科学，1996，02：62－64.
[57] 李雁，王江民. 玉米穗部性状与株高整齐度相关性研究 [J]. 云南农业科技，1998，04：21－27.

[58] 翟广谦，陈永欣，田福海，等.玉米株高整齐度与穗部性状的相关性分析 [J]. 山西农业科学，1998，03：33－35.

[59] 陶世蓉，东先旺，张海燕，等.土壤水分胁迫对夏玉米植株性状整齐度的影响 [J]. 西北植物学报，2000，05：812－817.

[60] 赵守光，宋占平，邹集文.糯玉米产量与株高整齐度的相关关系分析初报 [J]. 广东农业科学，2001，04：10－11.

[61] 杨国虎，罗湘宁.小麦/玉米带种吨粮田模式中玉米茎粗整齐度与其经济性状的相关分析 [J]. 甘肃农业科技，1999，04：16－17.

[62] 隋存良，田虎，邱立刚.影响玉米整齐度的主要因素及其与产量的关系 [J]. 山东农业科学，2005，04：33.

[63] 边少锋，赵洪祥，孟祥盟，等.超高产玉米品种穗部性状整齐度与产量的关系研究 [J]. 玉米科学，2008，04：119－122.

[64] 王俊生.玉米整齐度与产量性状的关系研究 [J]. 黑龙江农业科学，2008，05：47－48.

[65] 李绍长，盛茜，陆嘉惠，等.玉米籽粒灌浆生长分析 [J]. 石河子大学学报：自然科学版，1999，S1：1－5.

[66] 黄振喜，王永军，王空军，等.产量15 000 kg·ha^{-1}以上夏玉米灌浆期间的光合特性 [J]. 中国农业科学，2007，09：1898－1906.

[67] 秦泰辰，李增禄.玉米籽粒发育性状的遗传及与产量性状关系的研究 [J]. 作物学报，1991，17（3）：185－191.

[68] Jorge B. Physiological bases for yield differences in selected maize cultivars from Central America [J]. Field Crops Research，1995，42：69－80.

[69] 李东海，于秀玲，金彦文.冀中南玉米小麦连作区“双晚一节”种植技术要点 [J]. 农业科技通讯，2010（005）：174－176.

[70] 张毅，戴俊英，苏正淑.灌浆期低温对玉米籽粒的伤害作用 [J]. 作物学报，1995，21（1）：71－76.

[71] 刘明，陶洪斌，王璞，等.播期对春玉米生长发育与产量形成的影响 [J]. 中国生态农业学报，2009，17（1）：18－23.

[72] 张学品，冯伟森，余四平，等.播期对洛麦21生长发育的影响 [J]. 江西农业学报，2010，22（2）：4－7.

[73] 朱庆森，曹显祖，骆亦其.水稻籽粒灌浆的生长分析 [J]. 作物学报，1988，14（3）：182－193.

[74] 顾世梁，朱庆森，杨建昌，等.不同水稻材料籽粒灌浆特性的分析 [J]. 作物学报，2001，27（1）：7－14.

[75] 李少昆，王崇桃.玉米生产技术创新·扩散 [M]. 北京：科学出版社，2010：233－240.

[76] 汪三贵，刘晓展，赵绪福.技术扩散与缓解贫困 [M].北京：中国农业出版社，1998.

[77] Rogers E M. Diffusion of Innovations. 4th ed. New York：The Free Press，1995.

第三章　高产耐密品种鉴选与推介

第一节　耐密品种选育与田间鉴定方法

耐密品种是指在高密度种植条件下，具有群体发育协调、群体结构合理的特性，并且个体生产能力强，产品质量好的品种（樊景胜等，2002）。耐密品种的选育和鉴定工作，是将增密条件下单株生产力下降缓慢、收获穗数高的品种，应用于生产。

一、选育耐密品种的常用育种方法

（一）耐密玉米自交系的选育

玉米的耐密性与遗传特性有关，因此要获得耐密玉米新品种，必须选育耐密玉米自交系。耐密玉米自交系具有在高密度下保持高配合力、高自身产量、高抗倒、抗病能力等特点。利用现有的种质在高密度下进行耐密玉米自交系的选育，应当在选系材料的早代，适当增加选择压力，对抗倒伏、抗病性等重点性状进行严格选择，以期选出高产、高抗、高配合力的“三高”耐密玉米自交系（王秀凤等，2010；夏海丰等，2012）。在选育过程中，主要技术途径有以下几个方面。

1. 种质扩增

引进国内外优异的种质资源，组配选系群体，利用遗传基础丰富的外引材料改良在抗性上有缺陷的常规自交系，有利于提高玉米的生态适应性，克服目前种质的遗传脆弱性和杂种优势模式的局限性，对提高产量，增强抗性有重要意义。南充市农业科学院在选育仲玉3号父本自交系时就引入巴西热带玉米杂交种B9001，将隐性单基因*br*－2矮生基因转导入该热带种质，使热带玉米种质抗病、窄叶片、优品质等性状与*br*－2矮生基因有机结合，有效克服矮生系节间短、叶片密集、授粉不良等缺点，成功选育配合力高的南8148，与四川省农业科学院作物所的自交系成自273组配成耐密品种仲玉3号。

2. 不同世代种植密度采取“早密后降”的方式

在选育耐密自交系过程中，在早代S_1～S_4世代采用高密度种植，使群体内植株间竞争加剧，分离群体中携带不同基因型的个体在竞争中增大表现型差异，有助于育种工作的鉴别筛选，在四川省的育种实践研究表明，S_1～S_2世代种植密度可提高到5 600～6 500株/亩，S_3～S_4世代种植密度可降到4 600株～5 400株/亩，S_5～S_6世代的种植密度以适宜密度种植的方式选系，易于发现个别株系独特的优异性状。

3. 胁迫选择技术

在选育耐密自交系过程中，在低代适当增大自交系选育的选择压力、增加胁迫强度，如人为创造旱播、实施接种鉴定、少水少肥等不利条件，使姊妹株或穗行之间充分表达遗传差异，从而达到增强后代耐低温、耐干旱、抗病虫、耐密植、抗倒伏、耐阴雨寡照等能力的目的。

4. 多点选育，异地鉴定

不同自然条件下，各地生态条件差异很大，育种区域有限，选育出的育种材料可能适宜的区域也有限。南北穿梭是耐密玉米自交系选育常用有效技术手段，采用多点选育，异地鉴定，有利于玉米生育特性的选择，特别是有效钝化对光照温度的敏感性，扩大适应区域和增强综合抗性，使所选育的自交系适应性广、抗性丰富。

5. 现代生物技术辅助选育

随着分子生物学的发展，分子标记辅助选择、双单倍体育种技术、转基因技术、诱变育种等技术为选育耐密玉米新自交系提供了新的辅助手段。将现代生物技术与传统育种方法有机结合，可以扩大耐密育种研究领域，培育出优质高产的耐密玉米自交系。

（二）耐密玉米杂交种的组配

耐密玉米杂交种的组配以血缘关系远近为主，至少其中一个亲本具有较好的耐密性，一般性状较好的亲本作为母本。选用两个血缘关系较远、质量性状互补，数量性状双亲接近育种目标的耐密自交系，培育出耐密杂交种的概率相对较高。理想的玉米耐密品种是在高种植密度下，具有根系发达、茎秆坚韧、抗倒伏、空秆少、秃尖短、果穗匀、结实性好、抗多种病虫害、对干旱、寡照等不利气候有较强耐受性等特点。组配时应注重优劣互补，遵循杂种优势模式，实现定向组配，有利于培育出集适应性广、综合抗性好、耐密植、制种产量高等多种优良性状于一体的耐密品种（刘纪麟，2001）。

以选育耐密品种仲玉 3 号为例，父本南 8148 叶片较密集、窄长、品质较优，在主要性状上与母本成自 273 优缺点互补，导入了热带玉米资源的父本与地方种质的母本之间亲缘关系较远，遗传差异较大，并且通过配合力测定，双亲的一般配合力较高，大大增加了选育耐密高产抗逆优质杂交种的几率。

二、耐密品种田间鉴定方法

（一）耐密品种初步筛选试验

间比法设计：在育种前期或引种参试品种（组合）数多，要求不太高，而用随机区组排列有困难，可用此法。间比法的特点是，在一条地上，排列的第一个小区和末尾的小区一定是对照（CK）区，对照之间排列相同数目的处理小区，可排成一排或多排式。排成多排式时，则可采用逆向式（图 3－1）。如果一条土地上不能安排整个重复的小区，则可在第二条土地上接下去，但是开始时仍要种一对照区，即额外对照。

重复Ⅰ	CK	1	2	3	4	CK	5	6	7	8	CK	9	10	11	12	CK	13	14	15	16	CK
重复Ⅱ	CK	16	15	14	13	CK	12	11	10	9	CK	8	7	6	5	CK	4	3	2	1	CK
重复Ⅲ	CK	1	2	3	4	CK	5	6	7	8	CK	9	10	11	12	CK	13	14	15	16	CK

图 3－1　16 个品种 3 次重复的间比法逆向式排列

（Ⅰ、Ⅱ、Ⅲ代表区组；1、2、3…代表品种；CK 代表对照）

依国家玉米主产区品种比较试验密度为基准增加 500～800 株/667 m^2。选择 3～5 个点进行联合鉴定，每个试点的标准统一。每小区种植 4～5 行，小区面积 13.3～20 m^2。区组间留走道 1.0 m，试验地四周设保护行 4～5 行，种植与管理方式同当地大田生产。

（二）耐密品种比较试验

裂区设计（盖钧镒，2000）：先按第一因素密度设置各个处理（主处理）的小区；然后在主处理的小区内引进第二个因素品种的各个处理（副处理）的小区；按主处理所划分的小区称为主区，主区内按各副处理所划分的小区称为副区或裂区。

以国家玉米主产区品种比较试验密度为基准，递增幅度为 600～1 000 株/667 m^2，3～4 次重复。每小区种植 4～5 行，行长 6～10 m，小区面积 20～25 m^2。重复间留走道 1.0 m，试验地四周设保护行 4～5 行，种植与管理方式同当地大田生产。以 6 个品种试验说明裂区设计，以 1、2、3、4、5、6（CK）表示；3 种密度以高、中、低表示，重复 3 次；则裂区设计的排列如图 3－2。图中先对主处理（密度）随机，后对副处理（品种）随机，每一重复的主、副处理皆独立进行。

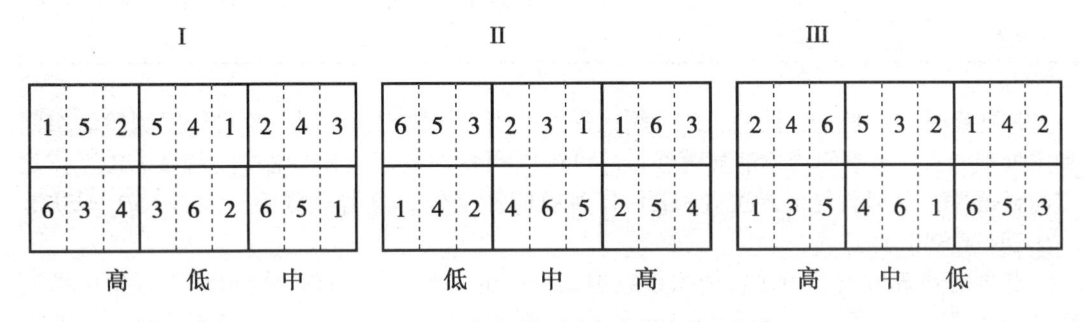

图 3－2 密度与品种二因素试验的裂区设计

在地块较小，面积有限条件下，重复数可以设 3 次，密度设置 2 个水平，以国家玉米主产区品种比较试验密度加 800 株/667 m^2 为基准，另一水平递增 1 000 株/667 m^2，每小区种植 4 行，小区面积 20～25 m^2。南充市农业科学院以该方法进行多年试验，结果参试品种中部分品种产量随着密度的增大而提高，多数品种在 2 种密度条件下的排位差异不大，其中 SAU1308、中单 808、仲玉 3 号在两种密度条件下产量表现稳定增产，无倒伏，空秆率低，说明试验鉴别出该 3 个玉米品种的耐密性较好。

三、耐密品种鉴选分析方法

玉米的耐密性是一个复杂的综合特性，是植株整个生长过程各性状之间相互制约、相互影响所共同决定的系统性整体功能的体现，与玉米的株型特征以及光合、抗倒伏、库源关系等生理特征紧密相关。玉米抗倒伏能力已经成为评价品种耐密性的重要指标，研究表明，耐密植品种具有高抗倒伏特性，即在每一个密度范围内倒伏率都能维持一个较小值，耐密型玉米在密植条件下，根系吸收活力高，气生根发达，根系受密度影响小，抗倒伏能力强，对产量贡献大。在进行耐密型高产品种的选育时，需要兼顾保持根部性状和茎部形状的协调统一。不同耐密型品种空秆率对密度变化都较为敏感，均随密度增大呈现较大的差异表现，但敏感程度不同，为我们提供了一个选择空间。同时，该性状在田间十分易于调查，因此，在考查密度效应时该性状可以做为品种耐密与否的最直观的鉴定指标（刘志新，2009；李继竹，2013）。

耐密品种裂区设计试验采用裂区统计分析方法。设有 A 和 B 试验因素，A 因素（主处理）为 a 种密度，B 因素（副处理）为 b 个品种，r 次重复，则有 rab 个观察值，其各项变异来源和相应的自由度见表 3－1。

表 3－1　裂区试验自由度和平方和的分解

变异来源		DF	平方和
主区部分	区组	$r-1$	$SS_R=\sum T_r^2/ab\text{-}C$
	A	$a-1$	$SS_A=\sum T_A^2/rb-C$
	E_a	$(r-1)(a-1)$	$SS_{E_a}=$ 主区 $SS-SS_R-SS_A$
	主区总变异	$ra-1$	主区 SS
副区部分	B	$b-1$	$SS_B=\sum T_B^2/ra-C$
	A × B	$(a-1)(b-1)$	$SS_{AB}=$ 处理 $SS-SS_A-SS_B$
	E_b	$a(r-1)(b-1)$	$SS_{E_b}=SS_T-$ 主区总 $SS-SS_B-SS_{AB}$
总变异	rab-1	$SS_T=\sum y^2-C$	

F 测验时，E_a是主区误差，E_b为副区误差，当选用固定模型时，E_a可用以测验区组间和主处理（A）水平间均方的显著性；E_b可用以测验副处理（B）水平间和 A × B 互作均方的显著性，采用新复极差法（SSR）作各效应和互作的显著性测验，计算 $LSR_a=SE\times SSR_{a,p}$时查 SSR 表。

苏方宏（苏方宏，1998）依据系统控制论中的“黑箱”原理，提出了玉米耐密性的数学表达式，N = [y1 × y2（D2 − D1）] /D1 × y（y1 − y2）]，D1、D2 分别为低、高两个密度水平，y1、y2 分别是低、高两种密度下的单株产量，y 为高密度时各品种的平均单株产量，N 值为品种的耐密性系数，N 值的大小代表品种耐密性的优劣，N 值越大，品种的耐密性越强，相反则越弱。

第二节　耐密品种生理特性与鉴选指标体系

玉米的耐密性是一个复杂的综合特性，是植株整个生长过程中系统性整体功能的体现。耐密型玉米品种是一个相对的概念，是相对于高秆、稀植大穗的品种而言，也不完全等同于紧凑型。其特点主要包涵形态和生理两方面，既有紧凑理想的株型，又具耐密、耐荫、耐肥、抗倒的生理特性。

前人大量研究认为不同耐密型玉米品种在植株形态、冠层结构、源库功能等多个方面表现不同（李宁等，2008；白志英等，2010；覃鸿妮等，2010）。赵久然等（2008）认为耐密型品种首先应该是可耐较高密度（在目前阶段，可耐密度至少 ≥5 000 株/亩，适宜密度 ≥4 000 株/亩），能够达到密植而不倒和果穗全、匀、饱的要求；具有较宽的密度适宜范围、较强的抗倒伏能力、耐阴雨寡照能力和较好的施肥响应能力；同时，达到国家或省级审定的各项指标，通过品种审定。

一、耐密品种的生理特性

（一）株型

玉米株型是指叶片着生角度、叶片大小、植株高度、叶片在植株上的垂直排列及雄穗体积等，它们影响着群体内光的分布，尤其是地上部群体结构的生长动态。自 Donald (1986) 正式提出理想株型 (Ideal - type) 的概念以来，研究者将玉米品种划分为紧凑型、中间型和平展型3种不同株型。不同株型品种对密度反应不同，紧凑型品种植株干物质积累、光能利用效率高，所以大多数学者认为紧凑型玉米叶片上冲、穗上部叶夹角小于25°，叶向值大、单株叶面积分布呈菱形、通风透光条件好、光能利用效率高、根系发达、茎秆坚硬、抗倒性好，在密度较高的情况下有利于高产。而平展型品种随着种植密度增加，生育后期群体内光分布条件恶化，易造成减产。因此，生产中应选择紧凑型或半紧凑型品种进行合理密植，增加玉米产量。

如登海605，该品种叶片直立，植株矮，穗位低，耐密性好，株型紧凑，密度适应范围广，在4 000 ~6 500 株/亩均可种植。在四川省巴中市平昌县2013年高产示范区表现突出，经专家现场测产验收，在示范区最高产量达960. 8 kg/亩，平均亩产713. 4 kg，较上年该县平均单产 (532. 0 kg/亩) 增产181. 4 kg，增幅34. 1%。

(二) 冠层特征

冠层 (canopy) 由植物群体的主茎、分枝 (分蘖)、叶柄、叶片等构成的绿色覆盖层。群体长相、长势的反映，主要表明叶层分布的情况。作物高产群体的理想冠层为：植株高度适中，分枝 (分蘖) 紧凑，叶柄较短，叶片稍披而挺，清秀老健，合适的叶面积 (农业大词典，1998)。已有研究指出具有株型紧凑、穗上叶适当上冲、穗下叶水平伸展等特点的玉米品种，其群体内光的分布更合理，较容易获得高产 (赵明，1998)。Simmons S R (1985) 研究指出玉米的产量主要由吐丝期至乳熟期群体叶片光合性能，尤其是中上部叶片的光合能力，及较高光合能力所持续的时间所决定。

紧凑型玉米的直立叶片有利于光透射到冠层内部使内部受光均匀 (李少昆，1997)，其冠层内部的强光被分散成为可利用的弱光，从而提高光合效率 (王天铎，1980)，还能合理利用中午强光，避免叶片温度过高和水分大量散失 (徐庆章，1994)，相对平展型玉米而言，更能经济利用水分，更适宜于抗旱栽培 (徐庆章，1993)。此外，其群体中下部的通风透光条件较好，穗位叶及其下部叶片的光合能力较强。因此，株型紧凑且其他性状优良的玉米品种，能有效地缓解群体内的竞争，提高群体光合速率，达到高产的目的。

(三) 叶面积指数

叶面积指数 (leaf area index，LAI) 是单位土地面积上的叶面积与土地面积的比值，是反映作物群体大小的一项重要指标。大量研究结果表明，叶面积与产量在一定范围内呈正相关。随着叶面积指数的增加，光合产物也随之增加，但超过一定限度以后，继续增加叶面积指数反而会导致光合产物的减少。因此玉米高产的实现必须依靠塑造合理的群体结构，使其达到最大最适的叶面积指数，作物群体才能最大限度地截获更多的光能。

胡昌浩 (1993) 等研究认为，紧凑型玉米品种的最适叶面积指数为6 ~7，平展型玉米品种的最适叶面积指数为4 ~5。密植型品种的叶面积与密度呈二次曲线关系，随密度增加有一定的缓冲，对密度的响应敏感性相对较差。而稀植型品种相对叶面积多，但对密度响应敏感，与密度呈线性相关，对于增密没有缓冲。崔彦宏等 (1994) 研究认为籽粒产量在吐丝前的各生育期与叶面积指数的关系最为密切，而各生育时期同化产物的积累则同叶面积指数关系密切。同时，还明确了叶面积指数对籽粒产量的关键作用时期为吐丝期至吐丝后的15 d。东先旺等 (1999) 研究认为，超高产玉米群体叶面积发展动态特征为花前快，花后稳，蜡熟期衰减缓。刘开昌、王庆成等（2000）研究还发现，耐密性较强的品种，其叶向值随密度增加变化幅度较大，叶面积减少的慢，光合速率对密度增加反应较迟钝，高密度时仍保持较高的光合速率、蒸腾速率，气孔导度降低缓慢，气孔阻力增加慢。

生产上玉米常表现为，前期植株较小，叶片不能充分覆盖地面，而生育后期叶面积衰减速度较快，光能的损失严重。因此，应尽量加快玉米生育前期的生长速度，使叶片尽早达到最大值，处于最佳状态，减少前期光能损失，截获更多的光能。另外，还要维持较高叶面积指数的持续时间，保证叶片维持较长的功能期，避免生育后期衰减速度过快，尤其是在吐丝期之后，合成的光合产物主要流向穗部，是籽粒产量形成的最佳时期，若玉米的叶面积指数衰减过快，叶片制造的光合产物就会减少，流向籽粒的量明显不足，最终导致产量的降低（曹娜等，2006）。

如四川省玉米品种区域试验对照品种成单 30，宜春播，适宜密度 3 200 ~ 4 200 株/亩，单株总叶数 20 片左右，穗上叶 6 片。成株叶片较细长，株型半紧凑。吐丝后叶片功能期长，且衰减较慢，收获时茎叶片仍为绿色。在 2012 年绵阳市三台县高产示范中，该品种在不利天气的影响仍实现稳产丰产，表现优异。经专家测产验收，高产田块产量达 627. 1 kg/亩，示范区平均亩产 533. 3 kg，较全县平均单产增 20% 以上。

（四）光合势

植物光合势是植物光合面积在一段时期内的日累计值，即植物生长期内进行光合生产的叶面积与日数的乘积。反映了作物某一时期内光合面积的发展动态，单位是 $m^2 \cdot d$。亦称叶面积持续期（leaf area duration，LAD）、叶日积。用于群体条件下植物生长分析和产量形成的研究。除物种差异外，栽植密度、养分、水分供应等因素以及以叶面积为主的光合面积的增长速率或衰减速率都会影响光合势（农业大词典，1998）。

紧凑型玉米超高产栽培条件下，其全生育期总 LAD 比普通高产群体高 74. 85 万 $m^2/(d \cdot hm^2)$，冠层截获的光合有效辐射（photosynthetically active radiation，PAR）比普通高产群体高 25μmol/（$m^2 \cdot s$），叶片的光合速率（photosynthetic rate，Pn）和水分利用效率（water use efficiency，WUE）高，而蒸腾速率（transpiration rate，Tr）较低。与普通高产玉米相比，其群体内个体空间分布更加合理，叶片功能期延长，且群体内光分布较为合理，提高了光能利用率（王志刚，2007）。也有研究认为，光合势对籽粒产量的关键作用时期为吐丝期至吐丝后的 15 天（崔彦宏等，1994）。

紧凑型玉米品种更能有效地利用弱光环境而更适于密植（郭江等，2005）。随着种植密度的增加，单株叶面积逐渐下降，群体 LAI、群体 LAD 逐渐增加。在当前生产条件下，紧凑型品种在 3 000 ~ 6 000 株/667m^2 范围内，产量随着种植密度增加而逐渐增加（边大红，2008）。

如成单 30，株型半紧凑，对光温不敏感，且叶面积持续期较长，衰减较慢，适宜种植范围广，且增密稳产增产效果较好。2011—2014 年国家玉米产业技术体系绵阳综合试验站连续 4 年的示范县高产示范片中表现较好，经测产验收，种植密度在 3 300 ~ 4 200 株/亩，最高单产可达 650 kg/亩以上，增密稳产增产性较好。

（五）库源特征

源库关系问题是作物生理中最重要的问题之一，它把群体光能利用和作物产量形成紧密联系起来，因而众多学者进行了多方面研究。自 1928 年 Mason 提出“源库学说”后，在作物栽培研究中，特别是在高产栽培理论研究中，常以源库协调性的好坏来评判产量的高低。在玉米高产栽培中，增加种植密度，建立合理的群体结构是获得高产的关键措施，而叶源量和源生产能力也成了高产的重要指标。

品种的群体库源特征是反映品种产量潜力的固有特性（Rodrigoetal，2007）。群体的库容量、源供应能力及其比值与品种类型和密度密切相关（李绍长等，1998；梁引库等，2006），密度增加就要求玉米可以更好地协调个体与群体的关系（李明等，2006），因而人工选育了不同耐密性的玉米品种，即紧凑型和平展型。紧凑型玉米的物质生产优势主要表现在出穗后经济产量形成期，而平展型玉米杂交种物质生产的优势主要表现在出穗前期，二者有着明显的差别。同时紧凑型玉米的库容优势也十分明显，全生育期物质生产量与库容比例要高于平展型（姜岩等，1998）。紧凑型玉米的源供应能力更强，群体库源比值和库容实现率更高，库源关系也更为协调，增产潜力更大（鲍巨松等，1993）。薛吉全等（2001）也认为紧凑型玉米的增产潜力较高，其符合库容量充足、源供应能力强、库容量实现率高的三个特点。据此，薛吉全等（2002）进一步试验结果表明，耐密植的紧凑型玉米群体库容量、源供应能力和单位叶面积系数承受的群体库容量均大于平展型玉米。尤其是在高密度条件下，紧凑型玉米不但群体库容量大，源供应能力也更强，库源关系相对较为协调。而平展型玉米虽然也表现出较大的库容量，但源供应能力和单位 LAI 承受群体库容量则较小，其库源关系不协调。

产量的源库限制特征因生态条件而异，因纬度不同而表现不同（Daynard，1969；Tollenaar，1992）。紧凑型玉米属于源限制型（黄智鸿等，2007）。Barnett 等（1983）研究表明玉米籽粒产量受库容能力的限制，进一步增产必须寻找扩大库容的途径。这其实是反映了耐密型玉米的特点，即源的供应能力大，而库容相对较小，适宜密植。

如仲玉 3 号，为紧凑型玉米品种，库源关系相对较为协调，产量高，出籽率高。在低密度（3 200 株/亩）种植情况下，2011 年仲玉 3 号，平均亩产 688.7 kg，较对照增 15.9%。在高密度（4 200 株/亩）种植情况下，2011 年在简阳春播亩产达 807.4 kg，2012 年平均亩产 735.6 kg，较对照增产 15.2%。2014 年四川省农业科学院作物所简阳试验基地进行现场机收和测产验收，平均亩产达 583.4 kg，高产田块达 612.5 kg/亩。

（六）维管束

维管束是由木质部和韧皮部成束状排列形成的结构，为植物体输导水分、无机盐和有机养料等，兼具支持植物体的重要作用。耐密植的紧凑型品种在果穗维管束结构上明显表现出优势，在高密度下仍能保持较优的维管束结构，特别是乳熟期其果穗维管束密度在高密度下反而略有升高。这就使得紧凑型品种在高的源库水平下，“流”不致成为限制因素（吕凤山等，1998）。王娜（2011）研究认为，密植型品种要比稀植型品种更符合植株的生长发育进程。抽雄期和乳熟期，密植型品种的穗位节维管束对密度变化不敏感，而稀植则表现出较大敏感性。

二、耐密品种鉴选的生理指标

关于耐密品种遗传生理特性的研究报道较少，生物学上用光补偿点、低光强及半饱和光照下的光化学反应速率，作为鉴定植物耐荫性的指标。但耐荫性并不能体现生产上耐密性这样复杂的概念。国外学者提出在高密度压力下考察玉米的生长及产量情况，筛选出能在高密度下种植、光能利用率高的杂交种，指出在高密度下空秆的多少是鉴定一种材料耐密性强弱的重要指标（Tollenaar M，1992）。

品种耐密性主要受制于内部的生理特点，良好的株型结构和光分布是正常生理代谢活动的基础。国内学者认为空秆率、单株产量可作为品种耐密性强弱的鉴定标准。群体内光分布合理与否是衡量品种耐密性的重要指标，LAI、净同化率（net assimilation rate，NAR）和作物生长率（crop growth rate，CGR）的动态发展规律是反映耐密性的本质特征，群体库源关系协调与否是鉴定品种耐密性的一个综合指标（薛吉全等，2002）。

基部节间茎粗、株高、LAI、单位面积有效穗数、穗粒数、穗长、经济系数也可作为玉米耐密性鉴定的主要参考指标。此外，单株叶面积、吐丝期到成熟期的群体 LAI、叶绿素相对含量等指标对密度反应敏感，不同密度间差异显著。而且简单、易测、准确，适合大田中大批量样品测定，也可以作为玉米耐密性评价指标。大喇叭口到成熟期是耐密性鉴定的关键时期。模糊数学隶属度可以作为一种综合的评价方法应用于作物的耐密性鉴定中（边大红，2008）。

三、耐密品种鉴选的指标体系构建

有学者认为，品种耐密性就是指某个品种在较大群体下所具有的较高的单株生产力，且对不同群体密度反应的迟钝性（苏方宏，1998；陈举林等，2001）。其评价方法主要是产量之间的比较，通常采用边际效应指数法和耐密系数法对其进行评价。而玉米的耐密性是一个复杂的综合特性，是植株整个生长过程系统性整体功能的体现。因此，边大红（2008）研究认为，隶属度函数可以作为一种综合的评价方法应用于作物的耐密性鉴定中。通过对众多学者的研究进行分析归纳，可得出空秆率、基部节间茎粗、株高、单位面积有效穗数、穗粒数、穗长、经济系数等指标可以准确、直观的反应各品种在不同密度下的变化，同时操作简单、可靠性大，可以作为玉米耐密性鉴定的主要形态参考指标；叶面积指数（LAI）、净同化率（NAR）、叶绿素相对含量、作物生长率（CGR）、群体库源关系、节间维管束数目、群体光合势、群体干物质积累反映了耐密性的本质特征，可作为鉴定的主要生理参考指标；并结合其他耐密性鉴定指标增加评价的准确性，引入模糊隶属度函数把各项参考指标测定值进行量化，综合评价玉米品种的耐密性。

第三节　高产耐密适配品种推介

优良玉米品种是获得高产的基础。近年来，随着品种更新速度的加快，以及高产创建实践活动的开展，使广大农民充分认识到优良品种的巨大增产潜力。结合 2008—2014 年四川省玉米高产创建工作实践，根据丰产性好、耐密性高和抗病虫性强 3 项基本原则，拟推介以下高产耐密适配品种。

一、亩产吨粮品种

实现亩产吨粮的玉米品种的共同特点：株型紧凑或半紧凑，穗位居植株下部 40% 以下；穗长 18 cm 以上，穗行 16 ~ 18 行，单穗粒数平均600 粒以上，千粒重 320 g 以上，籽粒马齿形；生育期与对照相当；籽粒容重和淀粉含量较高。抗病性中等偏上。

（一）荃玉9号

①品种来源：Y3052×18－599

②选育单位：四川省农业科学院作物研究所

③审定情况：2011年通过国家农作物品种委员会审定；审定编号：国审玉2011018

④特征特性：在西南地区出苗至成熟119 d，比渝单8号早1 d。幼苗叶鞘紫色，叶片绿色，叶缘绿色，花药浅紫色，颖壳绿色。株型半紧凑，株高271 cm，穗位高109 cm，成株叶片数18片。花丝浅紫色，果穗锥型，穗长19.1 cm，穗行数16～18行，穗轴红色，籽粒黄色、马齿形，百粒重32.5 g。平均倒伏（折）率4.9%。接种鉴定表明，中抗大斑病，感小斑病、丝黑穗病、茎腐病、纹枯病和玉米螟。品质分析表明，籽粒容重706 g/L，粗蛋白含量12.10%，粗脂肪含量3.76%，粗淀粉含量69.04%，赖氨酸含量0.42%。

⑤区试产量：2009—2010年参加西南玉米品种区域试验，两年平均亩产606.2 kg，比对照增产7.6%。2010年生产试验，平均亩产555.1 kg，比对照渝单8号增产6.8%。

⑥高产创建：2013年参加宣汉县峰城镇玉米高产创建攻关，经专家现场测产验收，1.3亩高产攻关田平均亩产1 087.4 kg。

（二）登海605

①品种来源：DH351×DH382

②选育单位：山东登海种业股份有限公司

③审定情况：2010年通过国家农作物品种委员会审定；审定编号：国审玉2010009

④特征特性：在黄淮海地区出苗至成熟101 d，比郑单958晚1 d，需有效积温2 550℃左右。幼苗叶鞘紫色，叶片绿色，叶缘绿带紫色，花药黄绿色，颖壳浅紫色。株型紧凑，株高259 cm，穗位高99 cm，成株叶片数19～20片。花丝浅紫色，果穗长筒形，穗长18 cm，穗行数16～18行，穗轴红色，籽粒黄色、马齿形，百粒重34.4 g。接种鉴定表明，高抗茎腐病，中抗玉米螟，感大斑病、小斑病、矮花叶病和弯孢菌叶斑病，高感瘤黑粉病、褐斑病和南方锈病。品质分析表明，籽粒容重766 g/L，粗蛋白含量9.35%，粗脂肪含量3.76%，粗淀粉含量73.40%，赖氨酸含量0.31%。

⑤区试产量：2008—2009年参加黄淮海夏玉米品种区域试验，两年平均亩产659.0 kg，比对照郑单958增产5.3%。2009年生产试验，平均亩产614.9 kg，比对照郑单958增产5.5%。

⑥高产创建：2008年参加宣汉县峰城镇玉米高产创建攻关，经专家现场测产验收，1.2亩高产攻关田平均亩产1 181.6 kg；2011年参加盐源县卫城镇玉米高产创建攻关，经专家现场测产验收，3.0亩玉米高产攻关田平均亩产1 218.0 kg。

二、亩产800 kg品种

实现亩产800 kg的玉米品种的共同特点：生育期平均123 d左右；适宜种植密度在4 000～4 500株/亩；平均穗长18.9 cm以上，穗行数16.4行，行粒数35.1粒，千粒重320 g以上，籽粒马齿或半马齿形；抗病性中等偏上。

（一）川单189

①品种来源：SCML203×SCML1950

②选育单位：四川农业大学玉米研究所

③审定情况：2009年通过四川省农作物品种审定委员会审定，2011年国家农作物品种审定委员会审定；审定编号：川审玉2009005，国审玉2011020

④特征特性：在四川出苗至成熟119 d。幼苗叶鞘紫色，叶片深绿色，叶缘绿色，花药绿色，颖壳浅紫色。株型平展，株高284 cm，穗位高121 cm，成株叶片数20片。花丝绿色，果穗锥形，穗长18.9 cm，穗行数16～18行，穗轴红色，籽粒黄色、马齿形，百粒重33.5 g。接种鉴定表明，中抗大斑病和茎腐病，感小斑病、丝黑穗病、纹枯病和玉米螟。品质分析表明，籽粒容重744 g/L，粗蛋白质含量11.15%，粗脂肪含量4.46%，粗淀粉含量70.04%，赖氨酸含量0.30%。

⑤区试产量：2007—2008年参加四川省杂交玉米区域试验（平丘组），两年平均亩产471.1 kg，比对照川单13增产8.41%；2008年生产试验，平均亩产564.9 kg，比对照川单13增产19.3%。2008—2010年参加国家西南玉米品种区域试验，3年平均亩产624.9 kg，比对照增产8.2%。2010年生产试验，平均亩产545.3 kg，比对照渝单8号增产4.9%。

⑥高产创建：2013年参加宣汉县峰城镇玉米高产创建攻关，经专家现场测产验收，高产攻关田平均亩产849.37 kg。

（二）高玉79

①品种来源：Jg01－18×1572

②选育单位：四川高地种业有限公司

③审定情况：2008年通过四川省农作物品种审定委员会审定；审定编号：川审玉2008006

④特征特性：春播全生育期125 d左右。成株叶片深绿色，植株半紧凑，株高约250 cm，穗位100 cm。雄穗大小中等，分枝较少，护颖浅紫色，花药黄色，花粉量中等。雌穗花色浅红色，吐丝畅。果穗长筒形，果穗外有箭叶。穗长21 cm左右，15.6行，行粒数36.8粒，籽粒黄色马齿形，出籽率85%，千粒重330 g。接种鉴定表明，抗小斑病、纹枯病，中抗大斑病。品质分析表明，容重745 g/L，粗蛋白质11.2%，粗脂肪5.3%，粗淀粉68.7%，赖氨酸0.35%。

⑤区试产量：2006年四川省玉米山区组区试，平均亩产497.8 kg，比对照川单15增产11.4%，9点8增1减；2007年平均512.7 kg，比对照增产9.8%，9点8增1减。两年平均亩产505.25 kg，比对照川单15增产10.6%。2007年四川省玉米新组合生产试验，平均亩产507.2 kg，比对照增产8.75%，增产点率80%。

⑥高产创建：2010年参加宣汉县老君乡玉米高产创建攻关，经专家现场测产验收，高产攻关田平均亩产848.21 kg。

（三）长玉19

①品种来源：99－751×Bm19－2

②选育单位：山西省农业科学院谷子研究所

③审定情况：2009年通过四川农作物品种审定委员会审定；审定编号：川审

玉 2009013

④特征特性：四川春播全生育期 128 d，株高 248 cm，穗高 89 cm，全株叶片数 19 片左右。幼苗长势强，根系发达，茎秆坚韧，成株叶色浓绿，活秆成熟。穗上部叶片半上冲，株型半紧凑。雄穗分枝 16 ~ 19 个，花药黄色，散粉性好。花丝粉红色，吐丝整齐。果穗长筒形，白轴，穗长 19 ~ 25 cm，穗行数 16 ~ 18 行，行粒数 35 粒。籽粒黄色，马齿形，千粒重 332 g，出籽率 85% 左右。接种鉴定表明，中抗大斑病、茎腐病，抗小斑病、纹枯病，感玉米螟、丝黑穗病。品质分析表明，籽粒容重 701 g/L，粗蛋白质 9. 4% ，粗脂肪 4. 4% ，粗淀粉 75. 0% ，赖氨酸 0. 33% 。

⑤区试产量：2007 年参加四川省玉米山区组区试，平均亩产 513. 1 kg，比对照川单 15 号增产 9. 99% ，居区试第一位，在参试的 9 个试点中 8 点增产；2008 年续试参加山区 2 组试验，平均亩产 545. 5 kg，比对照川单 15 号增产 15. 3% ，居区试第一位，在参试的 10 个试点，10 点均增产。2008 年参加四川省玉米山区组生产试验，平均亩产 572. 9 kg，对照川单 15（510. 4 kg）增产 12. 3% 。

⑥高产创建：2010 年参加宣汉县老君乡玉米高产创建攻关，经专家现场测产验收，高产攻关田平均亩产 969. 23 kg。

（四）天玉 2008

①品种来源：JG02 - 1 × JG02 - 2

②选育单位：成都天府农作物研究所、武胜县农业科学研究所

③审定情况：2009 年通过重庆市农作物品种审定委员会审定；2006 年通过四川省农作物品种审定委员会审定。审定编号：渝引玉 2009004、川审玉 2006002

④特征特性：该品种属中熟杂交玉米，在试验 3 000 株/亩密度下，出苗至成熟 115 ~ 140 d，平均 124. 3 d。株型半紧凑，平均株高 244 cm，穗位高 86 cm，穗轴红色，籽粒黄色半马齿形。接种评价：人工接种鉴定，抗大斑病和茎腐病，中抗小斑病和纹枯病，感丝黑穗病和玉米螟。品质主要指标：籽粒容重 735 g/L，粗蛋白含量 8. 68% ，粗脂肪含量 3. 87% ，粗淀粉含量 72. 19% ，赖氨酸含量 0. 28% 。

⑤区试产量：两年引种试验平均亩产 250. 5 kg，比对照渝单 8 号增产 6. 47% ，产量变幅 368. 0 ~ 590. 8 kg，16 个试点 15 增 3 减，减产点为合川和黔江。

⑥高产创建：2013 年参加宣汉县老君乡玉米高产创建攻关，经专家现场测产验收，高产攻关田平均亩产 837. 20 kg。

（五）成单 30

①品种来源：2142 × 205 - 22

②选育单位：四川省农业科学院作物研究所

③审定情况：2004 年通过四川省农作物品种审定委员会审定；审定编号：川审玉 2004002

④特征特性：春播全生育期 119 d 左右。株高 276 cm，穗位高 110 cm。幼苗长势强，叶色深绿。单株总叶数 20 片左右，穗上叶 6 片。成株叶片较细长，株型半紧凑。雄穗分枝 4 ~ 7 个，分枝较长，粉量大，散粉时间较长。雌穗花丝白色，吐丝多而整齐，花丝活力强。雌雄花期协调，结实性好。果穗长柱形，穗长 19. 0 cm、穗粗 5. 0 cm、秃尖 1. 9 cm。穗行数 16 行，行粒数 35. 3 粒。穗轴淡红色，籽粒黄色，中间偏硬粒型。出籽率

87.0%，千粒重282.1 g左右。根系深、茎秆硬，抗倒力强，收获时茎叶片仍为绿色。对光温不敏感，适宜种植范围广。接种鉴定表明，抗大斑病、纹枯病、茎腐病、玉米螟，中抗小斑病、丝黑穗病。品质分析表明，籽粒容重774 g/L（对照成单14为740 g/L），粗蛋白质9.7%，粗脂肪3.8%，粗淀粉73.3%，赖氮酸0.31%。

⑤区试产量：2002—2003年两年省区试平均亩产506.4 kg，比对照成单14增产16.3%，居参试种第一位。两年22个试点，21点增产，其中，增产极显著13点，显著1点。2003年生产试验，6点平均亩产557.7 kg，比对照成单14（平均亩产473.4 kg）增产17.8%，6点均增产。其丰产性、稳产性和适应性突出。

⑥高产创建：2006—2009年参加四川省农业科学院简阳基地高产攻关，均达到700 kg/亩以上，最高亩产772.8 kg/亩。2013年参加简阳市芦葭镇英明村高产创建攻关，专家现场验收，平均亩产822.13 kg。

三、亩产600 kg品种

实现亩产600 kg的玉米品种的共同特点：生育期平均121 d左右；适宜种植密度在3 200～3 500株/亩；平均穗长17.8 cm以上，穗行数16.4行，行粒数37.2粒，千粒重310 g以上，籽粒马齿或半马齿形；抗病性中等。主要品种名称如表3－2。

表3－2　实现亩产600 kg玉米品种

编　号	名　称	编　号	名　称	编　号	名　称
（一）	正红505	（二）	先玉508	（三）	绿单50
（四）	长玉13	（五）	正红311	（六）	雅玉26
（七）	中单808	（八）	仲玉1号	（九）	海禾1号
（十）	资玉二号	（十一）	华试9528	（十二）	龙特999
（十三）	雅玉889	（十四）	蓉玉294	（十五）	许玉4188
（十六）	川单418	（十七）	联合3号	（十八）	同玉11
（十九）	贵玉2号	（二十）	高玉909	（二十一）	禾玉9566
（二十二）	金穗888	（二十三）	天玉168	（二十四）	蜀龙13
（二十五）	高玉171	（二十六）	茂源618	（二十七）	荣玉168
（二十八）	博玉1号	（二十九）	川单428	（三十）	高玉132
（三十一）	川玉3号	（三十二）	川单15	（三十三）	爱农1号
（三十四）	神龙玉5号	（三十五）	中玉335	（三十六）	华龙玉8号
（三十七）	丰源1128	（三十八）	金玉509	（三十九）	重玉100
（四十）	仲玉3号				

（一）正红505

①品种来源：K305×K389

②选育单位：四川农大正红种业有限责任公司、四川农业大学农学院

③审定情况：2008 年通过四川省农作物品种审定委员会审定；审定编号：川审玉 2008007

④特征特性：春播全生育期 118 d。全株叶片数 19 片左右。幼苗长势强，株高 255.3 cm，穗高 93.3 cm，株型半紧凑。雄穗分枝 16～19 个，颖壳绿色有紫条，颖尖紫色，花药浅紫色。花丝粉红色，吐丝整齐。果穗长筒形，红轴，穗长 19.7 cm，穗行数 18.2 行，行粒数 34.7 粒。籽粒黄色、马齿形，千粒重 282.4 g，出籽率 79.6%左右。接种鉴定表明，中抗大、小斑病、和纹枯病，感茎腐病，高感丝黑穗病。品质分析表明，籽粒容重 737 g/L，粗蛋白质 10.6%，粗脂肪 4.3%，粗淀粉 73.4%，赖氨酸 0.32%。

⑤区试产量：2006 年参加四川省玉米山区组区试，平均亩产 549.2 kg，增产 13.2%，10 个点均增产；2007 年省山区组区试平均亩产 484.5 kg，增产 6.1%，增产点率 77.8%。两年省区试平均亩产 514.9 kg，比对照川单 15 号平均增产 9.7%，增产点率 80%。2007 年生产试验平均亩产 506.0 kg，比对照川单 15 号增产 8.5%，增产点率 80%。

（二）先玉 508

①品种来源：PH6WC × PH5AD

②选育单位：铁岭先锋种子研究有限公司

③审定情况：2006 年通过国家农作物品种审定委员会审定；审定编号：国审玉 2006043

④特征特性：在西南地区出苗至成熟 117～124 d，比对照农大 108 早 2 d，需有效积温 2 800℃左右。幼苗叶鞘浅绿色，叶片绿色，叶缘绿色，花药深紫色，颖壳深紫色。株型半紧凑，株高 300 cm，穗位高 100 cm，成株叶片数 21 片。花丝浅紫色，果穗中间型，穗长 19.5 cm，穗行数 14～18 行，穗轴红色，籽粒黄色、半马齿形，百粒重 35 g。区域试验中平均倒伏（折）率 2.86%。接种鉴定表明，抗大斑病和丝黑穗病，中抗茎腐病和小斑病，感纹枯病和玉米螟。品质分析表明，籽粒容重 733 g/L，粗蛋白含量 9.19%，粗脂肪含量 3.74%，粗淀粉含量 72.36%，赖氨酸含量 0.30%。

⑤区试产量：2004—2005 年参加西南玉米品种区域试验，44 点次增产，4 点次减产，两年区域试验平均亩产 622.4 kg，比对照农大 108 增产 16.6%。2005 年生产试验，平均亩产 530.9 kg，比对照增产 7.9%。

（三）绿单 50

①品种来源：3732 × 7327

②选育单位：四川省农科院作物所、四川绿丹种业有限责任公司

③审定情况：2008 年通过四川省农作物品种审定委员会审定；审定编号：川审玉 2008004

④特征特性：四川春播，全生育期 109.5 d。株高 268.6 cm，穗位高 102.1 cm，株型半紧凑。果穗长筒形，穗长 19.7 cm，穗行数 14.2，行粒数 39.8 粒。籽粒黄色半马齿形，出籽率 88.0%，千粒重 288 g。花药淡紫色、花丝淡红色，穗轴白色，颖壳淡紫色。接种鉴定表明，中抗大、小斑病、茎腐病，感丝黑穗病、纹枯病。品质分析表明，粗蛋白质 11.8%，粗脂肪 4.7%，粗淀粉 71.2%，赖氨酸 0.34%，容重 760 g/L。

⑤区试产量：2005 年参加四川省玉米区试（平丘组），平均亩产 478.7 kg，比对照川单 13 增产 6.9%，增产点率 62.5%；2006 年平均亩产 513.2 kg，比对照川单 13 增产

8.2%，增产点率80%。2005—2006年两年平均亩产490.0 kg，比对照川单13增产7.6%，增产点率72.2%。2007年参加生产试验，平均亩产499.9 kg，比对照川单13增产11.3%，增产点率80%。

（四）长玉13

①品种来源：H92－1×1572

②选育单位：山西省农科院谷子所

③审定情况：2004年通过四川省农作物品种审定委员会审定；审定编号：川审玉2004011

④特征特性：该品种春播平均生育期120 d，与对照相当。功苗叶片绿色，长势强。株型较平展，穗上部叶上冲。株高250 cm，穗位90 cm，总叶片数20叶，雄穗花药黄色，护颖绿色，花粉量大，雌穗花丝粉红色。果穗筒形，穗长19.5 cm，穗行数16.4行，行粒数35.4粒，千粒重321.4 g，出籽率86.5%。接种鉴定表明，抗矮花叶病、小斑病，中抗大斑病、丝黑穗病，感纹枯病。品质分析表明，籽粒粗蛋白9.5%，粗脂肪3.59%，粗淀粉71.81%，赖氨酸0.32%。

⑤区试产量：2002年参加四川省区试，平均亩产539.2 kg，比对照川单13增产7.82%；2003年续试，平均亩产508.4 kg，比对照川单13增产10.78%，两年平均亩产523.8 kg，比对照增产9.3%。2003年参加生产试验，5点次平均亩产591.8 kg，比对照川单13增产15.2%。

（五）正红311

①品种来源：K236×21－ES

②选育单位：四川农业大学农学院玉米所

③审定情况：2006年通过四川省农作物品种审定委员会审定；审定编号：川审玉2006019

④特征特性：春播全生育期124 d，与对照川单15号相当；全株叶片数19片左右。幼苗长势强，根系发达，茎秆坚韧，叶色浓绿，活秆成熟。株高290 cm，穗高134 cm，穗上部叶片较疏朗，株型较好。雄穗分枝14～18个，颖壳绿色有紫条，颖尖紫色，花药紫色，散粉性好；花丝紫色，吐丝整齐。果穗长筒形，白轴，穗长20～25 cm，穗行数16～18行，每行36～45粒。籽粒黄色，半马齿形，千粒重310～330 g，出籽率85%左右。接种鉴定表明，中抗大、小斑病、纹枯病，感茎腐病，感丝黑穗病。抗倒、耐旱、耐粗放能力强。品质分析表明，籽粒容重763 g/L，粗蛋白质10.8%，粗脂肪5.4%，淀粉75.1%，赖氨酸0.30%，加工品质优。

⑤区试产量：两年省区试平均亩产519.3 kg，比对照川单15号平均增产17.5%；在两年18个试点中点点增产，连续两年均居区试第一位。省生产试验平均亩产532.6 kg，比对照川单15号增产17.41%。

（六）雅玉26

①品种来源：YA3237×YA8201

②选育单位：四川雅玉科技开发有限公司

③审定情况：2007年通过四川省农作物品种审定委员会审定；审定编号：川审玉2007012

④特征特性：春播出苗至成熟 123 d。幼苗长势强，果穗长 20.3 cm 左右，穗行数 15～16 行，行粒数 35～38 粒，千粒重 304 g，出籽率 87.1%，单株生产力 160～170 g，株高 285～305 cm，穗位高 125～135 cm，株型平展。接种鉴定表明，中抗小斑病、纹枯病、茎腐病、大斑病，感丝黑穗病。穗轴白色，籽粒黄色，马齿形。品质分析表明，籽粒容重 750 g/L，粗蛋白质含量 11.1%，粗脂肪含量 4.4%，粗淀粉含量 77.0%，赖氨酸含量 0.33%。

⑤区试产量：2005—2006 年参加并通过四川省杂交玉米区域试验，2005 年平均亩产 483.1 kg，增产 12.1%，增产点率 89%；2006 年平均亩产 483.7 kg，增产 7.6%，增产点率 78%；两年平均亩产 483.4 kg，比对照川单 15 增产 10.2%。2006 年参加全省 5 个点的生产试验，平均亩产 504.3 kg，比对照川单 15 增产 7.6%。

（七）中单 808

①品种来源：CLLI×NG5

②选育单位：中国农业科学院作物科学研究所

③审定情况：2006 年通过国家农作物品种审定委员会审定；审定编号：国审玉 2006037

④特征特性：在北京春播全生育期为 118 d，在西南地区出苗至成熟 114 d，与对照农大 108 生育期相同。幼苗叶鞘紫色，叶片深绿色，叶缘绿色，花药黄色，颖壳黄色。株型半上冲，株高 261 cm，穗位高 119 cm，成株叶片数 20 片。花丝绿色，果穗筒形，穗长 20 cm，穗行数 14.7 行，穗轴红色，籽粒黄色，粒型为半马齿形，百粒重 32.8 g。倒伏（折）率 10.9%。需有效积温 2 850℃左右。接种鉴定表明，中抗大、小斑病，感丝黑穗，抗茎腐病，中抗玉米螟。品质分析表明，籽粒容重 752 g/L，粗蛋白质含量 10.73%，粗脂肪含量 4.33%，粗淀粉含量 70.15%，赖氨酸含量 0.29%。

⑤区试产量：2003 年参加全国玉米预试，在西南区产量 565.3 kg/亩，比对照农大 108 增产 11.94%；在东华北区产量 807.1 kg/亩，比对照农大 108 增产 23.1%；2004 年参加西南区和东华北春区玉米区试，产量 642.06 kg/亩，比对照农大 108 增产 17.71%。在东华北区，产量 699.4 kg/亩，比对照农大 108 增产 8.17%。2005 年参加西南区和东华北玉米区试，产量 623.53 kg/亩，比对照农大 108 增产 21.59%。

（八）仲玉 1 号

①品种来源：546－130×21－ES

②选育单位：四川蜀龙种业有限责任公司、仲衍种业股份有限公司

③审定情况：2011 年通过四川省农作物品种审定委员会审定；审定编号：川审玉 2011001

④特征特性：四川春播全生育期约 119 d。第一叶鞘颜色浅紫、尖端形状圆。株高约 301.1 cm，穗位高约 119.5 cm，全株叶片 19～20 片；叶片与茎秆角度中，茎“之”字程度无或极弱，叶鞘颜色绿。雄穗一级侧枝数目中，雄穗主轴与分枝的角度极大，雄穗侧枝姿态中度下弯，雄穗最高位侧枝以上主轴长度极长，雄穗颖片基部颜色绿，颖片除基部外颜色浅紫，花药颜色紫，花丝颜色浅紫。果穗形状圆筒形，穗长 20～22 cm，穗行数 16 行，行粒数 39 粒，千粒重 307.0 g；籽粒类型中间型、顶端主要颜色黄、背面颜色桔黄，穗轴颖片颜色红，籽粒排列形式直。接种鉴定表明，中抗大斑病、

茎腐病，感小斑病、纹枯病，高感丝黑穗病。品质分析表明，籽粒容重720 g/L，粗蛋白质含量10.2%，粗脂肪4.3%，粗淀粉71.0%，赖氨酸含量0.28%。

⑤区试产量：2009年省区试平均亩产520.69 kg，较对照川单13增产21.2%，7试点均增产；2010年省区试平均亩产447.4 kg，较对照川单13增产18.8%，9试点8点增产。2010年生产试验，平均亩产487.3 kg，较对照增产19.3%。

（九）海禾1号

①品种来源：LS02×LS08

②选育单位：辽宁省海城市种子公司

③审定情况：1999年通过国家农作物品种审定委员会审定；审定编号：国审玉990010

④特征特性：该品种在西南春播生育期平均111 d左右。株高255~300 cm，穗位高100 cm左右，全株21~22片叶，株型半紧凑。穗长筒形，穗长20~26 cm，穗粗5~6 cm，穗行数18~20行，千粒重368 g。籽粒黄色，马齿形，穗轴白色。接种鉴定表明，抗茎腐病，高抗大斑病、丝黑穗病和黑粉病。活秆成熟。品质分析表明，籽粒含粗蛋白10.18%，赖氨酸0.24%，粗脂肪4.67%，总淀粉70.37%，可溶性总糖3.05%。

⑤区试产量：1997、1998年参加西南玉米区域（筛选）试验，平均亩产分别为586.3 kg和543.3 kg，分别比对照掖单13号增产12.9%、15.47%，分别居第1、2位。两年平均亩产559.4 kg，平均比掖单13号增产14.19%。1998年在国家西南玉米品种生产试验中平均亩产561.3 kg，比当地对照品种增产15.2%。

（十）资玉二号

①品种来源：8698×937

②选育单位：资中县种子公司

③审定情况：2003年通过四川省农作物品种审定委员会审定；审定编号：川审玉2003004

④特征特性：春播全生育期125 d。株高306 cm，穗位高137 cm；单株叶片19片左右，株型半紧凑；雄穗较发达，分枝8~12个，花粉量较大，散粉时间长，花丝紫色。果穗筒形，穗长19.6 cm，穗行数15.1行，行粒数37.1粒，穗轴白色；籽粒黄色、半马齿形，出籽率81.4%，千粒重275.8 g。接种鉴定表明，中抗大小斑病、纹枯病、矮花叶病，抗茎腐病，高抗玉米螟，感丝黑穗病；抗倒力较强。品质分析表明，粗蛋白质9.6%，容重775 g/L，粗脂肪4.2%，粗淀粉74.2%，赖氨酸0.30%。

⑤区试产量：2001—2002年参加省平丘B组区试，两年区试共23点次，平均亩产482.7 kg，比对照成单14平均增产10.3%。在23点次中20增3减。2002年生产试验中，5点平均亩产467.7 kg，比成单14（亩产397.6 kg）增产17.6%。

（十一）华试9528

①品种来源：华自35×华自54

②选育单位：四川华丰种业有限责任公司

③审定情况：2010年通过重庆市农作物品种审定委员会审定；审定编号：渝审玉2010009

④特征特性：该品种属中熟杂交玉米，在区试3 000株/亩密度下，出苗至成熟118~

146 d，平均 134.4 d；株型半紧凑，株高 294 cm，穗位高 108 cm，叶色绿色，成株叶片数 21 片，花药浅紫色，颖壳浅紫色，花丝绿色；穗长 20.5 cm，穗行数 17.2 行，行粒数 37.2 粒；穗形长筒形，穗轴红色，籽粒黄色半硬粒型，百粒重 30.6 g。接种鉴定表明，该品种抗茎腐病，中抗大斑病和纹枯病，感小斑病、丝黑穗病和玉米螟。品质分析表明，籽粒容重 776 g/L，粗蛋白含量 9.13%，粗脂肪含量 3.50%，粗淀粉含量 71.54%。

⑤区试产量：两年区试平均亩产 567.3 kg，比对照渝单 8 号增产 8.89%，产量变幅 429.6~756.1 kg，12 个试点增产，2 个试点减产，减产点为武隆和巫山；生产试验平均亩产 519.0 kg，比对照渝单 8 号增产 7.75%，产量变幅 417.5~599.2 kg，4 个试点增产，2 个试点减产，减产点为武隆和城口。

（十二）龙特 999

①品种来源：4111×205-1-1

②选育单位：四川省农业科学院作物研究所、四川比特利种业有限责任公司

③审定情况：2011 年通过四川省农作物品种审定委员会审定；审定编号：川审玉 2011013

④特征特性：春播全生育期 122 d。第一叶鞘颜色绿色，第一叶尖端形状尖到圆。株高 303.1 cm，穗位高 120.0 cm；成株叶片数 20 叶左右，叶片与茎秆角度中，茎“之”字程度弱，叶鞘颜色绿色。雄穗一级侧枝数目中，雄穗主轴与分枝的角度中，雄穗侧枝姿态轻度下弯，雄穗最高位侧枝以上主轴长度长，雄穗颖片基部颜色绿色，颖片除基部外颜色浅紫，花药颜色浅紫，花丝颜色浅紫。果穗形状中间型，穗长 20.3 cm，穗行数 17 行，行粒数 39.8 粒，千粒重 343 g，出籽率 84.4%；籽粒类型中间型，籽粒顶端主要颜色橘黄，籽粒背面颜色橘黄，穗轴颖片颜色粉红，籽粒排列形式直。接种鉴定表明，中抗大斑病和茎腐病，感纹枯病、小斑病和丝黑穗病。品质分析表明，籽粒容重 767 g/L，粗蛋白质含量 8.9%，粗脂肪含量 3.2%，粗淀粉含量 71.7%，赖氨酸含量 0.27%。

⑤区试产量：2008 年参加四川省玉米区试，平均亩产 560.5 kg，比对照川单 13 增产 9.5%。10 点 9 增 1 减。2009 年续试，平均亩产 457.5 kg，比对照川单 13 增产 10.9%，8 点全增产。两年平均亩产 514.7 kg，比对照川单 13 增产 10.1%。2010 年参加四川省生产试验，4 点平均亩产 455.1 kg，比对照川单 13 增产 11.4%，4 点均增产。

（十三）雅玉 889

①品种来源：7854×YA8201

②选育单位：四川雅玉科技开发有限公司

③审定情况：2008 年通过重庆市农作物品种审定委员会审定；2012 年通过湖北省农作物品种审定委员会审定；审定编号：滇审玉 2008009、鄂审玉 2012008

④特征特性：幼苗叶鞘深紫色，叶片绿色，长势强。成株整齐，株型半紧凑，平均生育期 135 d 左右，主茎总叶片数 20~21，雄穗大，主轴长，分枝 10~15 个，护颖和花药紫色，散粉性好，花丝浅紫色。籽粒黄色半马齿形，穗轴红色。接种鉴定表明，高抗大斑病，高抗小斑病，抗锈病，抗丝黑穗病，中抗灰斑病，中抗茎腐病，中抗弯孢菌叶斑病，高感穗腐病，高感纹枯病。品质分析表明，容重 745 g/L，粗蛋白质含量 10.3%，粗脂肪含量 4.5%，粗淀粉含量 71.9%，赖氨酸含量 0.34%。

⑤区试产量：2006—2007 年云南省 C1 组玉米区域试验结果，两年 24 个点次平均亩

产659.0 kg，产量变幅为293.3~804.1 kg，比对照兴黄单892增产20.4%，增产达极显著水平，增产点次率95.8%。2007年生产试验示范比当地对照品种平均增幅为16.7%。2009—2010年参加湖北省恩施州玉米品种区域试验，两年区域试验平均亩产670.39 kg，比对照兴单13增产16.37%。其中：2009年亩产706.11 kg，比兴单13增产20.02%；2010年亩产634.67 kg，比兴单13增产12.57%。

（十四）蓉玉294

①品种来源：817×095

②选育单位：成都市种子总公司

③审定情况：2010年通过四川省农作物品种审定委员会审定；审定编号：川审玉2010004

④特征特性：春播全生育期110 d，与对照川单13相当。株型半紧凑，株高251 cm，穗位高96 cm。雄穗分枝数8~12个。果穗长筒形，花丝绿色，穗长18.5 cm，秃尖长1.3 cm，穗行数15行，行粒数33粒，千粒重307.5 g，出籽率78.9%。籽粒黄色、半马齿形，轴心红色。接种鉴定表明，中抗大斑病、纹枯病、玉米螟，感小斑病、茎腐病、丝黑穗病。品质分析表明，籽粒容重724 g/L，粗蛋白质10.8%，粗脂肪4.3%，粗淀粉77.5%，赖氨酸0.36%。

⑤区试产量：2007年参加四川省玉米区试，平均亩产462.4 kg，比对照川单13增产6.3%，增产点率70%；2008年区试平均亩产547.1 kg，比对照川单13增产7.8%，增产点率70%。两年区试平均亩产504.8 kg，比对照种川单13增产7.1%，增产点率70%。2009年参加四川省生产试验，平均亩产486.8 kg，比对照种川单13增产10.9%，增产点率100%。

（十五）许玉4188

①品种来源：9742×5678

②选育单位：夹江县光明农业科学研究所

③审定情况：2007年通过四川省农作物品种审定委员会审定；审定编号：川审玉2007011

④特征特性：春播出苗至成熟126 d。幼苗长势较强，成株整齐；株高263.3 cm，穗位高105.8 cm，株型半紧凑；雄花分枝数较多、花期较长、花粉量大，花药黄色。颖壳绿色，花丝红色；果穗长筒形，紫轴，穗长20.1 cm，穗行数16.1行，穗粒数36.2粒，千粒重299.8 g，单穗粒重173.3 g，出籽率83%以上；籽粒黄色、半硬。接种鉴定表明，抗大斑病，中抗小斑病、纹枯病、茎腐病，感丝黑穗病。品质分析表明，籽粒粗蛋白11.3%，粗淀粉72%，粗脂肪4.6%，赖氨酸0.31%，容重745 g/L。

⑤区试：2005年参加四川省山区组区域试验，平均亩产465.3 kg，比对照川单15增产8.0%，增产点率100%。2006年续试，平均亩产499.8 kg，比对照川单15增产11.8%，增产点率100%；两年区试18个试验点平均亩产482.5 kg，平均比对照增产9.9%。2006年全省5个山区试点生产试验，平均亩产519.9 kg，比对照川单15增产9.6%。

（十六）川单418

①品种来源：SCML202×96B

②选育单位：四川农业大学玉米研究所，四川川单种业有限责任公司

③审定情况：2006 年通过四川省农作物品种审定委员会审定；审定编号：川审玉 2006008

④特征特性：春播全生育期 109 d 左右，株高 269 cm，穗位高 118 cm，花药紫色，花丝绿色，果穗长 19.1 cm 左右，穗行数 18.7 行，行粒数 33.7 粒，籽粒黄色马齿，穗轴红色。千粒重 275 g。接种鉴定表明，抗大、小斑病，中抗丝黑穗病，感纹枯病和茎腐病。品质分析表明，容重 745 g/L，赖氨酸含量为 0.35%、粗蛋含量为 10.9%、粗脂肪为 4.4%、粗淀粉为 75.4%。

⑤区试产量：2004—2005 两年参加省区试（平丘 B 组），平均亩产 555.4 kg，比对照川单 13 增产 13.5%。在 2005 年生产试验中平均亩产 529.8 kg，比对照川单 13 增产 23.5%。

（十七）。联合 3 号

①品种来源：协 11 × 海 9 - 21

②选育单位：山西联合种子有限公司、四川益邦种业有限责任公司

③审定情况：2009 年通过四川省农作物品种审定委员会审定；审定编号：川审玉 2009034

④特征特性：成株叶片数 18 ~ 20 叶，属半紧凑株型。雄穗分枝数 14 ~ 17 个，颖壳绿色，花药粉黄色，花丝绿色。果穗长筒形，穗长 19.7 cm，穗行数 17.3 行，行粒数 33.2 粒，千粒重 359 g，出籽率 82.5%。粒色黄色、马齿形，红轴。接种鉴定表明，中抗大斑病、纹枯病、小斑病、茎腐病、玉米螟，感丝黑穗病。品质分析表明，籽粒容重 695 g/L，粗蛋白质 8.4%，粗脂肪 4.4%，粗淀粉 77.2%，赖氨酸 0.29%。

⑤区试产量：2007 年参加四川省玉米平丘组区试平均亩产 451.4 kg，比对照川单 13 增产 9.8%，9 个试点均增产；2008 年区试平均亩产 573.4 kg，比对照川单 13 增产 12.1%，10 个试点 9 点增产，增产点率 90%。两年区试平均亩产 512.4 kg，比对照种川单 13 增产 11.0%，增产点率 95%。2008 年参加四川省生产试验，平均亩产 530.4 kg，比对照种川单 13 增产 10.7%。

（十八）同玉 11

①品种来源：S17 × S52

②选育单位：四川省云川种业有限公司

③审定情况：2012 年通过国家农作物品种审定委员会审定；审定编号：国审玉 2012012

④特征特性：西南春玉米区出苗至成熟 117 d，比对照渝单 8 号早 2 d。幼苗叶鞘紫色，叶片绿色，叶缘紫色。株型半紧凑，株高 289 cm，穗位 105 cm，成株叶片数 20 片。花药浅绿色，颖壳紫色，花丝浅紫色。果穗筒形，穗长 18.8 cm，穗行数 14 ~ 16 行，穗轴红色，籽粒黄色、马齿形，百粒重 33.6 g。

接种鉴定表明，中抗茎腐病，感大斑病、小斑病、丝黑穗病和玉米螟。

品质分析表明，籽粒容重 710 g/L，粗蛋白含量 9.96%，粗脂肪含量 4.11%，粗淀粉含量 72.13%，赖氨酸含量 0.27%。

⑤区试产量：2010—2011 年参加西南玉米品种区域试验，两年平均亩产 624.0 kg，比对照品种增产 7.6%。2011 年生产试验，平均亩产 591.6 kg，比对照渝单 8 号增

产8.4%。

（十九）贵玉2号

①品种来源：Y030×106

②选育单位：贵州省种子总站

③审定情况：2009年通过四川省农作物品种审定委员会审定；审定编号：川审玉2009024号

④特征特性：全生育期133 d，比对照短1 d；幼苗叶鞘紫色，株型半紧凑，株高246 cm左右，穗位高90 cm左右；花丝淡红色；穗型长筒形，穗长18.1 cm，穗行数15.1行；单穗粒重167 g，穗轴白色，出籽率82%左右；籽粒黄色，半马齿形，百粒重35.9 g。接种鉴定表明，中抗丝黑穗病、纹枯病，感大斑病、小斑病、茎腐病和玉米螟。品质分析表明，粗蛋白含量11.1%，粗脂肪含量9.7%，粗淀粉含量74.6%，赖氮酸含量0.29%，容重758 g/L。

⑤区试产量：2007年参加四川省玉米区域试验（平丘10组），平均亩产514.5 kg，比对照川单13（平均亩产463.5 kg）增产10.99%；2008年参加四川省玉米区域试验（平丘5组），平均亩产571.4 kg，比对照川单13（平均亩产483.6 kg）增产18.2%。两年平均亩产543 kg，比对照川单13（平均亩产473.6 kg）增产14.7%，20点次试验19增1减。2008年参加四川省玉米生产试验，5试点平均亩产506.8 kg，比对照川单13（平均亩产462.1 kg）增产9.7%。

（二十）高玉909

①品种来源：FL218×华自011

②选育单位：成都华科农作物研究所、湖北康农种业有限公司

③审定情况：2013年通过四川省农作物品种审定委员会审定；审定编号：川审玉2013005

④特征特性：四川省春播全生育期130 d。第一叶鞘颜色紫、尖端形状匙形。平均株高252.2 cm，穗位高104.0 d。叶片与茎杆角度中，茎“之”字程度弱，叶鞘颜色绿，雄穗一级侧枝数目中，雄穗主轴与分枝的角度大，雄穗侧枝姿态中度弯曲，雄穗最高位侧枝以上主轴长度长，雄穗颖片基部颜色绿，颖片除基部外颜色紫，花药颜色浅紫，花丝颜色浅紫。果穗形状圆筒形，穗长20.71 cm，穗行数16.1行，行粒数34粒。籽粒类型偏马齿形，籽粒顶端主要颜色桔黄，籽粒背面颜色桔黄，穗轴颖片颜色红色，籽粒排列形式直。接种鉴定表明，中抗大斑病、小斑病，感纹枯病、丝黑穗病，高感茎腐病。品质分析表明，籽粒容重763 g/L，粗蛋白质10.3%，粗脂肪5.2%，粗淀粉70.7%，赖氨酸0.29%。

⑤区试产量：2008年四川省山区组试验，平均亩产533.2 kg，比对照川单15增产12.7%，10试点9点增产；2009年平均亩产525.7 kg，比对照川单15增产13.0%，10试点均增产。2010年生产试验，平均亩产543.9 kg，比对照川单15增产13.6%，5试点均增产。

（二十一）禾玉9566

①品种来源：F36×F66

②选育单位：北京中农三禾农业科技有限公司

③审定情况：2007 年通过国家农作物品种审定委员会审定；审定编号：国审玉 2007021

④特征特性：在西南地区出苗至成熟 111 d，比对照早 3 d。幼苗叶鞘紫色，叶片深绿色，叶缘绿色，花药粉红色，颖壳绿色。株型半紧凑，株高 248 cm，穗位高 90 cm，成株叶片数 20 片。花丝淡粉色，果穗筒形，穗长 17.8 cm，穗行数 14～16 行，穗轴浅粉色，籽粒黄色、半马齿形，百粒重 32.2 g。接种鉴定表明，抗大斑病，中抗小斑病、茎腐病、纹枯病和玉米螟，感丝黑穗病。品质分析表明，籽粒容重 716 g/L，粗蛋白含量 9.22%，粗脂肪含量 4.40%，粗淀粉含量 69.05%，赖氨酸含量 0.29%。

⑤区试产量：2005—2006 年参加西南玉米品种区域试验，两年平均亩产 594.67 kg，比对照增产 10.0%。2006 年生产试验，平均亩产 606.56 kg，比对照增产 12.69%。

（二十二）金穗 888

①品种来源：2275×X108

②选育单位：河北省石家庄珏玉玉米研究所

③审定情况：2011 年通过四川省农作物品种审定委员会审定；审定编号：川审玉 2011002

④特征特性：春播全生育期 125 d。第一叶鞘颜色深紫，第一叶尖端形状圆到匙形。株高 248 cm，穗位高 88 cm，成株叶片数 21 叶；叶片与茎杆角度中，茎“之”字程度弱，叶鞘颜色绿。雄穗一级侧枝数目多，雄穗主轴与分枝的角度大，雄穗侧枝姿态轻度下弯，雄穗最高位侧枝以上主轴长度长，雄穗颖片基部颜色绿，颖片除基部外颜色紫，花药颜色紫，花丝颜色紫。果穗形状圆锥型，穗长 19.7 cm，穗行数 17 行，行粒数 41 粒，千粒重 356 g，出籽率 85%；籽粒类型马齿形，籽粒顶端主要颜色黄，籽粒背面颜色桔红，穗轴颖片颜色红，籽粒排列形式直。接种鉴定表明，中抗纹枯病、茎腐病，感大斑病、小斑病、丝黑穗病。品质分析表明，籽粒容重 740 g/L，粗蛋白质 9.5%，粗脂肪 3.7%，粗淀粉 76.6%，赖氨酸 0.17%。

⑤区试产量：2008 年参加四川省玉米平丘组区试，平均亩产 519.5 kg，比对照川单 13 增产 14.2%，增产点率 100%；2009 年续试，平均亩产 458.5 kg，比对照川单 13 增产 11.32%，增产点率 100%。两年区试平均亩产 489.1 kg，比对照种川单 13 增产 12.7%，增产点率 100%。2009 年参加生产试验，平均亩产 521.5 kg，比对照种川单 13 增产 16.4%，增产点率 100%。

（二十三）天玉 168

①品种来源：TF02－42×TF02－13

②选育单位：成都天府农作物研究所

③审定情况：2010 年通过国家农作物品种审定委员会审定；审定编号：国审玉 2010014

④特征特性：在西南地区出苗至成熟 120 d，比渝单 8 号晚 1 d。幼苗叶鞘紫色，叶片、叶缘深绿色，花药、颖壳浅紫色。株型半紧凑，株高 259 cm，穗位高 106 cm，成株叶片数 21 片。花丝浅紫色，果穗长筒形，穗长 20 cm，穗行数 16～18 行，穗轴红色，籽粒黄色、半马齿形，百粒重 31.8 g。接种鉴定表明，中抗小斑病、茎腐病和纹枯病，感丝黑穗病、大斑病和玉米螟。品质分析表明，籽粒容重 702 g/L，粗蛋白含量 10.20%，粗

脂肪含量3.33%，粗淀粉含量71.80%，赖氨酸含量0.29%。

⑤区试产量：2008—2009年参加西南玉米品种区域试验，两年平均亩产632.9 kg，比对照渝单8号增产9.4%。2009年生产试验，平均亩产591.6 kg，比对照渝单8号增产11.4%。

（二十四）蜀龙13

①品种来源：5154×21－ES

②选育单位：四川蜀龙种业有限责任公司

③审定情况：2011年通过四川省农作物品种审定委员会审定；审定编号：川审玉2011010

④特征特性：四川春播全生育期约118 d。第一叶鞘颜色浅紫、尖端形状尖到圆。株高约296.2 cm，穗位高约113 cm，全株叶片19～20片；叶片与茎杆角度中，茎"之"字程度弱，叶鞘颜色绿。雄穗一级侧枝数目少，雄穗主轴与分枝的角度大，雄穗侧枝姿态中度下弯，雄穗最高位侧枝以上主轴长度极长，雄穗颖片基部颜色浅紫，颖片除基部外颜色浅紫，花药颜色紫，花丝颜色绿。果穗形状圆筒形，穗长20～22 cm，穗行数约18行，行粒数34粒左右，千粒重299.9 g，出籽率84.4%；籽粒类型偏马齿形，籽粒顶端主要颜色黄，籽粒背面颜色桔黄，穗轴颖片颜色粉红，籽粒排列形式直。接种鉴定表明，感大斑病、小斑病、纹枯病、茎腐病，高感丝黑穗病。品质分析表明，籽粒容重705 g/L，粗脂肪4.1%，粗淀粉72.6%，赖氨酸含量0.32%。

⑤区试产量：2008年省区试平均亩产491.1 kg，较对照川单13增产7.9%，10试点9点增产；2009年续试平均亩产509.0 kg，较对照川单13增产18.5%，7试点均增产。2010年生产试验，平均亩产484.7 kg，比对照川单13增产18.6%。

（二十五）高玉171

①品种来源：HF2031×RF2335

②选育单位：成都华科农作物研究所、四川高地种业有限公司、四川博正农业科技有限公司

③审定情况：2012年通过四川省农作物品种审定委员会审定；审定编号：川审玉2012 005

④特征特性：四川春播全生育期约125 d。第一叶鞘颜色绿，第一叶尖端形状尖；植株半紧凑，株高262.2 cm，穗位102.3 cm。叶片与茎干角度中，茎之字型程度无，叶鞘颜色绿，雄穗一级侧枝数目中，雄穗主轴与分枝的角度中，雄穗侧枝姿态轻度下弯，雄穗最高位侧枝以上主轴长度中，雄穗颖片基部颜色淡紫，颖片除基部外颜色淡紫，花药颜色黄，花丝颜色绿，果穗形状中间型，穗轴颖片颜色粉红。穗长20.2 cm左右，穗行数18行，行粒数42粒，籽粒类型马齿形，籽粒顶端主要颜色淡黄，籽粒背面颜色橘黄，出籽率85.11%，千粒重288.5 g。接种鉴定表明，中抗茎腐病、纹枯病，感大斑病，丝黑穗病。品质分析表明，籽粒容重720 g/L，粗蛋白质9.8%，粗脂肪3.8%，粗淀粉78.0%，赖氨酸0.29%。

⑤区试产量：2008年省区试平均亩产516.3 kg，较对照川单13增产12.8%，10试点9点增产；2009年省区试平均亩产457.0 kg，较对照川单13增产10.96%，8试点均增产。2009年生产试验，平均亩产493.8 kg，较对照增产9.5%。

(二十六) 茂源618

①品种来源：JG02－1×Jg059

②选育单位：成都天府农作物研究所

③审定情况：2009年通过四川省农作物品种审定委员会审定；审定编号：川审玉2009018

④特征特性：四川春播生育期129 d，株高251.7 cm，穗位高101.5 cm，幼苗长势旺，株型半紧凑，叶片深绿色，单株总叶数19～20片。雄穗发达，护颖紫色，花药黄色，花丝红色；果穗长筒形，穗长21.8 cm，穗行数16.0行，行粒数36.0粒，百粒重31.8 g，籽粒黄色、马齿形，商品性好。接种鉴定表明，抗小斑病、中抗丝黑穗病、感纹枯病、玉米螟。品质分析表明，籽粒容重736 g/L，粗蛋白质含量9.9%，粗脂肪4.9%，粗淀粉76.9%，赖氨酸含量0.36%。

⑤区试产量：2007年参加四川省区试山区第1组，平均亩产496.6 kg，较川单15增产6.4%；2008年参加四川省区试山区1组，平均亩产530.0 kg，较对照川单15增产10.7%。两年平均亩产513.3 kg，较对照川单15增产8.57%，两年试验共19点次18增1减，其中，11点次增产极显著，1点增产显著。2008年参加四川杂交玉米新组合山区1组生产试验，全省5点平均亩产569.4 kg，较对照川单15增产11.7%。

(二十七) 荣玉168

①品种来源：08－641（R08）×SCML203（RP125）

②选育单位：四川业大学玉米研究所、四川川单种业有限责任公司

③审定情况：2009年通过四川省农作物品种审定委员会审定；审定编号：川审玉2009006

④特征特性：四川春播全生育期114 d，比对照川单13长2 d。株高268.1 cm，穗位高106.1 cm，花药浅紫色，花丝绿色，穗行数16.0行，行粒数35粒，籽粒黄色马齿。接种鉴定表明，中抗纹枯病，抗大斑病和小斑病，感丝黑穗病。品质分析表明，容重710 g/L，赖氨酸含量为0.27%，粗蛋含量为8.0%，粗脂肪为4.3%，粗淀粉为77.7%。

⑤区试产量：2006年四川省杂交玉米区域试验，平均亩产461.51 kg，比对照川单13增产8.4%，在10个试点中，7点增产，增产点率70%；2007年区域试验平均亩产451.1 kg，比对照川单13增产6.78%，在10个试点中，9点增产，增产点率90%。2008年生产试验平均亩产538.8 kg，比对照川单13增产13.5%，5个试点均增产。

(二十八) 博玉1号

①品种来源：R337×R99－1

②选育单位：资中瑞博农作物种子研究所

③审定情况：2011年通过四川省农作物品种审定委员会审定；审定编号：川审玉2011003

④特征特性：春播全生育期116 d。第一叶鞘颜色浅紫，第一叶尖端形状圆到匙形。株高252 cm，穗位高93.3 cm，成株总叶片数18～19片，叶片与茎杆角度中，茎“之”字程度弱，叶鞘颜色绿；雄穗一级侧枝数目多，雄穗主轴与分枝的角度大，雄穗侧枝姿态轻度下弯，雄穗最高位侧枝以上主轴长度中，雄穗颖片基部颜色紫，颖片除基部外颜色紫，花药颜色浅紫，花丝颜色浅紫，果穗形状圆筒形，穗长20.8 cm，穗行数16行，行

粒数39粒，千粒重343 g；籽粒类型马齿形，籽粒顶端主要颜色淡黄，籽粒背面颜色黄，穗轴颖片颜色粉红，籽粒排列形式直。接种鉴定表明，中抗大斑病、茎腐病，感小斑病、纹枯病、丝黑穗病。品质分析表明，籽粒容重739 g/L，粗蛋白质11.0%，粗脂肪4.0%，粗淀粉77.2%，赖氨酸0.29%。

⑤区试产量：2008年参加四川省玉米平丘组区试，平均亩产554.5 kg，比对照川单13增产14.5%，增产点率100%；2009年区试平均亩产498.3 kg，比对照川单13增产14.2%，增产点率100%。两年平均亩产526.4 kg，比对照种川单13增产14.4%，增产点率100%。2009年参加四川省生产试验，平均亩产515.2 kg，比对照种川单13增产15.0%。

（二十九）川单428

①品种来源：R08×21－ES

②选育单位：四川农大玉米研究所

③审定情况：2007年通过四川省农作物品种审定委员会审定；审定编号：川审玉2007001

④特征特性：春播出苗至成熟112 d左右，株高300.8 cm，穗位高119.7 cm，花药紫色，花丝绿色，果穗长18.9 cm左右，穗行数15.8行，行粒数37.6粒，籽粒黄色马齿，穗轴红色。接种鉴定表明，中抗大斑病和茎腐病，抗小斑病、纹枯病和丝黑穗病。品质分析表明，千粒重306 g，容重709 g/L，赖氨酸含量为0.32%，粗蛋含量为9.7%，粗脂肪为5.1%，粗淀粉为74.0%。

⑤区试产量：2005年参加四川省杂交玉米区域试验（平丘A组），平均亩产543.1 kg，比对照增产15.5%，增产点率90%；2006年续试，平均亩产521.5 kg，比对照增产14.4%，增产点率90%。两年平均亩产532.3 kg，比对照增产15.3%。2006年在生产试验中平均亩产495.2 kg，比对照川单13增产15.4%。

（三十）高玉132

①品种来源：华自011×1572

②选育单位：四川高地种业有限公司

③审定情况：2010年通过四川省农作物品种审定委员会审定；审定编号：川审玉2010007

④特征特性：春播出苗至成熟的生育期110 d，比对照川单13短1 d。成株叶片数20叶左右，株型半紧凑型；株高约256 cm，穗位高平均90 cm。雄穗分枝数10个左右，颖片紫色，花药黄色。果穗长筒形，花丝紫色，穗长约21 cm，秃尖长约1.5 cm，穗行数15.5行，行粒数45粒，千粒重298 g，出籽率85.3%。籽粒黄色、半马齿形，轴心颖片红色。接种鉴定表明，中抗小斑病、纹枯病，感大斑病、丝黑穗病，高感茎腐病。品质分析表明，籽粒容重744 g/L，粗蛋白质10.5%，粗脂肪4.4%，粗淀粉78.1%，赖氨酸0.29%。

⑤区试产量：2007年参加四川省玉米平丘组区试，平均亩产442.1 kg，比对照川单13增产7.5%，增产点率89%；2008年区试平均亩产555.2 kg，比对照川单13增产9.4%，增产点率100%。两年区试平均亩产498.6 kg，比对照种川单13增产8.6%，增产点率94.5%。2009年参加生产试验，平均亩产485.8 kg，比对照种川单13增产

11.1%，增产点率 100%。

（三十一）川玉3号

①品种来源：C74×18－599

②选育单位：四川省川丰种业育种中心

③审定情况：2003 年通过四川省农作物品种审定委员会审定；审定编号：川审玉 2003008

④特征特性：春播全生育期 122 d，比对照长 1 d；株高 255 cm，穗位高 116 cm，单株总叶片 20 片，株型半紧凑；雄穗分枝多、花粉量大，散粉时间长，雌穗花丝绿色，吐丝畅，雌雄协调；果穗筒形，穗长 18.6 cm，穗行 15.4 行，行粒数 37.2 粒，籽粒黄色中间形，出籽率 84.6%，千粒重 276 g。接种鉴定表明，中抗大斑病、丝黑穗病、茎腐病，抗小斑病和矮花叶病，抗倒力较强。品质分析表明，粗蛋白质含量 12.5%，粗脂肪 5.3%，粗淀粉 68.5%，赖氨酸 0.37%。

⑤区试产量：2001 年参加四川省平丘 D 组区试，平均亩产 490.67 kg，比对照成单 14 增产 15.64%，2002 年参加四川省平丘 B 组区试，平均亩产 499.5 kg，比对照成单 14 增产 11.53%；两年 22 点次，平均亩产 495.5 kg，比对照成单 14 增产 13.8%，22 点次中 21 点增产，1 点减产。2002 年参加省生产试验，5 点平均亩产 487.74 kg，比对照成单 14 增产 10.98%，5 点均增产。

（三十二）川单 15

①品种来源：48－2×156

②选育单位：四川农业大学玉米研究中心

③审定情况：1998 年通过四川省农作物品种审定委员会审定；审定编号：川审玉 1998059

④特征特性：属中熟偏晚，全生育期为 135 d，株高 250 cm，穗高 105 cm，上部叶片半上冲，株型好，幼苗长势旺，根系发达，茎杆粗壮，叶片深绿，活秆成熟，果穗呈粗筒形，粉红轴，穗长 22 cm，秃尖 0～0.25 cm，籽粒黄色，半硬粒型，千粒重 313 g。接种鉴定表明，中抗大、小斑病，高抗丝黑穗病、青枯病和矮花叶病。品质分析表明，品质优、籽粒赖氨酸含量达 0.37%。

⑤区试产量：1995 和 1996 年参加省区试，两年共 20 个试点，点点增产，平均为增长 458.8 kg，比对照七三单交增产 21.1%；1996 年在盐边、古荫、箔连、都江堰、雅安等县市进行生产试验，平均亩产 490.3 kg，比对照增产 22.6%；1997 年在雅安市进行 1 000亩生产示范，平均亩产为 547.9 kg，比对照增产 20.8%。

（三十三）爱农 1 号

①品种来源：48－2×7M

②选育单位：重庆市黔江绿源农科所

③审定情况：2009 年通过四川省农作物品种审定委员会审定；审定编号：川审玉 2009022

④特征特性：全生育期约 113 d，比对照川单 13 短 2 d。单株总叶数 19～20 片，株高 250 cm，穗位高 90 cm，株型半紧凑。叶片深绿色，幼苗长势旺；雄穗发达，护颖紫色，花药黄色，花丝红色；果穗长筒形，穗长 19.2 cm，穗行数 16 行，行粒数 35 粒，百粒重

37.7 g，籽粒黄色、马齿形。接种鉴定表明，中抗大斑病、纹枯病、茎腐病、抗丝黑穗病、感小斑病和玉米螟。品质分析表明，籽粒容重 704 g/L，粗蛋白质含量 9.0%，粗脂肪含量 4.5%，粗淀粉含量 75.4%，赖氨酸含量 0.29%。

⑤区试产量：2007 年参加四川省区试，平均亩产 479.1 kg，较对照川单 13 增产 10.1%，10 个试点 9 点增产，增产点率 90%；2008 年续试，平均亩产 531.7 kg，较对照川单 13 增产 8.7%，10 个试点 9 点增产，增产点率 90%。两年平均亩产 505.4 kg，较对照川单 13 平均增产 9.39%，倒伏率 4.0%。2008 年参加四川杂交玉米新组合平丘组生产试验，5 个试点，点点增产，平均亩产 534.0 kg，较对照川单 13 增产 10.7%。

（三十四）神龙玉 5 号

①品种来源：5983×7041－5

②选育单位：充市农业科学研究所、四川神龙种业有限公司

③审定情况：2010 年通过四川省农作物品种审定委员会审定；审定编号：川审玉 2008003

④特征特性：春播全生育期 123 d（播种至成熟）。株高 246.4 cm，穗位高 92.7 cm，成株叶片数 19 叶左右，属半紧凑株型。雄穗分枝数 8～10 个，颖壳浅紫色，花药浅紫色，花丝浅紫色。果穗长筒形，穗长 20.3 cm，穗行数 15.1 行，行粒数 37.8 粒，千粒重 283.6 g，出籽率 85.3%。粒色黄色、半硬粒型，红轴。接种鉴定表明，中抗大斑病、纹枯病，抗小斑病，感丝黑穗病，高感茎腐病。品质分析表明，籽粒容重 748 g/L，粗蛋白质 10.9%，粗脂肪 4.6%，粗淀粉 73.6%，赖氨酸 0.31%。

⑤区试产量：2005 年参加四川省玉米平丘组区试平均亩产 477.1 kg，比对照川单 13 增产 6.5%，增产点率 75%；2006 年区试平均亩产 515.1 kg，比对照增产 10.1%，增产点率 95%。两年区试平均亩产 496.1 kg，比对照种川单 13 增产 8.4%，增产点率 83.3%。2007 年参加四川省生产试验，平均亩产 514.0 kg，比对照种川单 13 增产 14.4%，5 个点均增产。

（三十五）中玉 335

①品种来源：2YH1－3×SH1070

②选育单位：四川省嘉陵农作物品种研究中心、四川中升科技有限公司

③审定情况：2009 年通过四川省农作物品种审定委员会审定；审定编号：川审玉 2009019

④特征特性：全生育期平均 130 d，幼苗长势旺，幼苗叶鞘色紫色。平均株高 262.4 cm，穗位高 108.4 cm，株型半紧凑，叶片深绿色，雄穗分枝 12～20 个，花药紫红色，花丝紫红色；平均穗长 20.4 cm，穗行数 17.8 行，行粒数 35.2 粒，千粒重 310.5 g，单穗粒重 171.95 g，籽粒黄色、半马齿形。接种鉴定表明，中抗大斑病，抗小斑病，中抗纹枯病、玉米螟，高抗茎腐病，感丝黑穗病、玉米螟。品质分析表明，容重 757 g/L，籽粒粗蛋白含量 10.5%，粗脂肪含量 4.2%，粗淀粉含量 77.0%，赖氨酸含量 0.31%。

⑤区试产量：2007 年四川省区域试验平均亩产 512.5 kg，比对照川单 15 增产 9.8%，在汇总的 9 个试点中 9 点增产；2008 年续试，平均亩产 528.1 kg，比对照川单 15 增产 10.3%，在汇总的 10 个点次中 9 点增产。两年平均亩产 520.3 kg，比对照川单 15 增产 10.1%。2008 年四川省山区组生产试验平均亩产 574.5 kg，比对照川单 15 增产 11.9%。

（三十六）华龙玉8号

①品种来源：3046×3028

②选育单位：四川华龙种业有限责任公司

③审定情况：2011年通过四川省农作物品种审定委员会审定；审定编号：川审玉2011014

④特征特性：春播全生育期122 d，与对照川单13相当。第一叶鞘颜色紫，第一叶尖端形状圆。株高270～305 cm，穗位高122 cm左右；叶片与茎秆角度小，茎“之”字程度无或极弱，叶鞘颜色绿，雄穗一级侧枝数目中，雄穗主轴与分枝的角度中，雄穗侧枝姿态轻度下弯，雄穗最高位侧枝以上主轴长度长，雄穗颖片基部颜色浅紫，颖片除基部外颜色紫，花药颜色浅紫，花丝颜色浅紫。果穗形状中间型，穗长20.1 cm，穗行数18行，行粒数40粒，千粒重330 g，出籽率85.6%，籽粒类型马齿形，籽粒顶端主要颜色淡黄，籽粒背面颜色黄，穗轴颖片颜色粉红，籽粒排列形式直。接种鉴定表明，中抗大斑病、茎腐病，感小斑病、纹枯病、丝黑穗病。品质分析表明，籽粒容重700 g/L，粗蛋白质9.7%，粗脂肪4.2%，粗淀粉72.5%，赖氨酸0.28%。

⑤区试产量：2008年参加在四川省玉米平丘组区域试验，平均亩产522.3 kg，较对照川单13增产7.6%，增产点率90%。2009年续试，平均亩产454.9 kg，较对照川单13增产10.5%，增产点率87.5%。两年平均亩产488.5 kg，比对照增产9.0%。2010年参加四川省生产试验，平均亩产529.9 kg，比对照川单13增产11.98%。

（三十七）丰源1128

①品种来源：0431×Jg059

②选育单位：四川丰源种业有限公司

③审定情况：2009年通过四川省农作物品种审定委员会审定；审定编号：川审玉2009012

④特征特性：四川春播，播种至成熟112 d，与川单13相近。株高255.0 cm，穗位高94.0 cm，单株总叶数20片。雄穗发达，护颖紫色，花药黄色，花丝红色。果穗长筒形，穗长21.1 cm，穗行数16.0行，行粒数38.0粒，千粒重341.0 g，出籽率85.1%。粒色黄色、马齿形，红轴。接种鉴定表明，中抗小斑病、茎腐病、玉米螟和丝黑穗病，感大斑病和纹枯病。品质分析表明，籽粒容重719 g/L，粗蛋白质9.6%，粗脂肪4.9%，粗淀粉76.4%，赖氨酸0.31%。

⑤区试产量：2007年参加四川省玉米平丘组区试，平均亩产459.6 kg，比对照川单13增产10.56%，9个试点8点增产，增产点率89%；2008年区试平均亩产536.8 kg，比对照增产10.6%，10个试点8点增产，增产点率80%。2008年参加四川省生产试验，平均亩产525.8 kg，比对照种川单13增产12.7%，5个点均增产，倒伏率0.16%。

（三十八）金玉509

①品种来源：WXF122×WXF112

②选育单位：四川新丰种业有限公司

③审定情况：2011年通过四川省农作物品种审定委员会审定；审定编号：川审玉2011017

④特征特性：春播全生育期115 d，与对照川单13相当。第一叶鞘颜色浅紫，第一叶

尖端形状圆到匙形。株高 220 cm，穗位高 77 cm，成株叶片数 20 叶左右；叶片与茎秆角度中，茎“之”字程度弱，叶鞘颜色绿。雄穗一级侧枝数目多，雄穗主轴与分枝的角度中，雄穗侧枝姿态轻度下弯，雄穗最高位侧枝以上主轴长度长，雄穗颖片基部颜色绿，颖片除基部外颜色绿，花药颜色浅紫，花丝颜色浅紫。果穗形状中间型，穗长 20. 1 cm，穗行数 16 行，行粒数 34 粒，千粒重 301 g，出籽率 83. 7%，籽粒类型马齿形，籽粒顶端主要颜色黄，籽粒背面颜色桔黄，穗轴颖片颜色粉红，籽粒排列形式直。接种鉴定表明，感大斑病、小斑病、纹枯病、丝黑穗病，高感茎腐病。品质分析表明，籽粒容重 718 g/L，粗蛋白质含量 8. 9%，粗脂肪含量 4. 0%，粗淀粉含量 73. 2%，赖氨酸含量 0. 32%。

⑤区试产量：2008 年参加四川省玉米区试，平均亩产 486. 9 kg，比对照川单 13 增产 6. 9%，增产点率 80%。2009 年续试，平均亩产 461. 0 kg，比对照川单 13 增产 9. 2%，增产点率 75%。两年区试平均亩产 473. 95 kg，比对照川单 13 增产 8. 1%，增产点率 77. 5%。2010 年参加生产试验，平均亩产 472. 9 kg，比对照川单 13（亩产 408. 6 kg）增产 15. 7 %。

（三十九）重玉 100

①品种来源：GL201 × GL202

②选育单位：重庆彭水县丰源农资有限公司、吉林省大地农业技术开发中心

③审定情况：2006 年通过重庆市农作物品种审定委员会审定；审定编号：渝审玉 2006001

④特征特性：该品种属普通杂交玉米，出苗至成熟 129 d 左右，比对照农大 108 长 2 d。株高 253. 8 cm，穗位高 110. 3 cm，叶色浅绿色，成株叶片数 19 片，株型半紧凑型，颖壳绿色，花药黄色，果穗筒形，果穗长 20. 95 cm，穗行数 15. 2 行，行粒数 40. 0 粒，穗轴粉红色，籽粒黄色马齿形，百粒重 29. 8 g。接种鉴定表明，中抗大斑病、茎腐病，抗纹枯病、玉米螟，感小斑病和丝黑穗病。品质分析表明，籽粒容重 702 g/L，粗蛋白含量 9. 22%，粗脂肪含量 4. 52%，粗淀粉含量 71. 12%，赖氨酸含量 0. 35%。

⑤区试产量：2004 年参加重庆市杂交玉米平丘 A 组区试，平均亩产 488. 8 kg，比对照农大 108 增产 10. 5%，8 个试点全部增产；2005 年参加重庆市杂交玉米平丘 B 组区试，平均亩产 533. 7 kg，比对照农大 108 增产 13. 0%，7 个试点全部增产；两年平均亩产 511. 3 kg，比对照增产 11. 5%；2005 年参加重庆市杂交玉米平丘组生产试验，平均亩产 484. 7 kg，比对照增产 9. 1%，5 个试点全部增产。

（四十）仲玉 3 号

①品种来源：成自 273 × 南 8148

②选育单位：南充市农业科学院、仲衍种业股份有限公司、四川省农业科学院作物研究所

③审定情况：2013 年 5 月通过四川省农作物品种审定委员会审定；审定编号：川审玉 2013001，现为四川省夏玉米区域试验对照品种。

④特征特性：中熟中秆玉米杂交种，全生育期 118. 5 d，株高 264. 4 cm，穗位高 105. 9 cm，半紧凑株型，果穗中间型，穗行数 15. 0 行，行粒数 43. 0 粒，百粒重 30. 1 g，穗轴白色。籽粒黄色，中间型，排列整齐。籽粒容重 752 g/L，粗蛋白质 10. 7%，赖氨酸 0. 33%，粗脂肪 4. 5%，粗淀粉 71. 8%，达国家饲料玉米一级标准。病害抗性接种鉴定：

中抗大斑病和小斑病、中抗纹枯病、中抗茎腐病、抗穗腐病，其抗性优于对照。

⑤区试产量：在 2010 年四川省区试中平均亩产 534.7 kg，比对照种川单 13 增产 22.8%，居试验第 1 位；在 2011 年四川省区试中平均亩产 601.9 kg，比对照种成单 30 增产 8.8%，居试验第 1 位；在 2012 年四川省生产试验中平均亩产 509.7 kg，比对照种成单 30 增产 7.9%。其丰产性、稳产性和适应性突出。

⑥高产创建：2006—2009 年参加四川省农业科学院简阳基地高产攻关，均达到 700 kg/亩以上，最高亩产 772.8 kg/亩。

（本章撰稿：郑祖平、王秀全、岳丽杰、何川、卢庭启、柯国华）

参考文献

[1] 樊景胜，阎淑琴，马宝新，等．对玉米的耐密性及选育耐密品种的探讨［J］．玉米科学，2002，10（3）：50－51，55.

[2] 王秀凤，景希强，葛立胜，等．耐密型玉米育种现状及选育途径探讨［J］．杂粮作物，2010，30（1）：4－6.

[3] 夏海丰，高玮，王丕武，等．耐密型玉米育种浅析［J］．安徽农业科学，2012，40（31）：15180－15182.

[4] 刘纪麟．玉米育种学［M］．中国农业出版社，2001.

[5] 盖钧镒．试验统计方法－教材［M］．中国农业出版社，2000.

[6] 刘志新．不同耐密性玉米的密植效应及耐密性遗传规律研究［D］．沈阳农业大学，2009 年博士论文.

[7] 李继竹．不同密度选择压力下玉米耐密性鉴定及遗传性研究［D］．吉林农业大学，2013 年博士论文.

[8] 苏方宏，玉米耐密性的数学表达及其应用［J］．玉米科学，1998（1）.

[9] 赵久然，王荣焕．再议玉米耐密型品种的选育鉴定及配套栽培技术［J］．玉米科学，2008，16（4）：5－7.

[10] 李宁，翟志席，李建民，等．密度对不同株型的玉米农艺、根系性状及产量的影响［J］．玉米科学，2008，16（5）：98－102.

[11] 覃鸿妮，蔡一林，孙海燕，等．种植密度对不同株型玉米蔗糖代谢和淀粉合成相关酶活性的影响［J］．中国生态农业学报，2010，18（6）：1183－1188.

[12] 农业大词典编辑委员会．农业大词典［M］．北京：中国农业出版社．1998：554..

[13] 赵明．我国玉米自交系株型和光合性状的演变特点［J］．华北农学报，1998，（13）：1－4.

[14] Simmons S R，Jones R J. Contributions of pre－silking assimilate to grain yield in maize［J］．Crop Science，1985，25：1004－1008.

[15] 王庆成，牛玉贞，徐庆章，等．株型对玉米群体光合速率和产量的影响［J］．作物学报，1996，22（3）：223－227.

[16] 李少昆，王崇桃．作物株型和冠层结构信息获取与表述方法［J］．新疆石河子大学

学报：自然科学版，1997，1（3）：250－256.
[17] 徐庆章．玉米株型在高产育种中的作用Ⅱ不同株型玉米受光量的比较研究［J］．山东农业科学，1994（4）：5－8.
[18] 徐庆章，牛玉贞，王庆成，等．玉米株型在高产育种中的作用Ⅲ株型与叶面温度、蒸腾作用的关系［J］．山东农业科学，1993（3）：7－8.
[19] 王天铎．光合作用研究进展［M］．北京：科学出版社，1980，5.
[20] 胡昌浩，董树亭，岳寿松，等．高产夏玉米群体光合速率与产量关系的研究［J］．作物学报，1993，19（1）：63－67.
[21] 崔彦宏，罗蕴玲，李伯航．紧凑型夏玉米群体光合特性与产量关系分析［J］．玉米科学，1994，2（2）：52－57.
[22] 东先旺，刘树堂．夏玉米超高产群体光合特性的研究［J］．华北农学报，1999，14（2）：1－5.
[23] 曹娜，于海秋，王绍斌，等．高产玉米群体的冠层结构及光合特性分析［J］．玉米科学，2006，14（5）：94－97.
[24] 刘开昌，王庆成，张秀清．玉米叶片生理特性对密度的反应与耐密性［J］．山东农业科学，2000，1：9－11.
[25] 农业大词典编辑委员会．农业大词典．北京：中国农业出版社．1998：563..
[26] 王志刚，高聚林，任有志，等．春玉米超高产群体冠层结构的研究［J］．玉米科学，2007，15（6）：51－56.
[27] 郭江．不同株型玉米品种灌浆期光合特性研究［D］．河北农业大学，2005.
[28] 边大红．度对玉米生长发育的影响及品种耐密性评价研究［D］．河北农业大学，2008.
[29] Daynard T B，Tanner J W，Hume D J. Contribution of stalk soluble carbohydrates to grain yield in corn（*Zea mays* L.）［J］．Crop Science，1969，9（6）：831－834.
[30] 黄智鸿，申林，曹洋，等．超高产玉米与普通玉米源库关系的比较研究［J］．吉林农业大学学报，2007，29（6）：607－611，615.
[31] Barnett K H，Pearce R B. Source－sink ratio alteration and its effect on physiological parameters in maize［J］．Crop Science，1983，23（2）：294－299.
[32] Rodrigo，G. S.，Mark，E. W.，Feniaxldo，H. A. Souree/Sink ratio and the relationship between maxilnum water content maximum volume，and final dry weight of maize kernels［J］．Field Crops Research，2007，101：19－25.
[33] 李绍长，王荣栋．作物源库理论在产晕形成中的应用［J］．新疆农业科学，1998，3：106－110.
[34] 梁引库．不同源库比玉米衰老明问体内营养物质的变化及其对衰老的影响［D］．西北农林科技大学，2006.
[35] 姜岩，马玉波，穆春生，等．紧凑型玉米杂交种产量源库特征［J］．延边大学农学学报，1998，20（1）：10－13.
[36] 鲍巨松，薛吉全，郝引川，等．玉米不同株烈群体库源特征的研究［J］．西北农业学报，1993，2（3）：53－57.

[37] 薛吉全，马国胜，路海东，等．密度对不同类型玉米源库关系及产量的调控［J］．西北植物学报，2001，21（6）：1162-1168．

[38] 薛吉全，梁宗锁，马国胜，等．玉米不同株型耐密性的群体生理指标研究［J］．应用生态学报，2002，13（1）：55-59．

[39] 吕凤山，刘克礼，高聚林，等．春玉米茎秆维管束与叶片光合性状和果穗发育的关系［J］．内蒙古农牧学院学报，1998，19（3）：42-48．

[40] 王娜．不同耐密性玉米品种维管束特性及源库系统特点研究［D］．沈阳农业大学，2011．

[41] Tollenaar M，Dwyer LM，Stewart DW. Ear and kernel formation in maize hybrids representing three decades of grain yield improvement in Ontario［J］．Crop Sci，1992，32：432-438．

[42] 苏方宏．玉米耐密性的数学表达及其应用［J］．玉米科学，1998，6（1）：52-54．

[43] 陈举林，邹仁峰．不同基因型玉米品种耐密性数学表达研究［J］．杂粮作物，2001，21（4）：48-49．

第四章　土壤定向培育与水肥管理

第一节　土壤定向培育

玉米适应性较强，对土壤条件要求不是非常严格，我国的黑土、草甸土、紫色土、黄壤及红壤等都可以种植玉米。但是玉米根系庞大，需要的养分、水分很多，为了保证高产、稳产，玉米农田土壤需要满足两个条件：一、土壤结构良好。玉米根系发达，需要良好的土壤通气条件，土壤空气中含氧量10% ~15%最适宜玉米根系生长，如果含氧量低于6%，就会影响根系正常的呼吸作用，从而影响根系对各种养分的吸收。因此，高产玉米要求土层深厚、疏松透气、结构良好，土层厚度在1 m以上，活土层厚度在30 cm以上，总孔隙度为55%左右，毛管孔隙度为35% ~40%，团粒结构应占30% ~40%，其中，水稳性团粒应达20%以上。二、土壤有机质与矿质营养丰富。高产玉米对土壤养分的含量要求是：有机质含量1.2%以上；土壤全氮含量大于0.16%，速效氮60 mg/kg以上，水解氮在120 mg/kg；土壤有效磷10 mg/kg；土壤有效钾120 ~150 mg/kg；土壤微量元素硼含量大于0.6 mg/kg；钼、锌、锰、铁、铜等含量分别大于0.15 mg/kg、0.6 mg/kg、5.0 mg/kg、2.5 mg/kg、0.2 mg/kg。

土壤经过一定时期的利用，肥力、结构等理化性状就会下降，或者说产生退化，需要通过人工措施进行调控，使其保持或逐步提高，也就是人们常说的土壤定向培育，更具体点，就是指通过人工措施对土壤进行调控而使其得以保持和提高的过程，从而改善土壤协调水、肥、气、热的能力，为植物生长发育提供适宜的土壤环境。现阶段，土壤定向培育的途径主要有耕层构造、地力培肥、结构优化等。

一、玉米农田耕层特征

土壤是作物生长的基础，合理的耕层土壤结构，可以调节土壤中的固体、液体、气体的三相比例，协调土壤中水、肥、气、热的关系，为作物生长发育创造良好的环境和条件。耕层构造的状况决定整个土体与外界水、肥、气、热交换能力的高低，构造合理的耕层结构可以有效打破坚硬的犁底层，创造疏松深厚的耕作层，降低土壤容重，最大限度地蓄纳和协调耕层中的水分，提高保水能力，以利于作物的根系生长，为作物的高产提供基础。它对土壤肥力具有根本的影响，是土壤肥力的综合标志，可以反映耕作土壤各层理化生物状况、动态及不同时期的变化以及其保证农作物所需水分、养分的供应性能。

1. 高产玉米农田耕层特征

耕层厚度是土壤条件的基本特征。适合玉米生长的最低耕层厚度为22 cm以上。美国玉米田土壤深耕和深松的标准为35 cm。大量资料表明，国内外的玉米高产典型无一例外都是在深厚的耕层条件下获得的。反之，在耕层厚度不足的田块，即使给予充分的肥料和水供应也难以实现高产。其本质，则是对土壤通透性的要求。土壤的通透性直接影响着土壤水—气状况及土壤氧化-还原特性，对土体中发生的各种生理、生化过程和作物根系的正常生长都有明显的影响，适宜的通透性可使土体中养分的转化、微生物活动及根系生长处于最佳状态，是高产土壤肥力的重要指标。据任军等研究，吉林省玉米高产土壤与一般土壤的通透性存在明显的差异。高产土壤 0 ~ 40 cm 土层的总孔隙度和通气孔隙度明显高于一般土壤，具有良好的通气性，特别是 21 ~ 40 cm 土层的差异更为明显。高产土壤 0 ~ 20 cm、21 ~ 40 cm、41 ~ 60 cm 的土壤总孔隙度分别比一般土壤高 2.4、3.2 和 1.7 个百分点，而高产土壤的通气孔隙度则分别比一般土壤高 1.2、3.4 和 0.2 个百分点。由于孔隙度较高，高产土壤的渗透速度明显高于一般土壤，这对于因降水量过大而造成的强厌氧条件有明显的缓解作用，特别是对生育后期促进灌浆、防止早衰具有明显的促进作用。总之，高产田应该有较厚的耕层活土，且耕层土壤具有较好的通透性、结构性。

几十年来，由于犁铧翻耕（旋耕）动力有限，犁底层逐年上移，耕层土壤逐渐变薄。耕作层变薄带来的问题很多。一是供作物生长的土壤量不足。玉米根系需要有足够的空间来保证其伸展、吸收水肥以及对植株的支撑，土壤量不足必然阻碍其正常生长。二是蓄肥、供肥、保肥能力下降。耕层浅，肥料在表层分布的比例加大，深层土壤的养分较少，根系由于驱肥性在表层集聚较多而深层的根系较少，因此产生的最大问题是植株倒伏，同时，还会因地表径流造成肥料损失。三是抗旱能力下降。耕层浅，对水分的涵养能力就低，水分供应能力也就下降。同时，根系分布浅，土层干燥则会导致根系死亡。四是抗涝能力降低。耕层浅，降水时土壤水很容易达到饱和，长时间的无氧呼吸则使根系和植株受损；此外，耕层浅，病原菌集聚，也容易加重病害的发生。

2. 合理耕层构造

什么样的耕层是合理的耕层结构？目前，对这一概念尚没有明确标准和定论，基本处于探索和研究阶段，但不同学者根据自己的研究结果和认识也给出了一定解释和定义。迟仁立（1982）认为合理的耕层构造是虚实并存的耕层构造结构，这种耕层结构能最大限度地蓄纳并协调耕层中水、气、热状况。从而一方面能为作物提供良好的土壤环境，更好地促进耕层中矿质化作用加速养分释放，让作物“吃饱、喝足、住好”；另一方面，能更好地促进腐殖化作用，保存和积累腐殖质，培肥地力。从经济效益的标准讲，在实现上述标准的同时，又能最大限度地保持耕作后效，降低耕作成本，又可延长轮耕周期，为建立合理的土壤耕作制度提供依据。然而，刘武仁（2007）则认为，“苗带紧行间松”虚实并存立体平行的耕层结构是良好的耕层构造，因为这种耕层构造利于提高出苗率；利于打破犁底层，形成土壤“水库”，有效接纳伏季降雨，减少地表径流，提高自然降水利用效率；提高土壤有机质含量，培肥土壤。另外，提出“苗带紧行间松”合理耕层结构可以有效提高玉米的抗倒伏性能，提高作物对逆境的适应性，从而有效增加粮食产量。

3. 西南玉米主产区土壤耕层情况

2008 年，依托国家玉米产业体系对我国西南玉米主产区农田耕层情况进行了调查。调查样点分布为：贵州省，毕节市、开阳县、盘县、普定县、兴仁县 5 个示范县 30 个代表性样点；广西壮族自治区，大化县、都安县、清西县、来宾市、平果县 5 个示范县（市）15 个代表性样点；云南省，富民县、广南县、陆良县、弥勒市、墨江县、保山市、宾川县、梁河县、腾冲县、云县10个示范县（市）60个代表性样点；浙江省，东阳县18个代表性样点；福建省，漳平县6个代表性样点；四川省，广安市、嘉陵区、蓬溪县、宣汉县、仪陇县、简阳市、安县7个示范县35个代表性样点；重庆市，江津区、酉阳县2个示范县36个代表性样点。

（1）调查方法

耕层调查主要反映玉米生产田的耕层基本情况，选择具有代表性的主要土壤类型，同时兼顾不同的土壤质地。

调查点选择：

应选择在地面平坦具有代表性的典型地块中间，切忌在村口、路边等耕层受到破坏，或地表切割剧烈，土壤受到侵蚀的地段设点观察。

调查剖面的挖掘方法：

在选定的地点上与垄向垂直方向挖调查剖面。剖面的长度为两个完整垄的垄距（从垄沟开始），宽50 cm，深40 cm，挖掘的剖面横向要与垄向垂直，竖向要与地面垂直。

耕层深度调查：

垄作：首先确定耕层基准线，调查垄的垄侧向下30 cm处为耕层基准线，分别测定两个垄的垄沟到犁底层和基准线到犁底层的距离（A、a，两垄3个垄沟共计3组数据），垄侧到犁底层和基准线到犁底层的距离（B、b，两垄4个垄侧共计4组数据），垄顶到犁底层和基准线到犁底层的距离（C、c，两垄2个垄顶共计2组数据），（测量的部位如图4－1所示），最后要明确耕层深度和有效耕层土壤量，绘出耕层与犁底层交界面的形状图。数据采集时连续测定2垄（包括2个垄顶、3个垄底、4个垄侧），由左至右一一对应。

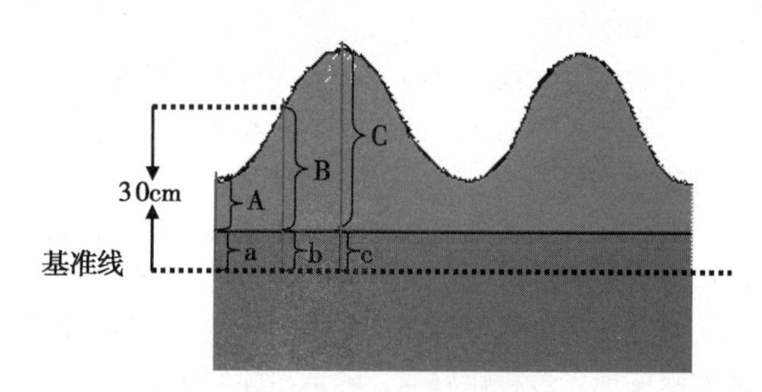

图4－1　垄作剖面测量

平作：测定2行平作玉米剖面地表到犁底层的距离（7个点），其中，B、F均为玉米生长位置，D为2行中点，A、C、E、G分别为1/4行距处（图4－2）。

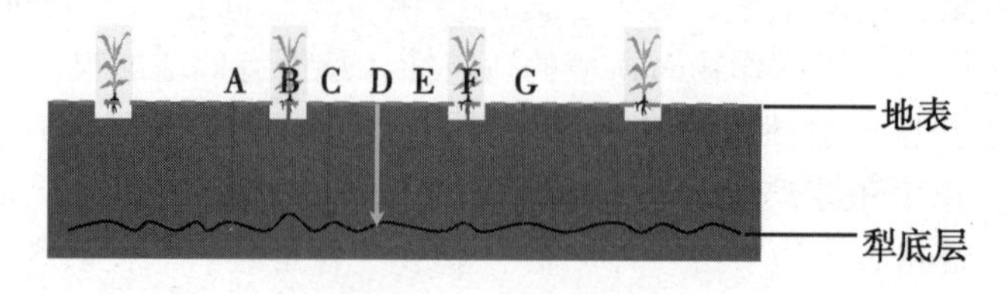

图4－2　平作剖面测量

容重调查：

垄作：测定位置为 5 ~ 10 cm、20 ~ 25 cm、35 ~ 40 cm（距离从垄侧算起，垄侧为垄顶到垄底高度的 1/2 高度处）和犁底层处（图 4 – 3），每个剖面重复 3 次。测定方法采用环刀法。

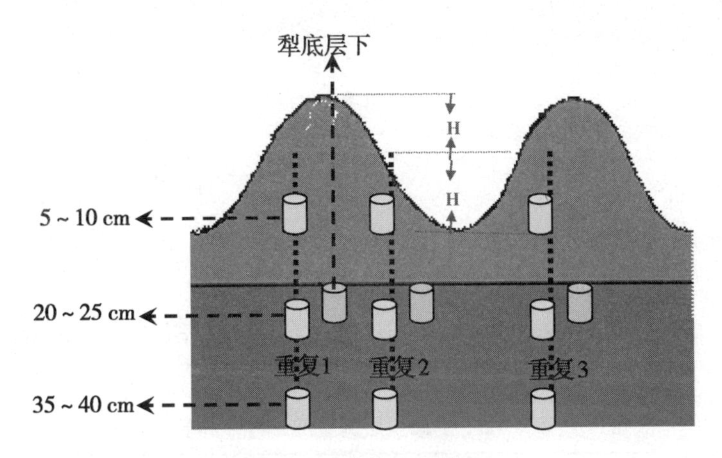

图 4 – 3 垄作容重测定

平作：测定位置为地表往下 5 ~ 10 cm、20 ~ 25 cm、35 ~ 40 cm 和犁底层处（图 4 – 4），每个剖面重复 3 次。测定方法采用环刀法。

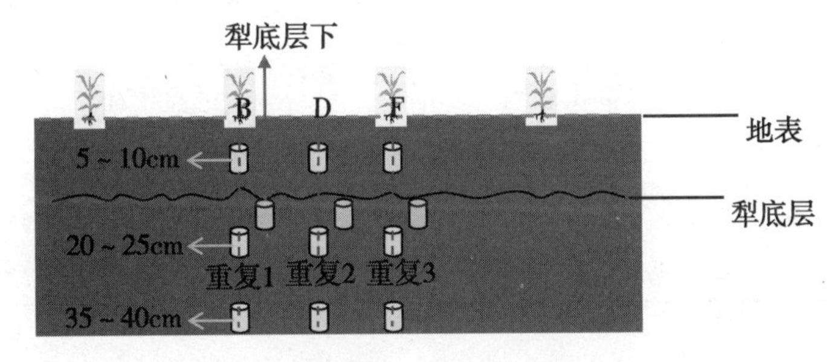

图 4 – 4 平作容重测定

有效耕层土壤量的计算：

垄作平均耕层深度 =（A1 + B1 + C1 + B2 + A2 + B3 + C2 + B4 + A3）/9

平作平均耕层深度 =（A + B + C + D + E + F + G）/7

有效耕层土壤量（kg/ha）= 平均耕层深度（m）× 面积（10^4 m^2）× 5 – 10 cm 土层的土壤容重（g/ cm^3）× 1 000

其中，A、B、C 为示意图 4 – 1 中表示的耕层厚度，3 次重复；A、B、C、D、E、F、G 为示意图 4 – 2 中表示的耕层厚度。

（2）调查结果

垄作：耕层深度云南调查点砂土最深为 24.0 cm，福建黏土最浅为 10.1 cm；耕层土壤容重以云南黏土最小，为 1.10 g/cm^3，广西砂土最大，为 1.49 g/cm^3；有效耕层土壤量，以贵州砂土最好为 3.11 × 10^6 kg/hm^2，福建黏土最差为 1.19 × 10^6 kg/hm^2。

表 4-1 土壤耕层调查汇总（垄作）

调查指标	德宏	重庆	重庆	云南	广西
土壤类型	红壤	紫色土	紫色土	红壤	红壤
垄底距犁底层距离（cm）	13.2	12.2	11.8	16.3	16.0
垄侧距犁底层距离（cm）	17.9	16.9	17.5	23.7	21.7
垄顶距犁底层距离（cm）	22.9	20.8	22.4	32.2	27.7
5~10 cm 容重（g/cm^3）	1.1	1.3	1.3	1.26	1.4
犁底层处容重（g/cm^3）	1.1	1.4	1.5	1.31	1.5
20~25 cm 容重（g/cm^3）	1.1	1.4	1.5	1.38	1.5
35~40 cm 容重（g/cm^3）	1.2	1.6	1.5	1.49	1.5
有效耕层土壤量（kg/ha）	1 928 859	2 129 648	2 164 104	2 905 499	2 889 883

表 4-2 土壤耕层调查汇总（平作）

调查指标	四川南充	四川简阳	四川安县	重庆	浙江东阳	云南	广西
土壤类型	紫色土	黄壤	水稻土	紫色土	红壤	红壤	红壤
地表面距犁底层距离（cm）	15.8	21.0	15.35	18.9	19.1	19.1	22.5
5~10 cm 容重（g/cm^3）	1.41	1.36	1.22	1.32	1.17	1.31	1.7
犁底层处容重（g/cm^3）	1.50	1.49	1.63	1.48	1.60	1.38	1.9
20~25 cm 容重（g/cm^3）	1.57	1.48	1.66	1.50	1.60	1.43	1.9
35~40 cm 容重（g/cm^3）	1.62	1.53	1.64	1.63	1.57	1.53	1.9
有效耕层土壤量（kg/ha）	2 223 247	2 847 781	1 871 268	2 496 151	2 314 616	2 494 350	3 719 270

平作：耕层深度广西砂土最深为 22.5 cm，四川黏土最浅 15.3cm；耕层土壤熟化度，广东粉砂土较好，土壤容重为 1.12 g/cm^3，广东砂土的熟化度较差，容重为 1.68 g/cm^3；有效耕层土壤量，广西调查点砂土最好为 3.72×10^6 kg/hm^2，四川调查点黏土最差 1.87×10^6 kg/hm^2。

总体上，西南地区玉米生产农田土壤耕层较浅，垄作耕层深度为 19.54 cm，平作耕层深度为 18.82 cm；垄作和平作耕层土壤容重、犁底层土壤容重、20~25 cm 土壤容重、35~40 cm 土壤容重依次升高，分别为 1.27 g/cm^3、1.36 g/cm^3、1.38 g/cm^3、1.46 g/cm^3 和 1.36 g/cm^3、1.57 g/cm^3、1.59 g/cm^3、1.63 g/cm^3；有效耕层土壤量较少，垄作为 2.40×10^6 kg/hm^2，平作为 2.57×10^6 kg/hm^2。从分析可以看出，垄作耕作层土壤容重与犁底层差异不大，耕层深度也比平作略厚，且较深层土壤容重也较平作小。所以，垄作方式的土壤耕层结构略优于平作。有效耕层土壤量平作大于垄作主要是因为平作耕层土壤容重较大所致。

二、土壤培肥

随着对农业土地开发强度的日益提高，农业的投入和产出均大幅度增加，这一方面促进了农业生产力的巨大飞跃。另一方面也导致了一系列不可忽视的弊病，主要表现为：农业产投比边际效益急剧下降，农业物资大量消耗；不合理利用导致大量农田土壤质量退化(如土壤硝酸盐、总磷等盐分大量累积、土壤板结、土壤酸化等；由于劳动力成本剧增导致大量有机废弃物料被放弃回田，而被焚烧或随意丢弃，这不仅造成大量养分资源的损失，还污染和破坏了农村生态环境。同时，玉米要实现连年高产，离不开化肥的作用。目前，我国是世界最大的化肥消费国和第二大化肥生产国，据有关研究，我国农作物的增产约40%依靠化肥。但是，长期大量施用化肥会使土壤板结、结构变差、肥力下降、理化性状变劣。这种情况下，就得施用有机肥或其他有机物料来改善土壤环境。

有机肥料含作物生长发育的N、P、K、Ca、Mg、S等大中量元素和多种微量元素，同时含有有机物质，如纤维素、半纤维素、脂肪、蛋白质、氨基酸、胡敏酸类物质及植物生长调节物质等。在提供作物养分、维持地力、更新土壤有机质、促进微生物繁殖、增强土壤保水保肥能力和保护农业生态环境方面有着特殊作用。有机质是作物养分的主要源泉，还有改善土壤物理和物理化学性质的功能，土壤的结构性、通透性、渗漏性、吸附性、缓冲性和抗逆性等都直接或间接地受有机质含量的影响。有机质能供给土壤微生物所需的能量和养料，激发其大量繁殖，从而有利于有机养分的矿化作用和作物的吸收。土壤有机质是土壤肥力的重要指标，是决定土壤肥力的重要基础物质。对于各类农田土壤来说，在无障碍因素的条件下，其肥力高低，作物产量的多少都与土壤有机质含量在一定范围内关系十分密切。土壤中的有机质每年都有一部分因矿质化作用而消耗掉，补偿的来源主要是植物腐解物和施用有机肥料。植物腐解物或有机肥料在土壤中经过一定时间的分解形成腐殖质，补充土壤有机质。有机肥料的主要成分是有机质，猪、牛、羊、马、禽粪等含有机质30%~70%。有机肥料也是完全肥料，含有氮、磷、钾、钙、镁、硫、铁、硼、锌、锰、钼等十几种元素，还有可被作物直接吸收利用的氨基酸和可溶性糖类。施用有机肥不仅能为农作物提供全面营养，而且肥效长，可促进微生物繁殖，改善土壤的生物活性。有机肥料含有大量的有益微生物和各种活性酶。如固氮菌、纤维分解菌、真菌、细菌、放线菌和蛋白酶、脉酶、磷酸酶等。这些微生物和酶，可加速土壤中有机物的分解、转化，使有些养分从不可给状态转化成可给状态，供作物吸收利用。而且，施用有机肥一定程度上抵消了耕作对土壤团聚体的破坏，促进了土壤的团聚化作用，增加了团聚体内颗粒有机碳含量。

无机有机养分均会随农产品收获及农作物废弃物（如秸秆）带出农田而消耗，同时还有矿化、淋洗作用对养分的消耗。土壤肥力是农业可持续发展的基础资源，要维持农业土壤肥力水平，培肥是最主要的措施之一，也是作物增加产量、提高质量不可或缺的农业措施。

土壤培肥对玉米高产栽培的意义是十分重大的，只有保持土壤有较高肥力水平和较好结构性状，才能持续获得高产。玉米高产栽培的土壤培肥重点是提高其基础肥力，即提高其水、肥、气、热协调能力。生产中，常用的培肥措施有农家有机肥、商品有机肥、秸秆还田等。

三、秸秆还田培肥土壤实例分析

四川省农业科学院旱作农业课题组于 2006 年设计了秸秆还田长期定位试验，2012 年，对试验土壤理化性质进行了分析。试验设传统翻耕秸秆不还田（T 为对照）、周年免耕秸秆覆盖还田（NTS）、垄播沟覆模式（LS）、3 种处理。种植模式采用西南地区常用的"麦/玉/薯"一年三熟模式，带状套作。小区采用随机区组排列，小区面积为 10 m^2（长 4 m × 宽 2.5 m），每个处理 3 次重复。

其中，传统翻耕秸秆不还田（T）：采用当地传统耕翻方式，每季作物播种前整地一次，作物收获后，将作物秸秆连根全部移走。

周年免耕秸秆覆盖还田（NTS）：简称免耕还田。玉米收获后，将秸秆整秆覆盖在小麦种植带上，小麦收获后，将秸秆整杆覆盖在玉米行间，小麦、玉米秸秆均全量还田。

垄播沟覆（LS）：在规范开厢（双三〇）的基础上，第一年将空行土传到小麦种植带上，起 20 cm 高的垄，垄上种植小麦、红薯，玉米沟底栽种；第二年定向移垄，将小麦种植带上的土移到上一年玉米种植行间，并填埋秸秆，促进秸秆腐熟，即小麦种植带变为玉米种植行，玉米种植行转变为小麦种植带，逐年实现轮耕。

通过分析，得出秸秆还田对该区域土壤理化性质及作物周年产量的影响，主要研究结论如下。

1. 土壤结构改善

通过对土壤容重、土壤孔隙、土壤机械性团聚体、土壤水稳性团聚体土壤物理方面性质的结果分析发现，秸秆还田措施对土壤结构改善是比较明显的。就容重而言，垄播沟覆（LS）和免耕还田（NTS）土壤容重均低于传统秸秆不还田，秸秆还田对 0 ~ 20 cm 土壤容重降低比较明显，以 LS 处理最低，为 1.41 g/cm^3。LS、NTS 容重分别比 T 降低了 8.87%、4.13%。秸秆还田亦改善了土壤孔隙状况，秸秆还田两个处理均不同程度增加了土壤孔隙度，LS 及 NTS 处理 0 ~ 20 cm 土壤孔隙度比 T 分别提高了 5.20%、3.54%。

秸秆还田增加了土壤团聚体的络合度，减少了对大团聚体的破坏，并促进微团聚体向大团聚体团聚，免耕使 >0.25 mm 团聚体含量显著增加。本试验结果表明，秸秆还田处理团聚体含量略高于不还田，各处理之间 >0.25 mm 团聚体及水稳性团聚体数量差别不大，可能是由于土壤固结、土壤黏重、试验测定过程中筛分时间短造成的。对团聚体平均重量直径 MWD 分析发现，秸秆还田处理高于不还田，土壤抗侵蚀能力提高，团聚体破坏率降低。

2. 土壤水分运动能力

比较田间持水量、凋萎系数、有效含水量发现，秸秆还田处理均大于不还田，土壤持水能力提高。秸秆还田措施提高了土壤孔隙，使土壤的贮水容量空间增大，另外，秸秆还田提高了土壤有机质含量，使土壤水分蓄持能力增强。秸秆还田措施有效提高了土壤田间持水量、凋萎系数及有效水含量。对土壤水分特征曲线研究发现，秸秆还田措施均大于传统翻耕。对水分特征曲线进行 Gardner 模型拟合后显示，免耕秸秆覆盖还田和垄播沟覆的 A 值（Gardner 模型参数，其值越大土壤水分蓄持能力越强）均高于传统翻耕，这表明秸秆还田能有效提高土壤持水能力。秸秆还田改善了土壤孔隙状况，特别是细小孔隙有所增加，毛管水作用使得土壤有较好的存蓄水分能力。

对土壤入渗性能的研究发现，累积入渗量均表现为秸秆还田处理 > 不还田处理，NTS、LS 提高了土壤的累积入渗量，比对照分别平均增加 30.75%、41.77%。相对于对照，NTS、LS 稳定入渗速率分别提高了 0.17 m/min、0.31 m/min。

3. 土壤养分情况

本试验研究结果显示，秸秆还田提高了土壤 pH 值，可能是由于秸秆覆盖还田减少了雨水对土壤的淋溶，减少了土壤胶体上交换性 H^+ 离子，同时增加了土壤阳离子钾、钠、钙、镁等盐基离子，使土壤 pH 值提高。

通过对土壤有机质研究发现，秸秆还田处理土壤有机质含量均高于对照，且达到极显著水平。

全 N、全 K 均表现为 NTS > T > LS，全 P 表现为 NTS > LS > T，碱解氮 LS > NTS > T，有效磷及速效钾均较对照有所增加。土壤阳离子交换量表现为 NTS > LS > T 的趋势。总体而言，秸秆还田改善了土壤养分状况，

4. 作物周年产量

6 年试验的产量数据表明，不同处理下各作物产量随试验持续年限的延长而增加，周年产量也基本上随年限的延长而增加，但秸秆还田处理增幅较大，试验 3 种作物均表现为 NTS > LS > T 的趋势。6a 小麦产量的变化范围为，T 为 78.7 ~ 110.8 kg/亩，LS 为 133.9 ~ 163.8 kg/亩，NTS 为 189.6 ~ 204.2 kg/亩，表现为 NTS > LS > T，NTS、LS 平均增产分别为 105.4、54.1 kg/亩；玉米产量变化范围为，T 为 230.4 ~ 346.3 kg/亩，LS 为 297.5 ~ 366.5 kg/亩，NTS 为 386.1 ~ 406.4 kg/亩，同样表现为 NTS > LS > T，NTS、LS 玉米产量比对照平均增产分别为 42.37%、17.48%。甘薯产量变化范围为，T 为 142.3 ~ 214.5 kg/亩，LS 为 142.9 ~ 377.1 kg/亩，NTS 为 291.3 ~ 376.9 kg/亩，与对照相比，NTS、LS 甘薯产量平均比对照增加 151.3、115.9 kg/亩。

第二节　高产创建的施肥

一、玉米农田肥力特征

（一）玉米农田肥力因素

土壤肥力是土壤的本质特性，是为植物生长提供和协调营养及环境条件的能力。包括土壤养分、水分、通气状况和温度状况（简称水、肥、气、热）等 4 个因素，是土壤物理、化学、生物化学特性的综合表现。土壤肥力指标很多（表 4-3），其中，土壤肥力条件的不可变因素包括气候、地形、坡度、土层厚度、土壤剖面结构、障碍层位、土壤质地等；可变因素包括土壤有机质、CEC、团聚体、微生物量、水分特征曲线等；易变因素包括：酸碱性（pH）、有效（NPK）养分、容重、含水量、温度等（Zhang and Raun，2006；张福锁等，2013）。土壤肥力是不断变化的，就是要在不可变因素基础上，采取科学合理的土壤改良、耕作栽培、灌溉施肥、田间管理等措施，充分发挥土壤的综合肥力。

表 4－3　土壤肥力指标

土壤因素		肥力指标
土壤环境条件		气候、地形、坡度、覆被度、侵蚀度
土壤物理性状		土层厚度、耕层厚度、质地、剖面结构、障碍层位
土壤养分	储量	有机质、全氮、全磷、全钾等
	有效状态	水溶性、交换性氮磷钾，钙、镁、铁、锌、硼等

据武良（2012）对2005—2010年全国测土配方施肥项目中西南区玉米3414试验数据的统计（表4－4），在西南区全部587个试验中，土壤pH值、有机质、速效氮（碱解氮）、有效磷、速效钾平均分别为6.4 g/kg、27.0 g/kg、135 mg/kg、17.8 mg/kg、125 mg/kg，总体上，西南区玉米土壤养分水平属于中等；而在四川的86个玉米试验中，土壤pH值、有机质、速效氮（碱解氮）、有效磷、速效钾平均分别为6.8、18.8 g/kg、117 mg/kg、14.9 mg/kg、99.1 mg/kg，不难看出，四川玉米土壤养分水平普遍偏低，而且变异较大，基础地力对玉米产量的贡献率不到60%。另据侯鹏（2012）研究证实，在全国不同生态区4个玉米典型土壤（黑龙江852农场—黑土、陕西长武—黑垆土、河南温县—潮土和四川简阳—紫色土）中，高产栽培管理条件下获得的玉米产量分别为10.7、14.1、9.2和6.7 t/hm^2，分别实现了当年光温水条件下玉米产量潜力的92%、104%、84%与78%，可见，相比其他3个生态区，四川玉米的产量和实现的产量潜力都是最低。相关分析发现，土壤物理（容重）与肥力（有机质含量）条件对玉米根系的生长和产量潜力的实现有显著影响，土壤容重与产量潜力实现程度呈显著负相关；四川简阳紫色土土壤有机质含量较低，整个土体容重较高，土壤黏重，土壤性状不利于玉米根系生长（侯鹏，2012）。说明四川玉米土壤的基础条件并不好，需要针对性进行土壤改良与培肥，才能为玉米高产创建提供良好的土壤条件。

表 4－4　西南区 587 个玉米试验的土壤肥力（2005—2010）

区域	样本量	有机质（g/kg）	碱解氮（mg/kg）	有效磷（mg/kg）	速效钾（mg/kg）	pH 值	基础地力对产量的贡献率（%）
西南区	587	27.0±11.5	135.4±48.4	17.8±13.8	124.8±59.5	6.4±1.0	59.3
四川省	86	18.8±9.0	116.7±42.2	14.9±13.6	99.1±33.6	6.8±1.1	57.3
重庆市	108	19.0±7.9	114.6±37.2	13.8±10.2	93.0±36.1	6.1±1.0	57.1
贵州省	266	30.7±9.9	144.2±44.1	17.9±11.5	129.7±56.7	6.3±0.9	57.5
云南省	127	32.5±11.9	149.1±58.1	23.2±18.1	160.0±71.9	6.3±0.8	66.1

数据引自武良，2012

（二）高产玉米土壤肥力要求

进行玉米高产创建，必须要有高产的土壤条件作为基础。选择玉米高产田的特征包括：从气候上，要选择光、热资源较充足，年日照时数1 500 h以上，昼夜温差大，玉米关键生长季昼夜温差9℃以上，生育期内降水量600 mm以上或有水源保证地区，尤其是玉米生长季的3—8月，不能有严重的干旱、低温、阴雨、洪涝、大风等天气灾害。从地形上，一般要选择四周无荫蔽，向阳的平地（坝地）或缓坡台地，平地或坝地不能位置太低，要地下水位低于50 cm以下，便于排涝，地块要相对较大（至少0.04 hm^2 以上），最好有完备的蓄水塘池和排灌沟渠。从土壤物理特征上，要土层深厚，土层至少40 cm，土壤剖面中无明显障碍层次，土壤机械组成要黏粒粉粒含量适中，土壤质地中壤土—重壤土为好，不能是轻壤土、砂土和黏土，土地要便于耕作，有条件的地方最好能便于机械化耕种和收获，土壤容重以1.00～1.25 g/cm^3 为宜。从土壤养分上，要土壤肥沃，综合肥力高，保水保肥能力强，耕层（0～25 cm）土壤pH值5～7.5，CEC＞15 cmol/kg，土壤有机质2%以上，全氮磷钾、速效氮磷钾及中微量元素要中等以上，土壤大、中、微量养分要平衡，不能有严重的养分限制因子（陈国平等，2009；Fan et al.，2013）。

二、高产玉米需肥特性与施肥原则

（一）四川玉米施肥现状及主要问题

在“国家玉米产业技术体系”和“国家公益性行业（农业）专项——中国主要作物最佳养分管理技术研究与应用”等课题的支持下，2008、2009两年对西南区玉米的生产状况尤其是施肥现状进行了调查，共获得有效农户样本734份，其中四川、重庆、云南、贵州的样本分别为184、206、281、63份。主要调查结果如下：

1. 四川玉米产量

调查得知，西南各地农户玉米产量差异很大，变幅从100到800 kg/亩，但各省的平均玉米产量都接近于414 kg/亩，四川农户的玉米平均产量为412 kg/亩（表4－5）。据统计，四川各地所进行的玉米试验（包括品种区试、栽培和施肥试验等）的产量数据，如图4－5，发现四川试验玉米的最低产量变幅为110～527 kg/亩（平均342 kg/亩，最高产量变幅为390～1 017 kg亩（平均588 kg/亩），各试验的平均产量变幅为240～646 kg/亩。即在试验条件下，四川玉米产量可低至110 kg/亩，某些试验的最低产量也可高达527 kg/亩，而某些试验的最高产量低至390 kg/亩，最高产量能达到1 017 kg/亩，而总体平均产量为475 kg/亩（图4－5）。从中不难看出，四川玉米的产量差较大，农户平均产量比试验平均产量低了62.5 kg/亩，试验平均产量比最高产量更是低了502 kg/亩，说明玉米高产创建在普通农户生产水平是很难实现的，必须要在高产土壤和环境条件下，采用集成的高产栽培技术，并花大力气进行高产技术培训与推广应用才可能在大面积上实现。

表4－5　西南区玉米产量情况（2008年农户调查结果）

省份	产量变幅（kg/亩）	平均产量（kg/亩）	样本数
四川	140～800	412	184
重庆	238～650	421	206
云南	190～600	409	281
贵州	100～580	414	63
西南	100～800	414	734

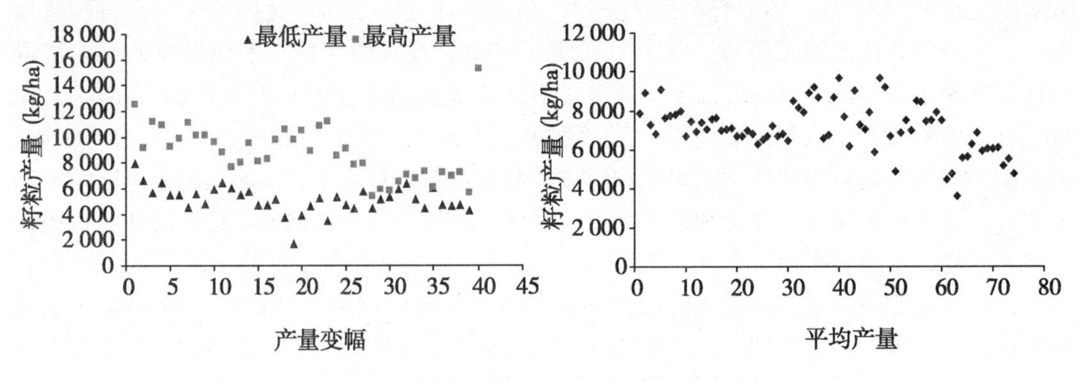

图 4-5　四川试验玉米产量情况

2. 四川玉米施肥量

调查结果如表 4-6 所示，四川农户对玉米不重视有机肥施用，有近 40% 的农户对玉米不施有机肥，农户施用化肥较普遍，其中 97% 以上的农户要施用氮肥，88% 的农户要施用磷肥，但是钾肥施用不普遍，有 57% 的农户不施钾素化肥。氮以化肥氮为主，有机氮、化肥氮分别占 23.9%、76.1%；磷以化肥磷为主，有机磷、化肥磷分别占 36.5%、63.5%；钾以有机肥投入钾为主，占 73%，化学钾投入只占 27%。农户间施肥量差异很大，总用肥平均施氮（N）19.3 kg/亩，施磷（P_2O_5）7.6 kg/亩，施钾（K_2O）5.1 kg/亩，N：P_2O_5：K_2O 的比值为 1：0.394：0.266；其中化肥平均施 N 14.7 kg/亩，$P_2O_5$4.8 kg/亩，K_2O 1.4 kg/亩，其 N：P_2O_5：K_2O 的比值为 1：0.330：0.094；有机肥平均施 N 4.6 kg/亩，P_2O_5 2.8 kg/亩，K_2O 3.7 kg/亩，其 N：P_2O_5：K_2O 的比值为 1：0.60：0.81。

表 4-6　西南玉米养分总用量（kg/亩，2008 年农户调查结果）

地区	种类	N			P_2O_5			K_2O	
		变幅	平均	未施农户（%）	变幅	平均	未施农户（%）	变幅	平均
四川（n=184）	化肥	0~28.6	14.7	2.7	0~17.2	4.8	12.0	0~12.0	1.4
	有机肥	0~19.8	4.6	41.9	0~12.3	2.8	40.2	0~20.3	3.7
	总	0~32.7	19.3	—	0~22.4	7.6	—	0~20.3	5.1
西南区（n=734）	总	0-32.7	20.1	—	0~22.4	6.4	—	0-20.3	3.9

根据玉米平均产量（412 kg/亩）及每生产 100 kg 籽粒所需 N（2.57 kg）、P_2O_5（0.86 kg）、K_2O 量（2.14 kg），算出所需要的平均 N、P_2O_5、K_2O 量，以此值为基础，±20% 变化为合适量区间，低于 20%~50% 为偏低，低于 50% 以下为很低，高于 20~50% 为偏高，高于 50% 以上为很高。以此分级标准，计算所调查农户位于各区间的农户比重和养分用量平均值，如表 4-7 所示。可看出，四川玉米氮素投入总体偏高，偏高的农户占近 80%，而只有 10% 的农户氮投入合适，氮投入偏低的只占 8% 左右；磷素投入总体也偏高，偏高的农户占近 70%，而只有 10% 的农户磷投入合适，磷投入偏低的农户占 20% 左右；与氮磷相反，四川玉米钾素投入总体偏低，偏低的农户占近 65%，而只有

近20%的农户钾投入合适，钾投入偏高的只占15%左右。

表4－7　四川玉米养分投入分布（2008年农户调查结果）　　(kg/亩)

养分		很低（－50%）	偏低（－20%）	合适	偏高（20%）	过高（50%）
N	分级标准	<5.3	[5.3～8.5]	[8.5～12.7]	[12.7～15.9]	≥15.9
	农户比重（%）	3.8	4.4	10.3	12.5	69.0
	平均值	2.5	7.3	10.2	14.4	23.2
P_2O_5	分级标准	<1.8	[1.8～2.8]	[2.8～4.2]	[4.2～5.3]	≥5.3
	农户比重（%）	10.9	9.2	10.3	3.8	65.8
	平均值	1.0	2.3	3.5	4.7	10.3
K2O	分级标准	<4.4	[4.4～7.0]	[7.0～10.6]	[10.6～13.2]	≥13.2
	农户比重（%）	53.3	12.0	19.6	7.6	7.6
	平均值	1.3	5.5	8.6	11.8	15.9

注：养分为有机肥和化肥的总养分

如表4－8和表4－9所示，四川农户玉米施用化肥氮的用量在5～10、10～15、15～20以及>20 kg/亩的农户基本各占20%左右，其中以施15～20 kg/亩的农户最多，占28.8%，各区间的平均用氮量分别为7.4 kg/亩、12.7 kg/亩、17.4 kg/亩和23.5 kg/亩；化肥氮用量小于5.0 kg/亩的农户只占5.4%。四川农户玉米施用化肥磷的用量主要在1.0～5.0 kg/亩，其农户占44.6%，平均用磷量为2.9 kg/亩，其次5.0～10.0 kg/亩，其农户占27.7%左右，平均用磷量7.1 kg/亩，用磷量大于10.0 kg/亩的农户只占12.5%，用磷量小于1.0 kg/亩的农户有15.2%。四川农户玉米施用化肥钾的用量较小，小于1.0 kg/亩的农户占了60%，用化肥钾农户的主要用肥区间在1.0～5.0 kg/亩，其农户占33.7%，其平均用钾量2.6 kg/亩，用钾量大于5.0 kg/亩的农户总共只占6%左右。四川农户玉米施用有机肥的用量总体上偏小，有40%的农户不施用有机肥，有机肥的主要用肥区间在500～1000和1 000～1 500 kg/亩，农户分别占16.3%和13%，平均用量分别为820和1 267 kg/亩；有机肥用量1～500、1 500～2 000以及大于2 000 kg/亩的农户基本都在10%左右。

表4－8　四川玉米化肥养分施用情况　　(kg/亩)

养分	≤1		1～5			5～10			10～15			15～20			>20		
	户数	%	平均数	户数	%	平均数	户数	%	平均数	户数	%	平均数	户数	%	平均数	户数	%
N	5	2.7	3.7	5	2.7	7.4	42	22.8	12.7	38	20.7	17.4	53	28.8	23.5	41	22.3
P_2O_5	28	15.2	2.9	82	44.6	7.1	51	27.7	11.9	20	10.9	16.5	3	1.6		0	0
K_2O	110	59.8	2.6	62	33.7	6.7	11	6.0	12.0	1	0.5		0	0		0	0

表4－9　四川玉米有机肥施用情况　　(kg/亩)

≤1			1～500			500～1 000			1 000～1 500			1 500～2 000			>2 000	
户数	%	平均数	户数	%	平均数	户数	%	平均数	户数	%	平均数	户数	%	平均数	户数	%
74	40.2	349	20	10.9	820	30	16.3	1 267	24	13.0	1 820	15	8.2	2 533	21	11.4

3. 四川玉米施肥时期

如表4－10，四川玉米用氮主要以追肥为主，占62%，底肥氮约占38%；磷钾都以用作底肥为主，底肥磷钾约占60%，磷钾用作追肥约占40%。另从图4－6可看出，不管四川还是其他西南各省（市），农户对玉米要进行3～6次施肥，其中包括基肥、种肥、第一次追肥、第二次追肥、第三次追肥、第四次追肥。在四川，玉米施用基肥的农户占59%，用种肥的农户约占45%，进行第一次追肥的农户高达84%，进行第二次追肥的农户约占59%，进行第三次追肥的农户约有17%，进行第四次追肥的农户很少，不过1.1%。也即最普遍的是对玉米进行3次施肥，包括1次基肥和2次追肥。

表4－10　四川玉米养分施用时期（n＝184）

养分	底肥		追肥		养分总用量（kg/亩）
	数量（kg/亩）	比例（%）	数量（kg/亩）	比例（%）	
N	0～19.2（7.3）	37.8	0～26.5（12.0）	62.2	0～32.7（19.3）
P_2O_5	0～16.8（4.3）	55.9	0～16.0（3.4）	44.1	0～22.4（7.6）
K_2O	0～12.0（3.2）	63.0	0～13.3（1.9）	38.0	0～20.3（5.1）

注：表中数量为养分量的变幅及其平均值

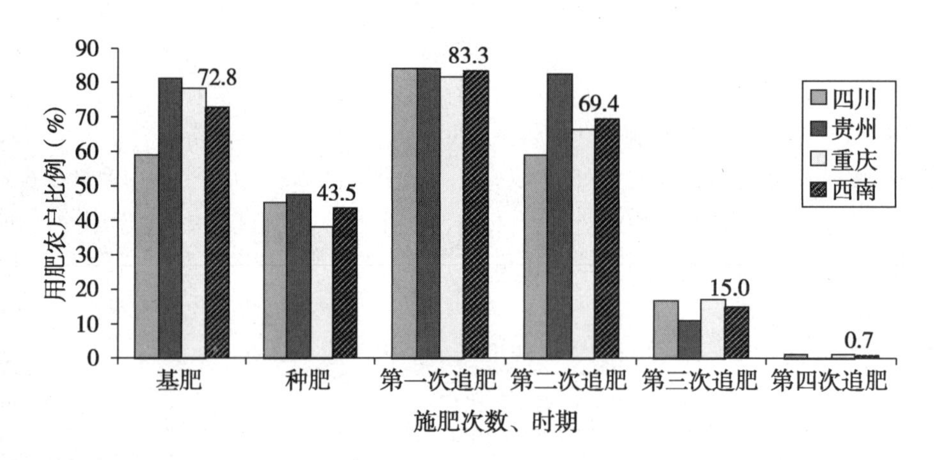

图4－6　西南玉米施肥次数

4. 四川玉米施用肥料品种

调研发现（表4－11），四川玉米用肥品种比较单一，底肥（基肥和种肥）中用得最多的是过磷酸钙和有机肥，施用面积分别占45%和44%，平均用量分别为26.7 kg/亩和673 kg/亩；底肥中用得较多的是碳铵，其施用面积占40%，平均用量为28.4 kg/亩；底肥中施用复合肥、尿素较少，其施用面积只约占19%；除上述肥料外，其他肥料在玉米底肥中用得很少。追肥中用得最多的是尿素，其施用面积占57%，平均用量为22.2 kg/亩；其次是碳铵和过磷酸钙，施用面积分别占49%和33%，平均用量分别为48.9 kg/亩和47.3 kg/亩；追肥中施用复合肥也不多，其施用面积只约占28%；除上述肥料外，其他肥料在玉米追肥中用得很少。

表 4-11 四川玉米用肥品种及用量（n=184）

时期	肥料品种	施用面积比（%）	施用地单位面积用量（kg/亩）	总用地单位面积用量（kg/亩）
底肥（基肥+种肥）	有机肥	44.0	676.3	301.5
	复合肥	18.8	29.6	8.4
	碳铵	40.1	28.4	11.4
	尿素	19.0	16.3	2.1
	过磷酸钙	45.2	26.7	11.6
	氯化钾	0.3	20.0	0.1
	磷铵	3.2	29.2	1.0
追肥	有机肥	13.3	494.3	52.0
	复合肥	27.5	31.9	7.5
	碳铵	48.5	48.9	24.5
	尿素	56.6	22.2	11.0
	过磷酸钙	32.9	47.4	14.7
	氯化钾	0.2	7.0	0.1
	硫酸锌	0.2	2.0	0.1

5. 四川玉米施肥方法和施肥依据

如表 4-12 所示，四川玉米的基肥以穴施为主，占 75%，沟施的比例只占 4.5%；四川玉米追肥基本上是随水冲施、穴施，比例占 80% 以上。农户施肥的依据，施底肥主要靠多年的生产习惯，即靠经验施肥，其比例约占 60%，其次根据地力水平施底肥，其比例占 25%；施追肥一是靠习惯和生产经验，二是依据玉米苗长势进行追肥，合计比例占 80% 以上，另凭地力水平进行追肥的约占 6%；而不论是底肥还是追肥，农户基本上不依据产量水平，也不依据市场行情和技术手册。说明农户的施肥观念还较落后，科学合理的施肥技术还很缺乏，依产量施肥、施经济肥、环保肥的观念和技术亟待提高，科学施肥的技术培训、应用推广的机制、途径还待创新和完善。

表 4-12 四川玉米施肥方法和施肥依据（n=184）

时期		种肥	基肥	第一次追肥	第二次追肥	第三次追肥	第四次追肥
用肥农户比例（%）		45.1	59.2	84.2	59.2	16.9	1.1
施肥方法比重（%）	沟施		4.5	6.9	6.3	2.2	0
	穴施		74.9	60.1	57.7	50.0	66.7
	随水冲施		9.5	23.8	22.3	32.6	33.3
	灌水前撒施		7.3	5.2	5.7	4.4	0
	灌水后施用		2.8	2.0	1.7	0	0
	降雨后施用		1.1	2.0	4.6	10.9	0
	叶面喷施		0	0	1.7	0	0

（续表）

时期		种肥	基肥	第一次追肥	第二次追肥	第三次追肥	第四次追肥
施肥依据比重（%）	习惯	67.5	59.2	51.0	43.1	51.6	100
	地力	24.1	25.1	6.5	4.6	6.5	0
	长势	7.2	4.8	41.3	51.4	38.7	0
	技术手册	1.2	6.4	0.7	0	0	0
	市场行情	0	4.6	0	0	0	0
	产量	0	0.9	0.5	0.5	3.2	0

6. 四川玉米施肥存在的主要问题

总结上述施肥现状，发现四川玉米施肥存在的问题主要包括：

①不重视有机肥的施用，约40%农户不施用有机肥；偏施化肥，有机肥施用量总体偏少。

②肥料用量农户间变异大，氮、磷、钾肥施用比例不合理，总体上氮磷肥用量偏高，而钾肥用量不足，多数农户不用钾肥，忽视锌肥和硼肥的施用，锌、硼时有缺乏。

③化肥品种上，以施用碳铵、尿素、过磷酸钙等氮磷单元肥为主，复合肥用量比重低，配方肥或玉米专用肥用得少。

④施肥时期和方法不合理，有的底肥、种肥施得过多，过于集中，影响种子出苗和幼苗生长；有的施肥过于粗放，肥料表施，造成肥料浪费严重；有的用肥量不足，后期明显脱肥；有的追肥时期偏迟等。

⑤除依据地力、苗情施肥外，施肥多凭生产经验和习惯，但依据品种特性、目标产量、市场因素及技术手册等进行科学施肥的还较少，施肥盲目与肥料浪费、养分利用率不高及环境污染风险并存。

⑥施肥劳力体力消耗大，缺乏机械化施肥的机具、手段，技术落后。

（二）高产玉米需肥特性

玉米是高需肥作物，高产玉米的生物量和产量都很大，需要大量的养分供给。玉米全生育期所吸收的养分量，因土壤肥力水平、种植方式、密度、产量高低而异（刘德江等，2009）。一般每生产100 kg玉米籽粒，需要吸收N 2.57 kg、P_2O_5 0.86 kg、K_2O 2.14 kg，其$N:P_2O_5:K_2O$的比值约为1∶0.4∶0.9。

玉米对营养元素吸收的速度和数量在不同生育期差别较大，一般规律是随着玉米植株的生长对养分吸收的速度加快，到灌浆期后逐渐减弱。在四川，高产创建玉米基本上是春玉米，其生长期在盆地内及盆周山区长120～130 d，在川西南山地有的长约150 d，因生育期长，前期气温低，植株生长慢，一般到拔节孕穗时氮、磷的累积吸收量约为35%和45%，到抽穗开花时吸收量才达到55%和65%左右，以后吸收速度逐渐减慢，但吐丝后灌浆至成熟期还需吸收约45%的氮和35%的磷。春玉米各生育期对钾的吸收量在拔节以后开始迅速上升，到抽穗开花期达到顶点，灌浆到成熟期间植株体内的钾素还有少量外渗淋溶，使植株体内的钾含量下降。

（三）高产玉米的施肥原则

高产玉米的施肥原则如下（刘永红，2008；庞良玉等，2008）。

①有机肥为主，化肥为辅。增施腐熟优质有机肥，提倡有机肥与无机肥料配合施用。

②底肥为主，追肥为辅。重视底肥施用是高产玉米的重要措施。底肥以施用有机肥和磷钾肥为主，氮肥以追肥为主。

③追肥以攻穗（苞）肥为主，促苗肥和攻粒肥为辅。

④化肥应以氮肥为主，磷钾肥为辅，依据土壤肥力条件和目标产量，确定氮磷钾肥合适用量。氮肥以总量控制、分期施用的原则，精细管理的高产田块一般分苗肥10%、拔节肥30%、攻苞肥40%、花粒肥20%的比例分配施用，在大面积高产创建田块，为施肥适当轻简原则，一般推荐以底肥30%、苗肥和拔节肥20%、攻苞肥50%的比例分配施用；氮肥宜水肥配合施用，提倡深施覆土。磷肥可全部一次性作底肥，于播种或移栽前集中施于播种沟或穴内；也可底肥80%、种肥10%、苗肥10%分3次施用磷肥。钾肥可全部一次性作底肥，于播种或移栽前集中施于播种沟或穴内。

⑤高产玉米莫忽视中微量元素肥料的施用，中微量元素要缺啥补啥施用，酸性土上可施石灰，中性和石灰性紫色土上注意锌肥和硼肥的施用，石灰、锌肥、硼肥等都可作底肥施用。

⑥提倡施用养分比例适当的复合肥、配方肥或玉米专用肥。

⑦采用测土配方施肥技术，施产量肥、经济肥、环保肥，肥料施用应与其他高产栽培技术相结合。

三、高产玉米施肥技术

（一）施肥量的确定

据武良（2012）统计，西南区玉米农户化肥投入的N、P_2O_5、K_2O分别为16.8 kg/亩、4.5 kg/亩、1.9 kg/亩，其养分效率分别为：PFP-N、PFP-P、PFP-K分别为21 kg/kg、80 kg/kg、190 kg/kg，而四川玉米农户化肥投入的N、P_2O_5、K_2O分别为16.2 kg/亩、3.7 kg/亩、1.3 kg/亩，PFP-N、PFP-P、PFP-K分别为22 kg/kg、97 kg/kg、285 kg/kg（表4－13）。可见，四川农户氮素化肥投入偏高，氮效率很低，而磷素化肥投入基本适中，磷效率较高，而钾素化肥投入偏低，钾效率很大。武良、吴良泉（2012）分别计算了不同地力条件下的优化施氮量、施磷量、施钾量及优化产量，发现在不同基础地力条件下，四川玉米的优化施氮量和获得的优化产量不同，随着基础地力水平的提高，优化施氮量逐渐降低，而获得的优化产量逐渐增加，氮肥偏生产力逐渐增大，基础产量大于400 kg/亩地力条件下，优化施氮量13.3 kg/亩，获得的优化产量为573 kg/亩，PFP-N达到43 kg/ kg（表4－14）；优化施磷量5.4 kg/亩，获得的优化产量为494 kg/亩，PFP-P达到91 kg/ kg，优化施钾量5.3 kg/亩，获得的优化产量为505 kg/亩，PFP-K达到94.5 kg/kg（表4－15）。

表4-13 西南区玉米化肥投入及养分效率（PEP）

省份	样本量	种植面积（10^4 亩）	施氮量（kg/亩）	施磷量（kg/亩）	施钾量（kg/亩）	产量（kg/亩）	PFP-N（kg/kg）	PFP-P（kg/kg）	PFP-K（kg/kg）
四川	471	1 995	16.2	3.7	1.3	361	22	97	285
重庆	161	690	16.6	4.1	1.1	368	22	89	325
贵州	205	1 110	14.9	4.2	1.3	295	20	70	221
云南	155	1 980	18.5	5.4	3.0	379	21	70	126
西南	992	5 775	16.8	4.5	1.9	355	21	80	190

注：各省数据为2007年和2008年调查数据以播种面积为权数的加权平均值（引自武良，2012）

表4-14 四川玉米不同土壤地力的最优施氮量

基础产量（kg/亩）	样本量	优化施氮量（kg/亩）	优化产量（kg/亩）	PFP-N（kg/kg）
<267	51	15.1 ± 3.9	476 ±81	31 ±9
267~333	18	13.4 ±3.5	505 ±79	38 ±11
333~400	26	14.3 ±4.0	550 ± 66	39 ±11
>400	14	13.3 ±5.0	573 ±55	43 ±20

注：数据引自（武良，2012）

表4-15 四川玉米最佳经济产量施磷、钾量

养分	样本数	优化施肥量（kg/亩）		优化施肥产量（kg/亩）		PFP（kg/kg）
磷（P_2O_5）	142	0~10.4	5.4 ±1.8	301~733	494 ±86	91.0
钾（K_2O）	87	0~12.5	5.3 ±2.4	226~787	595 ±111	94.5

注：数据引自（吴良泉，2012）

虽然在高产目标下随着施肥量的增大氮磷钾养分效率会不断降低，但为了追求玉米既高产又养分高效的目标，设定氮效率为40 kg/kg，磷效率为90 kg/kg，钾效率为90 kg/kg的玉米高产创建及养分高效的目标。在此目标下，应用测土配方施肥技术成果，根据不同地力条件和目标产量水平来计算高产玉米的施肥量（张福锁等，2009，2010）。

1. 施氮量

在高产创建目标下，基于土壤肥力和目标产量的四川玉米氮肥用量如表4-16。

表4-16 四川玉米氮肥推荐用量 （kg/亩）

土壤肥力等级	碱解氮（mg/kg）	基础地力产量（kg/亩）	玉米目标产量（kg/亩）		
			600	800	1 000
极低	<50	<100	19	24	28
低	50~80	100~150	17	22	27
中	80~120	150~250	15	20	25
高	120~160	250~300	13	18	23
极高	>160	>300	11	16	22

2. 施磷量

在高产创建目标下，基于土壤肥力和目标产量的四川玉米磷肥用量如表4－17。

表4－17 四川玉米磷肥推荐用量 （P_2O_5 kg/亩）

土壤肥力等级	土壤 Olsen-P (mg/kg)	玉米产量水平（kg/亩）		
		600	800	1 000
极低	<7	9.3	11.7	13.7
低	7～14	8.0	10.3	12.3
中	14～20	6.7	9.0	11.0
高	20～40	5.3	7.7	9.7
极高	>40	4.0	6.3	8.3

3. 施钾量

在高产创建目标下，基于土壤肥力和目标产量的四川玉米钾肥用量如表4－18。

表4－18 四川玉米钾肥推荐用量 （K_2O kg/亩）

肥力等级	土壤交换性钾 (mg/kg)	玉米产量水平（kg/亩）		
		600	800	1 000
极低	<60	12	13	15
低	60～90	10	11	13
中	90～120	6.7	9	11
高	120～150	4.7	7	9.7
极高	>150	3.3	6	8.3

4. 微量元素用量

在高产创建目标下，微量元素要按“因缺补缺”的原则施用，基于土壤微量元素状况及目标产量的四川玉米微量元素用量如表4－19。

表4－19 四川玉米微量元素推荐用量 （kg/亩）

肥力分级	硼砂				$ZnSO_4$			
	土壤有效硼 (mg/kg)	玉米产量水平（kg/亩）			土壤有效锌 (mg/kg)	玉米产量水平（kg/亩）		
		600	800	1 000		600	800	1 000
极高	>2	0	0	0	>3	0	0	0
高	1～2	0	0	0	1～3	0	0	1.5
中等	0.5～1	0.4	0.7	0.9	0.5～1	1.0	1.5	2.0
低	0.2～0.5	0.7	0.9	1.2	0.3～0.5	1.5	2.0	2.5
极低	<0.2	0.9	1.2	1.5	<0.3	2.0	2.5	3.0

（二）施肥时期

高产玉米的施肥时期包括底肥足施、种肥少施、苗肥适施、拔节肥巧施、攻苞肥重施、花粒肥补施（刘永红，2008；庞良玉等，2008）。

1. 施足底肥

底肥也叫基肥，具有养分全、肥效稳定、肥效长的特点，施足基肥是玉米高产创建的关键措施之一。高产玉米施肥应以基肥为主，追肥为辅。一般基肥用量占总施肥量的70%～80%，基肥以有机肥为主，配合磷钾化肥，80%～90%的有机肥、80%的磷肥、100%的钾肥，及全部微肥都应作为基肥施用。春玉米基肥宜早施，秋冬季施较春季施效果要好，因为早施可以使肥料在土壤中充分分解，提高土壤肥力和蓄水保墒能力。为了充分发挥基肥肥效，基肥不宜均匀撒施，宜集中施用，采用沟施或穴施的方法施用为好。施基肥时，若有机肥施用量大，或有机肥没充分腐熟，或伴有秸秆还田时应配施速效氮肥（Giller 等，2002）。

玉米是对锌敏感的作物，如果土壤有效锌含量低于0.5 mg/kg，玉米施锌能取得较显著的增产效果，尤其是高产玉米。一般每公顷施15～30 kg 硫酸锌作底肥。当土壤水溶性硼含量在0.5 mg/kg以下时就可能缺硼，而四川土壤水溶性硼平均含量仅0.23 mg/kg，属于严重缺硼地区。四川耕地96%缺硼，因此，玉米施硼肥也是一项必要的增产措施，一般每公顷施8～12 kg 硼砂作基肥（表4－20）。

2. 适时追肥

高产玉米在施足基肥的基础上，应重视追肥的施用，高产玉米追肥应以“前轻、中重、后补”的原则施用。追肥多少应根据地力水平、底肥用量和苗子长势等情况综合考虑。

①前轻。指在玉米拔节期及以前的施肥要轻。因为从播种到拔节期间玉米植株小，生物量小，需养分量少，但此期是玉米的营养临界期，需注意幼苗期和拔节期的养分供应。对于育苗移栽的高产玉米，此期可以分为3次用肥，分别为种肥、苗肥和拔节肥（表4－20）。

种肥即肥团育苗时肥团基质中的用肥，一般用腐熟渣肥和少量磷肥于基质中，作用主要是促进玉米出苗和育壮苗。

苗肥即直播玉米定苗或移栽玉米返青后的第一次施肥，此期为玉米氮磷营养临界期，如果营养不良会严重影响玉米苗的生长，缺氮会使玉米苗先从老叶开始变黄，逐渐全株变黄，缺磷会使玉米苗先从老叶边缘开始变紫变红，然后叶片逐渐干枯，严重的植株死亡，苗肥一般用少量粪水，对约10%的速效氮磷肥冲施于株旁。

拔节肥也叫攻秆肥，在拔节期前后施用，此时正是玉米茎叶旺盛生长，雄穗开始分化，此期追施可促进穗位和穗位上叶片增大，增加茎粗，促进穗分化。高产玉米的拔节肥一般用氮素追肥总量的30%左右。

②中重。是指在大喇叭口期重施追肥，此期追肥能提高结实率，起到保花、保粒的作用，是争取穗大、粒多的重要措施。大喇叭口期追肥应占氮素追肥总量的40%～50%。

③后补。是指开花授粉期追肥。春玉米后期需肥较多，为了防止脱肥，后期施花粒肥能充实籽粒，减少秃尖。此期追肥一般占氮素追肥总量的10%～20%。如果此期苗情好，或只需少量追肥，可采取根外喷施的方法施用。

以上是精细管理的高产玉米田块的施肥。对于大面积玉米高产创建而言，需要适当轻简的施肥技术，一般推荐是有机肥、磷钾肥全作底肥，氮肥在底肥用30%，苗肥和拔节肥用20%～30%，攻苞肥用40%～50%。

表4-20 高产玉米的肥料分配及施用方法

施用时期		有机肥	化肥				施用方法
			N	P_2O_5	K_2O	微肥（Zn、B）	
底肥	移栽前	80%～90%		80%	100%	100%	腐熟干有机肥，磷钾肥、微肥混合，沟施
种肥	育苗	10%		10%			有机肥渣和少许磷肥混于肥团育苗基质中
苗肥	定苗或返青期	0～10%	10%	10%			粪水，加少量速效氮磷肥，穴施
拔节肥	拔节期		30%				氮肥对水（清粪水）穴施
攻苞肥	大喇叭口期		40%～50%				氮肥对水（清粪水）穴施
花粒肥	吐丝期		10%～20%				氮肥对水（清粪水）穴施

（三）施肥方法

1. 基肥（底肥）

冬闲地在年前进行深翻晒土，入春后再进行犁耙，做到土块细碎，地面平整。播种（移栽）前，在玉米窄行（宽50 cm，宽行150 cm左右）中间挖一条深20 cm、宽15～20 cm的“肥水沟”（等行距种植时一般行宽1 m，在玉米行上开沟）。先将化学肥料（过磷酸钙、氯化钾、硫酸锌、硫酸镁、硼砂、复合肥或配方肥等）均匀撒于沟下层，上面再撒农家肥，一般每666.7 m^2施腐熟干粪1 000 kg（常规农家肥2 000 kg）以上，结合浇底水3 000 kg。一般于播种（移栽）前10 d开沟施肥并覆土。

2. 种肥（促苗肥）

玉米高产创建为保证苗全苗齐，一般是采用肥团育苗再带土移栽的方法。肥团育苗时，营养土配制以30%～40%的腐熟有机渣料（约占总有机肥用量的10%）和60%～70%的肥沃细土为基质，每100 kg料土加入过磷酸钙1 kg（约占总磷量的10%），尿素0.1 kg，混匀后加清粪水至“手捏成团、触地即散”时为宜（张福锁等，2010）。

3. 苗肥（提苗肥）

4～6叶是玉米需磷临界期，若土壤速效磷供应不足或遇低温天气，玉米苗矮小纤细，甚至出现整株紫茎紫叶，严重者导致苗衰苗枯。玉米5～6片可见叶时（栽苗后12～15 d，刚返青）结合中耕除草追苗肥，一般每666.7 m^2 施过磷酸钙20～30 kg，尿素5～10 kg，对人畜粪水750 kg淋窝，施肥后中耕覆土。

4. 拔节肥（攻秆肥）

9～10片可见叶时追施拔节肥，每666.7 m^2 用尿素10～15 kg，复合肥或配方肥15 kg，对清粪水750 kg淋窝。

为促进玉米抗病增产，拔节期可喷施0.2%～0.3%的磷酸二氢钾2～3次，喷施

0.1%～0.3%的硫酸锌水溶液1次。

5. 穗肥（攻苞肥）

大喇叭口期或见展叶差4.5～5叶或叶龄指数50%～60%时结合中耕培土进行猛施穗肥，以农家粪水对速效氮肥，氮肥应占总施肥量的40%左右，对匀人畜粪水，肥水齐上，以促穗分化。追肥部位应在距植株根10～15 cm处，追肥深度为12～15 cm。将肥料施入穴内然后大培土，培土高度20 cm左右。

6. 花粒肥（攻粒肥）

花粒肥要巧施。根据植株长相而定，对于穗肥充足、植株长相好、叶色浓绿、无早衰退淡现象的田块，可不施粒肥，以免延长生育期。若穗肥不足，植株发生脱肥现象，则应补施粒肥。对于高产玉米，花粒肥有时是必要的。粒肥施用“宜早勿迟”。一般每666.7 m^2施尿素5～10 kg，打穴深施。也可用1%～2%尿素与0.2%的磷酸二氢钾混合液进行叶面喷施，每666.7 m^2用溶液70～100 kg，最好于上午9时前或下午5时后进行叶面喷施。

四、简化高效施肥

上述玉米施肥方法是根据高产玉米的生长及养分吸收特点在“数量上匹配、时间上同步、空间上耦合”的要求下进行的。但不管是传统的种植模式还是现代化的机械化种植模式，都依赖于足够的劳动力投入，在实际生产中若操作过繁，劳力用得过多是行不通的。尤其在当前大量农村劳动力外出打工、农村从事农业生产日益面临劳动力紧缺的情况下，轻简化栽培技术包括轻简施肥技术的需求日益强烈。已有研究证明，在夏玉米生产中，一次性施用缓/控释肥料能满足夏玉米后期的养分需求，是实现后肥前施的轻简化施肥技术；一次性基施硫包衣尿素的施肥方式替代普通尿素基肥加追肥是可行的，能达到省时省工、节肥、增效的目的（王宜伦等，2010；谷佳林等，2010）。无论是在低地力还是高地力水平下，控释肥料一次性施用就能满足玉米整个生育期对养分的需求，在提高产量和肥料利用率的同时还减轻了对环境的污染（王永军等，2011）。玉米一次性施肥省时省工，经济效益高，还减少了化肥因挥发、淋失和反硝化作用造成的损失，降低了因施肥而对环境造成污染的风险（张民等，2001）。在我国北方地区，一次性施肥（农民俗称“一炮轰”）逐渐被广大农民所采用，有近50%的农户玉米只施1次肥（李少昆，2006）。相比之下，西南玉米区新型肥料及一次性施用研究则凤毛麟角。因此，在国家玉米产业技术体系的支持下，在西南玉米生产区几个典型地点进行了玉米新型肥料筛选及一次性施用的试验（喻醯之，2013）。

试验设不施肥、当地农民习惯施肥、优化施肥量条件下的生物多抗有机肥、国产百事达（有机无机复合肥）、控释专用肥、生物防控菌肥与减量复合肥混合4种新型肥料的一次性施用，共6个处理（表4－21）。农民习惯施肥的肥料为普通市售肥料，氮肥为尿素（含氮46%），磷肥为过磷酸钙（含$P_2O_5$12%），钾肥为氯化钾（含K_2O 60%）；生物多抗有机肥、国产百事达（有机无机复合肥）均由四川省农业科学院刘永红研究员提供；控释专用肥由中国农业大学陈新平教授提供；生物防控菌肥由上海交通大学陈捷教授提供，为缓释肥。

表 4－21　不同处理施肥方式和肥料用量设计　（kg/亩）

处理代号	处理	施肥方式	施 N	施 P_2O_5	施 K_2O
CK	不施肥	—	0	0	0
FP	农民习惯施肥	尿素分为 40% 基肥加上 60% 追肥两次施用	20.0	7.0	6.0
MOF	生物多抗有机肥	一次性作为基肥施用	20.0	5.0	8.0
DB	国产百事达（有机无机复合肥）	一次性作为基肥施用	20.0	4.0	3.0
CF	控释专用肥	一次性作为基肥施用	12.0	4.0	5.0
BF	生物防控菌肥＋减量复合肥	一次性作为基肥施用	4.7	4.0	3.7

注：FP 处理中的过磷酸钙和氯化钾全部作为基肥施用；BF 处理肥料施用量约为 FP 处理基肥用量的 60%。

试验于 2011 和 2012 两年进行，2011 年试验地点在西南玉米区选择了 3 个，2012 年试验地点在西南玉米区选择了 4 个，试验地点基本信息和表层土壤养分状况见表 4－22 和表 4－23。每处理 3 次重复，一共 18 个小区，随机区组排列，小区面积 20 m^2，行株距（密度）、田间除草、防病治虫等均按当地高产管理水平进行。

表 4－22　试验点基本信息

年度	试验点	土壤类型	玉米品种	种植密度（plant/亩）	种植方式	播种日期	收获日期
2011	四川简阳	紫色土	成单 30	4 000	点播	4 月 13 日	8 月 20 日
	云南芒市	红壤	云瑞 8 号	3 900	点播	5 月 9 日	9 月 3 日
	贵州贵阳	黄壤	黔单 16	3 500	条播	4 月 26 日	9 月 26 日
2012	四川简阳	紫色土	成单 30	3 500	点播	4 月 11 日	8 月 12 日
	云南芒市	红壤	云瑞 8 号	3 900	点播	5 月 31 日	9 月 28 日
	贵州贵阳	黄壤	黔单 16	3 500	点播	4 月 19 日	10 月 9 日
	湖北恩施	砂壤	雅玉 889	3 000	点播	4 月 6 日	8 月 24 日

表 4－23　试验点供试土壤 0～20 cm 容重及养分含量

年度	试验点	质地分类	土壤容重（g/cm^3）	pH	速效钾（mg/kg）	有效磷（mg/kg）	有机质（g/kg）	全氮（g/kg）	碱解氮（mg/kg）
2011	四川简阳	粗粉质重壤土	1.44	7.26	114	14.1	14.4	1.09	65.6
	云南芒市	粘粗粉质轻黏土	1.46	5.93	295	12.9	15.8	1.29	172.0
	贵州贵阳	粗粉粘质轻黏土	1.30	5.22	171	47.4	19.4	1.72	230.0
2012	四川简阳	粗粉质重壤土	1.44	6.82	179	27.0	17.5	1.74	95.7
	云南芒市	粘粗粉质轻黏土	1.37	5.86	278	15.8	16.1	1.34	162.3
	贵州贵阳	粗粉粘质轻黏土	1.35	5.34	177	44.3	18.2	1.78	221.2
	湖北恩施	粗粉质中壤土	1.33	6.08	251	32.7	17.9	1.53	136.5

两年玉米生物量积累情况如图 4－7，结果表明，新型肥料处理中的 CF 和 BF 处理成

熟期干物质积累量较 FP 处理均有所增加，2011 年 CF 和 BF 处理分别比 FP 处理增加了 8.2 g/株和 13.5 g/株，2012 年 CF 和 BF 处理分别比 FP 增加了 16.9 g/株和 11.3 g/株，MOF 和 DB 处理与 FP 处理之间无显著性差异。4 个试验点施肥处理干物质总积累量较不施肥处理也均有显著增加，平均增量为 84.8 g/株。表明新型肥料处理在玉米植株生育后期依然有充足的养分供应，没造成玉米植株后期脱肥。

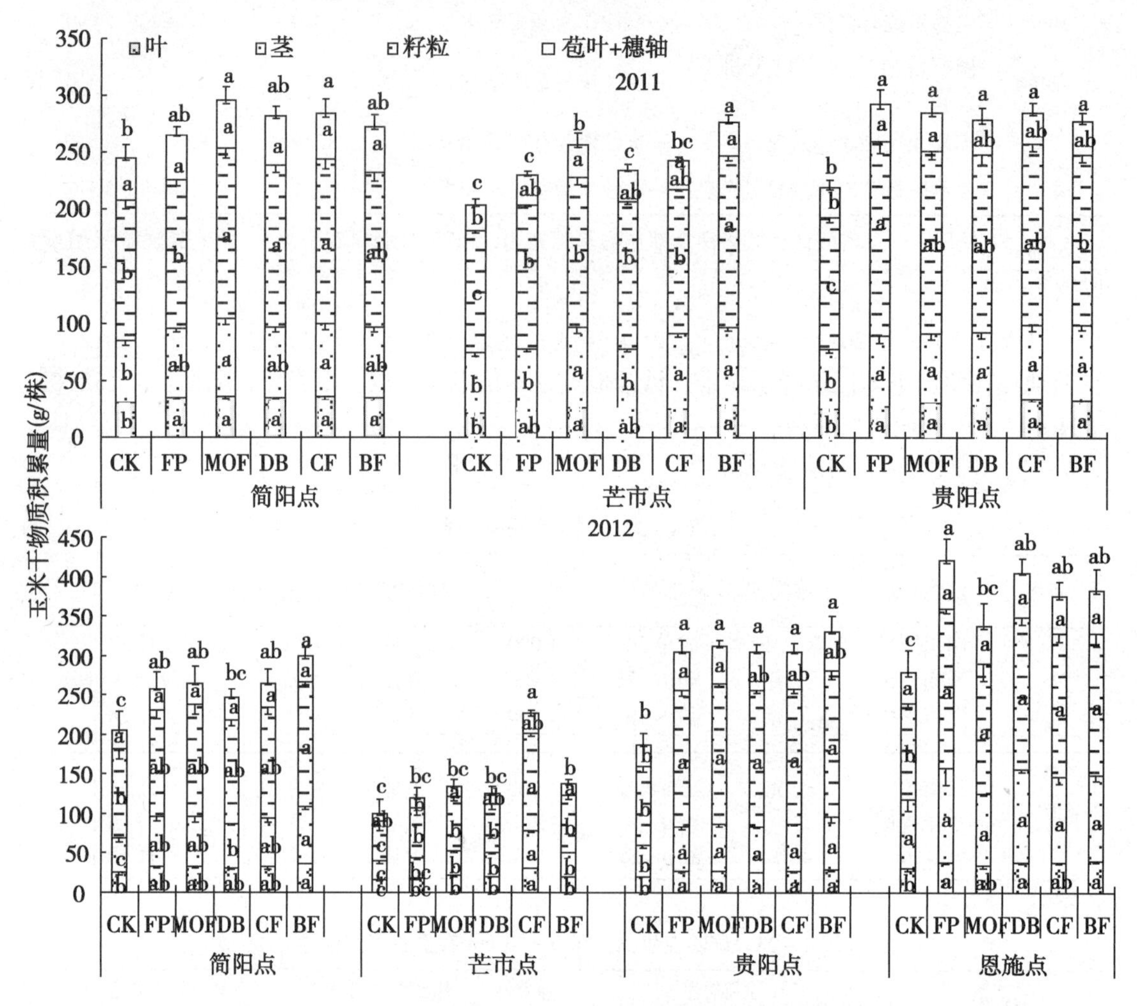

图 4-7　2011 年和 2012 年玉米成熟期干物质积累量

注：误差棒为平均值的标准误，图中小写字母表示不同肥料处理在 $P<0.05$ 水平差异显著

两年玉米产量情况如表 4-24，结果表明，2011 年，产量的高低顺序为 BF > MOF > CF > FP > DB > CK，BF 处理比 CK 处理增产 27.4%，新型肥料处理与不施肥处理之间均达到了 5% 的显著差异，玉米产量均有显著性的提高，而 4 种新型肥料处理与农民习惯施肥处理之间虽有一定的区别，但均未达到无显著性的差异，BF、MOF 和 CF 这 3 种新型肥料处理与 FP 处理相比，增产率分别提高了 4.0、2.7、0.7 个百分点，DB 处理与 FP 处理相比，则降低了 2.6 个百分点。2012 年，产量以 CF 最高，BF 居于其次，CF 和 BF 分别比 CK 处理增产 63.1% 和 56.7%，增产率比 FP 处理高了 10.6 和 1.2 个百分点。CF 与 BF 处理肥料用量比其它肥料处理都低，而产量却较高，说明 FP、DB 和 MOF 在一定程度上

存在肥料浪费的现象，肥料的过多投入并不与产量的增加成正比。综合两年各试验点产量的平均值后可知，BF 处理在 2011 年产量最高，而在 2012 年也仅仅是居于其次，处在第二位，同时肥料的施用量也是最低的，说明 BF 处理肥料的缓释效果最出色，单从产量的角度来看，BF 处理的肥料品种和肥料用量最值得推广应用。一次性施肥处理方式的产量与农民传统施肥方式相比，基本没有显著性差异，甚至还会有显著提高。说明在西南玉米区几个典型地点上，一次性施肥方式可以代替传统的基肥加上追肥的施肥方式，并且具有省时省工的效果。

表 4 - 24　2011 年和 2012 年不同试验点玉米产量　（kg/亩）

处理号	2011				2012				
	简阳	芒市	贵阳	平均	简阳	芒市	贵阳	恩施	平均
CK	527 ± 40b	419 ± 17c	406 ± 17b	451 ± 25b	397 ± 19b	213 ± 16c	347 ± 23b	369 ± 24c	332 ± 21b
FP	580 ± 24ab	491 ± 24b	597 ± 28a	556 ± 26a	475 ± 42ab	333 ± 29b	607 ± 27a	608 ± 17a	506 ± 29a
MOF	629 ± 43a	512 ± 25b	563 ± 31a	568 ± 33a	496 ± 39a	296 ± 25b	625 ± 15a	495 ± 27b	478 ± 27a
DB	584 ± 29ab	504 ± 20b	546 ± 16a	545 ± 22a	457 ± 24ab	291 ± 37b	603 ± 17a	574 ± 28ab	481 ± 27a
CF	624 ± 45a	494 ± 27b	560 ± 26a	559 ± 33a	490 ± 32a	533 ± 13a	595 ± 21a	545 ± 30ab	541 ± 24a
BF	610 ± 38a	585 ± 17a	527 ± 21a	574 ± 25a	551 ± 13a	343 ± 16b	645 ± 33a	540 ± 48ab	520 ± 27a
$LSD_{0.05}$	85	68	73	75	93	75	72	94	83

注：正负值为平均值的标准误，表中小写字母表示不同肥料处理在 $P < 0.05$ 水平差异显著

不同处理的土壤硝态氮变化如图 4 - 8 所示，可看出，CK 处理在 0 ~ 100 cm 中 NO_3^- - N积累量始终处于较低水平，整个土壤剖面 NO_3^- - N 总积累量也最低，随着土层深度的增大，各处理的 NO_3^- - N 积累量基本都呈下降趋势。在 0 ~ 20 cm 表层土壤中，总体上是以 MOF 处理 NO_3^- - N 积累量较高，在 20 ~ 60 cm 土层内，各施肥处理 NO_3^- - N 积累量的平均值均无显著差异，到了 60 ~ 100 cm 土层范围内，施肥处理之中以 FP 处理的 NO_3^- - N 积累量较高，较 4 种新型肥料处理积累量平均增量约为 0.9 kg/亩。由此表明，农民习惯施肥处理养分可能未被植株充分吸收利用，有一定的肥料随降雨下渗到较深的土层，导致 NO_3^- - N 积累量较高，而 4 种新型肥料处理肥料的缓释效果较好，养分能被玉米植株吸收，与农民习惯施肥处理一样，能提供充足的养分供应，同时减少了氮的淋失，还能省时省工（Whitmore 和 Schrëder，2007）。

本试验研究证明了在西南区有选择性地进行玉米一次性施肥是可行的（喻醯之，2013），但条件是地势要平缓，土壤要较黏重，土层深厚，保水保肥能力强，同时要选用缓控释肥或有机无机复合肥。即使不采用一次性施肥，可在玉米高产创建中采取底肥 + 两次追肥的轻简化施肥方法，即施足底肥，再在苗期—拔节期追施第一次肥，在大喇叭口—吐丝期追施第二次肥，有机肥和全部磷钾作底肥，氮 30% 作底肥，30% 第一次追肥，40% 第二次追肥（刘永红，2008）。这种轻简化施肥可在有条件的地方采用。另外，在有条件的地区，可以应用水肥一体化施肥技术进行适时自动化施肥，如果能在大面积高产创建中采用水肥一体化适时自动化施肥，可取得巨大的经济效益、生态效益和社会效益（Mohammad 等，2002；Jimenez-Bello 等，2010）。

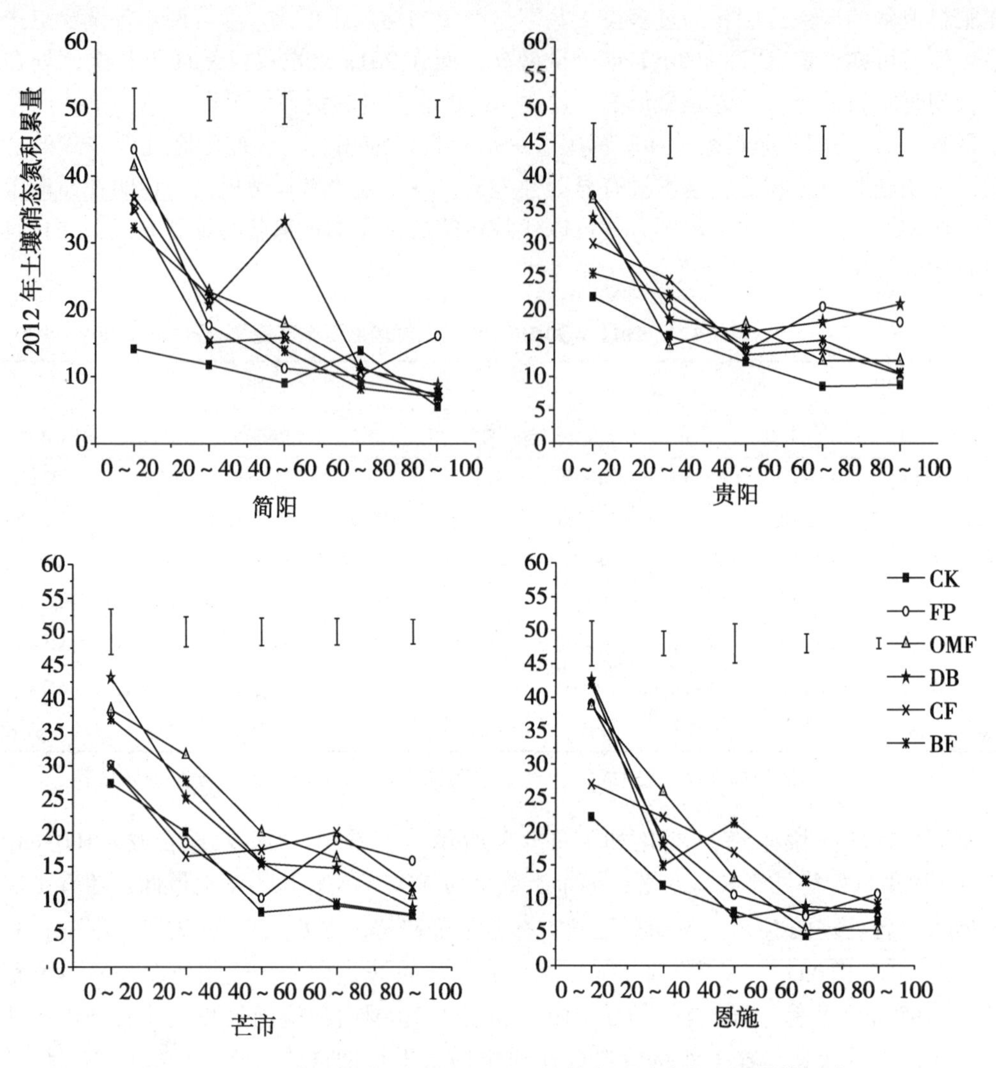

图 4-8　2012 年不同处理对 0~100cm 土壤剖面硝态氮积累量的影响

第三节　高产创建水分管理

四川玉米以旱作为主，研究明确玉米生长发育季节的需水和耗水，既有利于田间高产管理，又有利于优化调整玉米播期，高效利用降水资源。

一、玉米农田水分动态

据四川省农科院建在丘陵区的径流场定位监测表明（图 4-9）：玉米全生育期实际耗水 423.85 m^3/亩，水分利用效率 0.80 kg/m^3。丘陵区玉米农田的水分主要来源于降水、土壤供水和灌溉 3 个途径，其比例分别为降水占 66%、土壤供水占 29%、灌溉水占 5%，降水和土壤供水是丘陵区玉米用水的主要来源。

进一步分析玉米生长季内土壤含水量变化，结果表明：20~60 cm 土层土壤含水量在

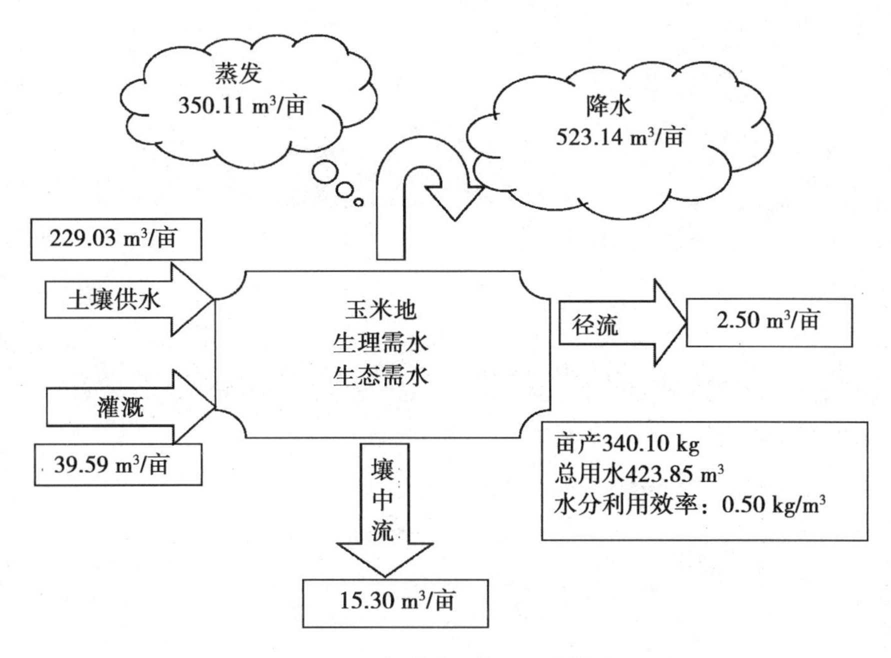

图 4－9　玉米农田水分平衡模式

13%～30%的范围内动态变化，且土壤含水量受降雨量的影响较大。总体而言，降雨量对 20 cm 和 40 cm 土层的影响大于对 60 cm 土层的影响（表 4－25）。这也说明降雨是玉米水分供给的主要来源，合理高效的利用降雨是玉米高产的主要途径。

表 4－25　降雨量与不同土层含水量的相关系数

年份	20 cm	40 cm	60 cm
2012	0.64**	0.49*	0.36
2013	0.54*	0.60**	0.59**

但该区域降雨年际间差异较大且时空分布不均匀（图 4－10）。总体而言，在玉米生长季节内 3—4 月降雨相对较少，5 月上旬降雨逐渐增多，在 6 月中下旬会出现降雨量减低，6 月下旬降雨量又增加并保持较高的降雨量，在 8 月中下旬再次出现降雨量减少。而出现降雨减少的时段正好与玉米播种—出苗、抽雄吐丝、乳熟等生育期吻合，因此在关键期进行补灌是玉米高产的关键技术。

二、玉米需水特性

玉米植株对水分胁迫反应极为敏感，土壤水分不足或偏多时会加剧株间竞争，导致大小苗、壮弱苗两极分化严重（陶世蓉等，2000），合理的水分供给是植株正常生长发育的必要条件，又是节水增效的关键。因此研究明确玉米植株的耗水是制定玉米合理灌溉制度的理论基础。四川省农业科学院作物所采用负压控水装置，在盆栽试验条件下研究了玉米耗水的动态变化。结果表明（表 4－26），单株玉米平均耗水量为 0.60 kg/d，拔节-抽雄期和抽雄-成熟期是玉米耗水最多的两个时期，总体而言玉米前期耗水较少后期耗水较多。

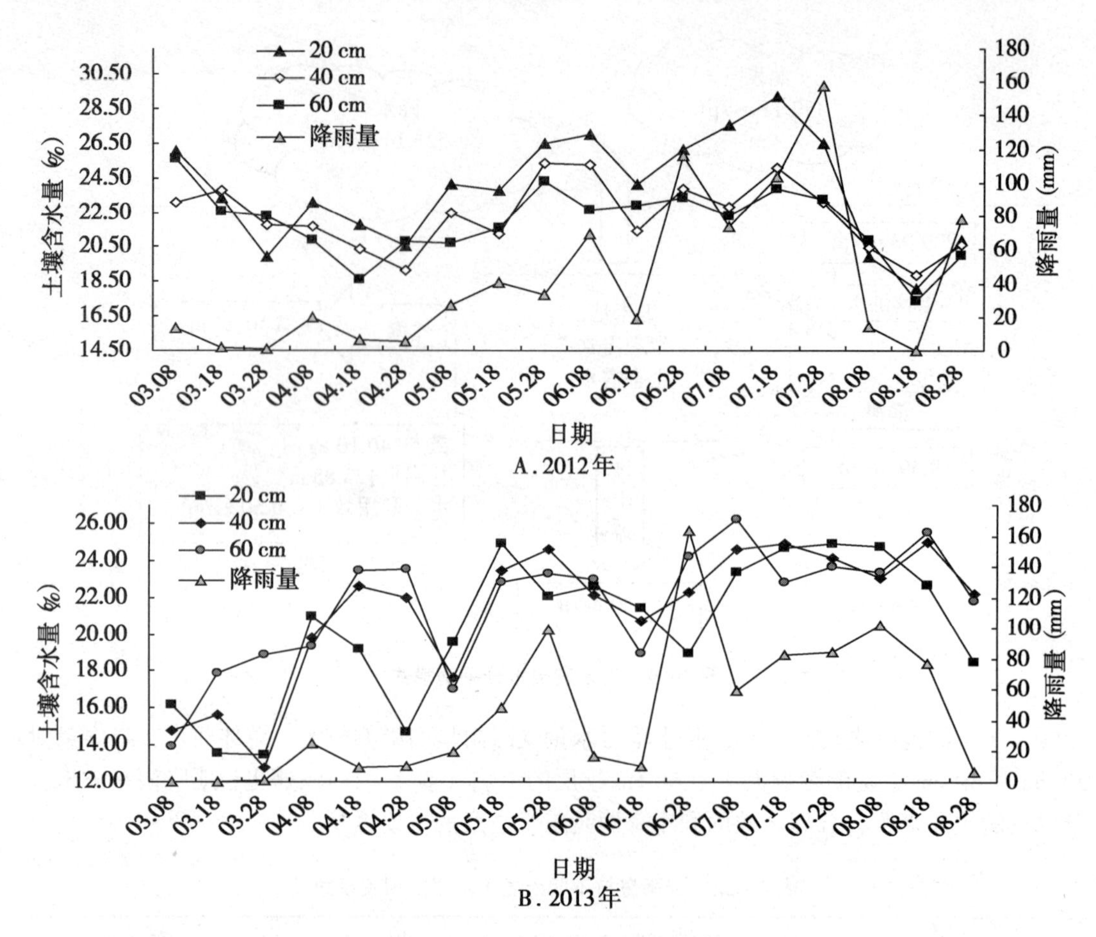

图 4-10　丘陵区土壤含水量与降雨量动态监测

其中播种—苗期耗水较少，日耗水 0.30 kg/株，阶段耗水 4.8 kg/株，占全生育总耗水量的 7.16%；苗期—拔节期需水开始增多，日耗水 0.29 kg/株，阶段耗水 7.83 kg/株，占全生育总耗水量的 11.77%；拔节—抽雄期为玉米一生中需水较多阶段，日耗水 0.73 kg/株，阶段耗水 17.52 kg/株，占全生育总耗水量的 26.3%；抽雄—成熟期为玉米一生需水最多阶段，日耗水 0.83 kg/株，阶段耗水 36.52 kg/株，占全生育总耗水量的 54.77%。

表 4-26　丘陵区玉米（单株）不同阶段需水量调查

指　标	播种—苗期	苗期—拔节期	拔节—抽雄期	抽雄—成熟期	全生育期
生育期天数（d）	16	27	24	44	111
日均耗水量（kg）	0.30	0.29	0.73	0.83	0.60
耗水量（kg）	4.8	7.83	17.52	36.52	66.67
占总耗水量的比例（%）	7.16	11.77	26.3	54.77	100

综合玉米农田水分平衡监测和植株耗水研究结果，推算出四川高产创建玉米亩产

600 kg、800 kg、1 000 kg 的总需水分别为 299.06 ~ 401.25 m^3、373.85 ~ 535 m^3、448.62 ~ 668.75 m^3。

三、适雨补灌技术模式

1. 适雨播种

玉米播期确定的依据就是使产量形成的关键期躲过夏伏旱造成的“卡脖子旱”。原来玉米主产区的安全播期是采用抽雄前 20 d 多年平均降雨量≥80 mm 的标准确定，该标准确定的播期使四川玉米单产从 1985 年的 3 750 kg 提高到 1997 年 4 500 kg/hm^2 以上。随着畜牧业发展对玉米的新需求以及玉米单产 5 250 kg/hm^2 以上的需水特性，近年研究提出了将玉米播期的确定方法更新为抽雄前后各 15 d 共计 30 d 平均降雨量≥80 mm，出现概率达 80%，确定主产区玉米产量形成安全期，以此为标准，推算出玉米主产县（市区）避旱减灾的播种期（表 4－27）。通过在简阳、威远等地的实践证明，新方法确定的播种期，并结合玉米品种从中早熟更换为中熟偏晚品种，既解决了营养生长和生殖生长并进期对水分的需求，又满足了灌浆期维持根叶正常生长所需的环境条件，从而实现了玉米的高产稳产。

表 4－27　玉米主产县的产量形成安全期及播种期

地名	安全期	播种期
宣汉	5 月 1—30 日	3 月 5—15 日
达川	5 月 1—30 日	3 月 5—15 日
广安	5 月 1—30 日	3 月 5—15 日
大竹	5 月 2—31 日	3 月 5—15 日
自贡	5 月 2—31 日	3 月 5—15 日
安岳	5 月 1—30 日	3 月 5—15 日
泸县	5 月 5 日—6 月 6 日	3 月 10—20 日
宜宾	5 月 7 日—6 月 6 日	3 月 10—20 日
南充	5 月 5 日—6 月 4 日	3 月 10—20 日
内江	5 月 10 日—6 月 9 日	3 月 10—20 日
乐山	5 月 8 日—6 月 7 日	3 月 10—20 日
西充	5 月 25 日—6 月 24 日	3 月 30—4 月 10 日
巴中	5 月 24 日—6 月 23 日	3 月 30—4 月 10 日
资中	5 月 24 日—6 月 23 日	3 月 30—4 月 10 日
荣县	5 月 29 日—6 月 28 日	3 月 30—4 月 10 日
威远	5 月 24 日—6 月 23 日	3 月 30—4 月 10 日
井研	5 月 28 日—6 月 27 日	3 月 30—4 月 10 日
资阳	6 月 3 日—7 月 3 日	4 月 15—25 日
仁寿	6 月 4 日—7 月 4 日	4 月 15—25 日
简阳	6 月 3 日—7 月 3 日	4 月 15—25 日
广元	6 月 3 日— 7 月 3 日	4 月 15—25 日
射洪	6 月 4 日— 7 月 4 日	4 月 15—25 日
遂宁	6 月 4 日— 7 月 4 日	4 月 15—25 日
乐至	6 月 4 日— 7 月 4 日	4 月 15—25 日
阆中	6 月 5 日—7 月 5 日	4 月 15—25 日

（续表）

地名	安全期	播种期
三台	6月6日—7月6日	4月15—25日
盐亭	6月7日—7月7日	4月15—25日
南部	6月4日—7月4日	3月15—25日
中江	6月8日—7月8日	4月20—30日
金堂	6月29日—7月9日	4月20—30日

注：数据根据1961—2005年逐日降雨量统计

2. 关键期补灌

以肥调水，以水调肥，充分发挥水肥协同效应和激励机制，对提高玉米的抗旱能力和水肥利用效率具有重要作用。根据玉米需水和需肥特征，在简阳研究了水肥耦合技术，结果表明（表5-28），在使用传统的氮、磷、钾肥状况下，玉米关键期用4水4肥的籽粒产量最高，用3水3肥次之，但是3水3肥的产量与4水4肥差异不显著，还可节约用水150 m^3/hm^2，水分利用效率比2水2肥提高0.04 kg/m^3。因此，以“1底2追”的3水3肥水肥耦合管理最佳。具体措施是：目标产量600 kg/亩、800 kg、1 000 kg在正常降雨情况下，每亩平均浇水15～20 m^3、18.7～26.8 m^3、22.4～33.4 m^3，一般平水年少浇，干旱年多浇。可将灌溉水分配到施底肥、拔节肥、孕穗肥时肥水对匀施用。

表4-28　玉米水肥耦合试验结果

处　理	产量		耗水量		水分利用效率	
	kg/hm^2	%	m^3/hm^2	%	kg/m^3	%
底30%+拔节20%+孕穗40%+粒10%	7 184.25	109.9	4 134.0	107.8	1.74	102.4
底30%+拔节20%+孕穗50%	6 918.75	105.9	3 984.0	103.9	1.74	102.4
底50%+孕穗50%（ck）	6 536.25	100.0	3 835.5	100.0	1.70	100.0

（本章撰稿：陈远学、李卓、杨勤、杨林波）

参考文献

[1] 迟仁立，左淑珍．土壤耕作现代化的探讨［J］．农业现代研究，1982（1）：23-26.

[2] 刘武仁，郑金玉，罗洋，等．玉米宽窄行种植技术的研究［J］．吉林农业科学，2007，32（2）：8-10，13.

[3] hang HL，Raun B. Oklahoma Soil Fertility Handbook，2006：1-138.

[4] 张福锁，范明生．主要粮食作物高产栽培与资源高效利用的基础研究［M］．中国农业出版社，2013：819-821.

[5] 侯鹏，陈新平，崔振岭，等.4种典型土壤上玉米产量潜力的实现程度及其因素分析［J］．中国生态农业学报，2012，20（7）：874-881.

[6] 陈国平，王荣焕，赵久然．玉米高产田的产量结构模式及关键因素分析［J］．玉米

科学，2009，17（4）：89－93.

[7] Fan MS，Lal R，Cao J，et al. Plant-based assessment of inherent soil productivity and contributions to China's cereal crop yield increase since 1980 [J]. PLOS One，2013，8（9）：e74617.

[8] 刘德江，李青军，高伟，等．施肥对玉米养分吸收利用、产量及肥料效益的影响 [J]. 中国土壤与肥料，2009，（4）：56－59.

[9] 刘永红．借鉴国内外高产创建经验提高四川玉米单产水平 [J]. 四川农业科技，2008，（4）：16－17.

[10] 庞良玉，张建华，林超文．四川丘陵玉米高产栽培技术要点 [J]. 四川农业科技，2008，（3）：30－31.

[11] 张福锁，陈新平，陈清．中国主要作物施肥指南 [M]. 中国农业大学出版社，2009.

[12] 张福锁，等．主要作物高产高效技术规程 [M]. 北京：中国农业大学出版社，2010.

[13] Giller KE，Cadisch G，Palm C. The North-South divide! Organic wastes，or resources for nutrient management? [J] Agronomie，2002，22：703－709.

[14] 王宜伦，李潮海，韩燕来，等．超高产夏玉米植株氮素积累特征及一次性施肥效果研究 [J]. 中国农业科学，2010，43（15）：3151－3158.

[15] 谷佳林，徐凯，张东雷，等．硫包衣尿素在夏玉米上的应用效果研究 [J]. 中国农学通报，2010，26（21）：194－197.

[16] 王永军，孙其专，杨今胜，等．不同地力水平下控释尿素对玉米物质生产及光滑特性的影响 [J]. 作物学报，2011，37（12）：2233－2240.

[17] 张民，史衍玺，杨守祥，等．控释和缓释肥的研究现状与进展 [J]. 化肥工业，2001，28（5）：7－30

[18] 李少昆，王崇桃．玉米生产科技农民需求调研报告 [J/OL]. 玉米通讯，2006.

[19] Whitmore AP，Schrëder JJ. Intercropping reduces nitrate leaching from under field crops without loss of yield：A modelling study [J]. European Journal of Agronomy，2007，27：81－88.

[20] 喻醯之．西南玉米几种新型肥料一次性施用效果的研究 [D]. 四川农业大学硕士论文，2013.

[21] Mohammad EA，Roberto SC，Ashim DG，et al. Impacts of fertigation via sprinkler irrigation on nitrate leaching and corn yield in an acid-sulphate soil in Thailand [J]. Agricultural Water Management，2002，52：197－213.

[22] Jimenez-Bello MA，Mar' inez F，Bou V，et al. Analysis，assessment，and improvement of fertilizer distributionin pressure irrigation systems [J]. Irrigation Science. 2010. 104：215－221.

[23] 陶世蓉，东先旺，张海燕，等．土壤水分胁迫对夏玉米植株性状整齐度的影响 [J]. 西北植物学报，2000，20（5）：812－817.

第五章　高产创建关键技术

栽培技术是挖掘品种和区域资源潜力的主要措施，实现“四度”联合调控的关键。高产创建中应用面积最大、普及率最高、增产增收效果最好的关键技术主要有地膜覆盖栽培、抗逆播种、缩行增密、病虫害综合防治及适时晚收技术。

第一节　地膜覆盖栽培

玉米地膜覆盖栽培具有增温、保墒、改善土壤物理性状、抑制草害等作用，促进玉米生长发育与提早成熟等效果，是玉米高产创建的主要栽培技术之一。四川省从1985年试种地膜玉米以来，地膜玉米面积逐年增加。目前全省地膜玉米面积超过800万亩，占全省玉米面积的40%左右；在生产上主要推广全膜覆盖栽培和膜侧栽培两项技术模式。

一、增温保墒增产机理

1. 增温效果

以播种后30 d为例，监测土壤温度日变化反映覆盖的作用（图5－1）。全膜覆盖20 cm土层的日平均温度为27.21℃、膜侧栽培为24.93℃、露地为23.39℃，不同覆盖方式分别使20 cm土层的日平均温度比露地提高3.82℃和1.54℃。同时采用覆盖技术将会增大土壤温度日变化，全膜覆盖日温差为12℃，膜侧栽培日温差为8.85℃，对照为6.5℃，说明采用覆盖技术有利于提高土壤温度和日温差，能促进玉米早发芽和苗期干物质的积累。

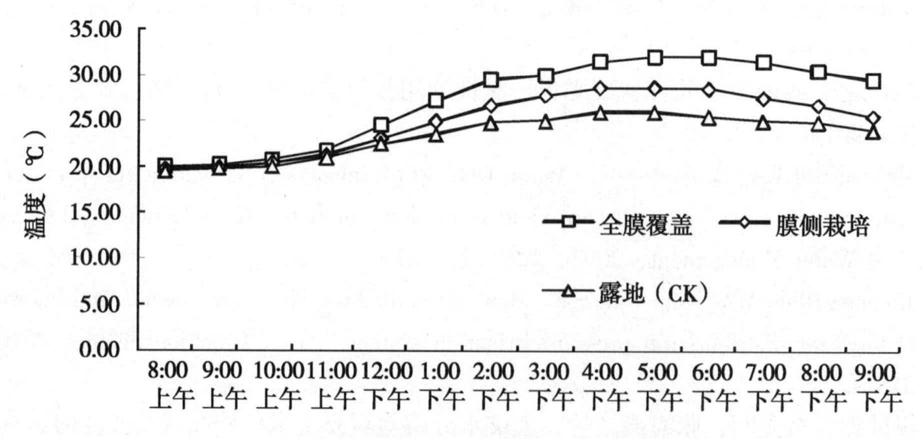

图5－1　不同覆盖方式土壤温度日变化

2. 节水效应

由表5－1分析表明，采用全膜覆盖与膜侧栽培用水量差异较小，在膜侧栽培覆盖面积减少一半，保墒抑蒸作用一定程度下降的情况下，通过利用盖膜后降水弥补了蒸发损失。与露地比较，全膜覆盖水分利用效率比对照高8.33%，每667 m^2节约用水41.0 m^3；膜侧栽培水分利用效率比传统露地栽培提高7.41%，每亩节约用水39.0 m^3。

表5－1 不同覆盖方式水分利用率调查结果

处 理	用水量（m^3/667 m^2）	用水效率（kg/m^3）	比对照（%）	节约用水（m^3/667 m^2）
全膜覆盖	584.1	1.17	8.33	41.0
膜侧栽培	586.1	1.16	7.41	39.0
露地（CK）	625.1	1.08	—	—

3. 增产效果

通过在丘陵区的试验示范调查（表5－2），膜侧栽培移栽和全膜覆盖移栽的产量较传统露地移栽分别增产17.7%和8.9%。膜侧栽培增产幅度较大，主要是由于膜侧栽培能有效地集纳盖膜后降雨，使玉米根系处于干湿交替的环境，有利于增加根量和增强根系活力，还能缓解玉米植株后期早衰、延长灌浆时间、显著增加穗粒数和粒重，降低穗部秃尖率。

表5－2 覆盖方式对玉米产量及产量构成的影响

处理	秃尖率（%）	穗粒数（粒）	千粒重（g）	产量（kg/667 m^2）	百分数
膜侧栽培＋移栽	8.0	499.7	353.3	555.4	117.7
全膜覆盖＋移栽	10.1	448.0	324.4	514.1	108.9
露地＋移栽	15.3	443.5	325.1	472.0	100.0
全膜覆盖＋直播	14.2	439.6	324.2	444.1	94.1
露地＋直播	14.3	439.6	315.8	423.1	88.2

二、全膜覆盖栽培技术规程

①良种选择。选用丰产、优质、中晚熟、抗耐主要病害的优良杂交种，山区可选用荃玉9号、川单14、正红311等品种，丘陵地区可选用成单30、川单418、正红505等品种。一般亩用种量为2 kg。推荐选购包衣种子，未包衣的种子在播种前必须精选、晒种、药肥拌种。

②选地与整地。选择土层较深厚，保水保肥能力较强，肥力中等以上的平地或缓坡地。整地要做到地平土碎，清除杂草。在秋季小麦播种时，规范开厢，实行“双三零”“双二五”“三五二五”中带种植或“双五零”“双六零”宽带种植，预留玉米种植带。

③中沟施底肥和底水：玉米播种或移栽前，在玉米窄行正中挖一条深20 cm的沟槽（沟两头筑档水埂），一般按每亩施磷肥50 kg、尿素10.5 kg、原粪1 000 kg对水500 kg作底肥和底水全部施于沟内，或者在沟内一次性施入“百事达”等长效缓释肥45～60 kg，后期不再追肥。施底肥后及时覆土或起宽垄60～80 cm，垄高5～10 cm，垄面圆头型小垄。选用厚度为0.005～0.008 mm、宽80～100 cm的普通聚乙烯薄膜，用量5～6 kg/亩。待降透雨或灌水后用地膜覆盖玉米整个种植行或垄上。铺膜时，要做到膜面平直，前后左右拉紧，使地膜紧贴地面，膜面光洁、采光面达70%左右。膜边用土压实，膜面上每隔2～3 m压一段土带，以防大风揭膜。

④适期早播。直播应以常年日平均气温稳定通过10℃为始播期，并结合当地种植制度适期早播。育苗移栽可比直播提前7～10 d播种。播种方法可先覆膜后播种，覆膜后使用“定距打孔器”进行定距打孔播种或人工挖窝点播，每穴播2～3粒种子，覆土2～3 cm封严播种孔；也可采用先播种后覆膜的播种方式，按行株距挖窝点播或开沟点播后刮平地面覆盖地膜。玉米一般宽窄行种植，宽行距83 cm～150 cm，窄行距40～50 cm。

⑤田间管理。及时放苗，适时定苗。早追苗肥，重施穗肥，采用传统肥料作底肥，后期再在拔节和孕穗期分两次追施尿素7 kg和16.5 kg/亩；实行病虫草害统防统治。为防止后期高温造成玉米根系早衰。当日平均气温超过35℃，或者是施用攻苞肥时及时揭膜。

⑥适应范围。该技术可在我省中山玉米区推广应用。

三、膜侧栽培技术规程

针对全膜覆盖栽培技术在丘陵低山玉米区不能充分纳蓄覆盖期间的降雨以及生育中后期高温导致植株早衰的问题，在全膜覆盖栽培基础上研究形成了膜侧栽培技术。该技术能保住土壤水，便于后期补水，还能促进雨水就地入渗，因而可提高降水利用效率；同时促进玉米根系下扎，降低穗位，减轻中后期高温对根系的影响，极大增强玉米抗旱抗倒能力。据试验示范调查，膜侧栽培每亩比全膜栽培节约地膜和引苗出膜用工成本55元，增收节支约113元，比露地栽培增收100元。

①待雨盖膜。结合沟施底肥和底水后复土，形成垄底宽50～60 cm，垄高5～10 cm，垄面呈瓦片型小垄。选用厚度为0.005～0.008mm、幅宽40～50 cm的普通聚乙烯薄膜，用量2.5～3 kg/亩。待降透雨或灌水后用农膜覆盖于双行玉米窄行或垄上。铺膜时，要做到膜面平直，前后左右拉紧，使地膜紧贴地面，膜面光洁。膜边用土压实，膜面上每隔2～3 m压一段土带，以防大风揭膜。

②膜际栽苗。将符合要求的玉米苗按行株距分级、定向移栽（直播）于盖膜的边际，每垄2行玉米。

③田间管理。由于玉米生长期季节性的降雨与季节性的干旱交替发生，这样也就使玉米根区处于干湿状态，促进了根系的发育，也能有效集纳盖膜后降水。同时玉米全生育期内可不揭膜，既有利于保持土壤水分，又不影响中后期田间施肥管理。

④其他田间管理措施同全膜覆盖栽培技术一致。

⑤适应范围。由于前期增温效果不如全膜覆盖栽培技术，因此该技术适合四川省丘陵低山玉米区推广应用。

第二节 抗逆播种技术

一、育苗移栽技术

从1986年在四川试点开始，育苗移栽技术成为西南玉米区推广最成功的栽培技术之一。在20余年的发展中，各地结合玉米生产现实，在当初的肥团和方格育苗基础上，形成了云南的子弹育苗和双膜育苗、重庆山区的穗轴育苗、四川盆周山区的酿热床育苗，以及近年适应集约化、简化高效的塑料软盘育苗和营养杯育苗移栽技术。1996年四川省育苗移栽技术推广应用1 813.05万亩，占全省玉米面积的68.69%。1997年重庆直辖后，其面积减少但占全省玉米面积的比例仍然维持在65%左右。

1. 增产机理

多年实践证明，育苗移栽能提高出苗率和幼苗整齐度（表5－3），对玉米尽早封行、形成冠层，利用生长前期光热资源以及与地膜覆盖结合提早播种，避开伏旱或阴雨寡照危害实现高产具有重要的作用。

表5－3 不同播栽方式对出苗率、整齐度的影响结果

处理	出苗率（%）	±CK（%）	株高（cm）	±CK（%）	整齐度	±CK（%）
肥团育苗	91.17	9.50	23.93	2.23	6.31	11.11
营养杯育苗	90.46	8.65	26.39	12.72	5.93	4.44
秸秆钵育苗	89.65	6.90	25.64	9.51	7.94	39.80
传统直播（CK）	83.86	—	23.41	—	5.68	—

应用育苗移栽技术还具有缓解玉米与其他作物共生的矛盾，培育“三苗”、降低株高和穗高、防倒的功能。通过育苗，将玉米的播种、出苗和幼苗期管理在苗床中进行，操作方便，可控性强，避免干旱、低温冰冻对苗期的危害。可以根据前作物的生育状况安排适期播种和移栽，缩短与前作物的共生期，缓解共生期中争光、争肥、争水的矛盾，有利于保全苗、争齐苗、育壮苗。也缓解了由于前作物的边际优势对玉米苗期荫蔽导致的茎基部节间拉长、秆不壮易倒伏的问题，能显著地增强植株的抗倒伏能力。

2. 育苗技术规程

育苗是确保移栽获得增产的基础。要针对不同生态区特点，选择简化育苗技术，培育适龄壮苗。

（1）因地选择好适宜的育苗方式（彩图5－2）

传统的育苗方式有带土的肥球育苗、方格育苗和不带土的水培育苗、撒播育苗分苗移栽、子弹育苗、玉米穗轴育苗等。实践证明：带土肥球和方格育苗移栽，具有容易培育适龄壮苗，移栽期弹性大、移栽伤根少、成活率高、缓苗期短、底肥施用方便等优点，但是作团手工操作费工、移栽费力，集约化程度低，最近几年，在此基础上发展的软盘育苗移栽和营养杯育苗移栽技术，既省工、省力，又能实现集约化育苗，值得大面积推广。应当注意分类选择，土壤有机质含量高的冲击土、纱溪庙和蓬莱镇发育的紫色土，并且移栽期墒情好的土壤宜选择软盘育苗移栽技术；土壤黏重的黄壤、红壤和遂宁组发育的紫色土，并且移栽期墒情较差的土壤宜采用营养杯育苗移栽技术。目前，正在研发的秸秆杯一次性播栽技术更能适应四川乃至西南地区的生态生产条件。

（2）安排好播种与茬口

在多熟制条件下，播种育苗期的安排除应当考虑气候、安全抽雄和灌浆脱水等因素，特别应重视茬口的衔接，否则，影响适龄移栽和抢墒移栽。玉米产区的生态条件复杂，要根据当地的实际安排好播期与茬口。在没有设施条件下，一般早春播玉米盖膜育苗的播种期，以日平均气温稳定通过在9℃、苗龄20 d中左右为宜，晚春播或夏播苗龄5～10 d，并根据茬口情况作相应调整。

（3）掌握好育苗关键技术（彩图5－3）

①营养土配制。不管任何育苗方式，营养土的配制最为重要。通常是用30%～40%的腐熟有机渣料，60%～70%的肥沃细土为基本材料，每100 kg料土加入磨细过筛的过磷酸钙1 kg，尿素0.1 kg，经过混合均匀后，加清粪水至“手捏成团，触地即散”时为宜。

②作苗床。一般选择土质肥沃疏松，避风向阳，水源和管理方便而又靠近本田的旱地作苗床，先深挖整平，作成1.3～1.7 m宽的小厢，便于盖膜、管理和起苗，四周作小垄防苗床集水。有条件的地区，可集中在大棚内育苗。

③播种方式与数量。将软盘或营养杯装80%营养土后，压实在苗床中，每杯或每孔播1～2粒，撒盖细土1～2 cm后盖地膜，育苗的数量，要多于计划密度所要求的10%以上，或根据播前发芽实验结果确定。

④苗床管理。其基本要求是通过调节苗床的水分和温度，培育健壮、整齐的秧苗。早春播种的要严盖地膜，保持床土湿润和较高的温度，以利出苗。出苗后，及时揭膜炼苗，防止烧苗，并防治病虫和鼠雀危害。要根据床土湿度和秧苗情况，施用清淡粪水提苗保苗，确保壮而不旺。若因故不能适时移栽，要及时管理，以免移栽时损伤过多新根，延长缓苗期。主要措施是：一是截断胚根蹲苗。在玉米幼苗3叶期以后，应及时截断胚根，促进次生根发育，抑制地上部生长，在苗床上蹲苗。采用软盘、营养杯（筒）育苗的，可通过移动杯盘，截断从杯盘底部伸出的胚根。二是少施少管。根据床土湿度和秧苗情况，当早晨玉米苗出现萎蔫状态时，应选择傍晚或清早用清淡粪水浇施，以苗床不见流水为止，适当“肥水饥饿”，干湿交替锻炼玉米苗的抗旱能力。三是增施送嫁肥水。在移栽的头一天，每平方米苗床用0.1 kg尿素对水浇施玉米苗，增施“送嫁肥水”，有利于大龄苗尽快缓苗返青，提高移栽成活率。四是叶面喷施抗旱剂。大龄苗移栽到大田后，叶面喷施抗旱促根剂，如FA旱地龙、旱不怕等，尽量缩短缓苗期，达到抗旱、保苗、促根壮苗的目的。

3. 移栽技术

以有利于本田成活早、返青快，达到苗匀、株壮为目标。根据育苗方式和移栽条件在2～3片可见叶时移栽。移栽可采取“座水座肥移栽”，并根据秧苗大小分类、分级、分段定向移栽。栽后要复土盖窝不低于1 cm，防止干旱暴晒肥球，影响根秆生长。

4. 栽后管理

以促根、壮苗为中心，紧促紧管。要勤查苗，早追肥，早治虫，并结合中耕松土促其快返苗，早发苗，力争在穗分化之前尽快形成合理的营养体，为高产奠定基础。

二、盖膜打孔直播技术

为适应农村劳动力锐减的要求，集成提出了盖膜打孔直播技术。该技术较露地直播技术，改善了玉米出苗阶段的土壤温度和湿度，提高了玉米出苗率，满足了中后期抗旱保墒需求。

①足墒盖膜。盖膜前浇足底水，或待降水使湿土层达到15 cm以上时，及时全膜覆盖或半量膜侧覆盖。

②加大播种量。为保证基本苗，降低风险，一般打孔点播每穴3~5粒，每亩用种量2~2.5 kg。

③提高播种质量。播种应深浅一致，深度控制在3~5 cm之间种子不过深、不落干。播种时应尽量播匀，且种、肥隔离防止烧根、烧苗。播后覆土3~4 cm，覆土要均匀细碎，最好用土杂肥盖种，以利出苗整齐。

④满足高产水肥管理要求。按照实现目标产量要求，进行水肥管理。

⑤适应范围。该技术适合玉米与其他作物共生矛盾不突出、播种水源保证较好的地区推广应用。

第三节　缩行增密技术

项目组调查发现，由于长期的间套作习惯，使玉米的平均行距多为0.83~1.0m，加上播前整地质量较差，导致四川玉米生产商种植密度普遍偏低，一般不足3 000株/亩。同时，种业为提高新品种种子销售卖点，大力宣传推广“大棒”（大穗）品种，一定程度上助推了稀植、大穗品种的应用。诸多因素共同限制了耐密品种及增密增产技术的推广应用。在国家玉米产业体系等资助下，2008—2014年在简阳、南充、绵阳设置耐密品种筛选和增密栽培技术等联合试验，以便构建玉米增密增产的技术体系。

一、高产耐密品种筛选

2008—2013年，选择98个（次）玉米品种，设置低密度（3 200株/亩）和高密度（4 200株/亩）在简阳、南充和绵阳3点联合开展高产耐密品种筛选试验（表5-4）。试验结果表明：在相同条件下，98个（次）玉米品种低密度和高密度的平均籽粒产量分别为486.27 kg/亩和510.27 kg/亩，增密增产4.94%。其中，简阳点种植密度每增加1 000株亩产增加46.42 kg、南充点为17.05 kg、绵阳点为2.74 kg。

表5-4　2008—2013年高产耐密试验产量结果　（kg/667 m²）

年份	低密度产量				高密度产量			
	简阳	南充	绵阳	平均	简阳	南充	绵阳	平均
2008	654.61	527.04	—	590.83	754.13	545.22	—	649.68
2009	441.98	461.79	—	451.89	464.55	488.48	—	476.52

（续表）

年份	低密度产量				高密度产量			
	简阳	南充	绵阳	平均	简阳	南充	绵阳	平均
2010	481.24	379.57	—	430.41	425.31	354.52	—	389.92
2011	603.46	524.60	564.60	564.22	712.86	495.45	577.20	595.17
2012	495.60	396.17	425.85	439.21	572.96	424.88	425.56	474.47
2013	496.26	402.95	423.90	441.04	521.85	485.86	419.80	475.84
平均	528.86	448.69	471.45	486.27	575.28	465.74	474.19	510.27

由图5－4可知，不同年份不同品种产量表现存在显著差异，以每年度高低密度产量超过当年所有品种高低密度平均产量为筛选指标（图中处于右上象限位的品种），结合年度间的稳产性，筛选出以成单30、仲玉3号、神珠7号、中单808、先玉508、国豪玉7号、正红505等为代表的耐密高产品种。

二、缩行增密栽培

合理的田间群体结构是影响玉米产量的关键因素。2009—2010年，在简阳、南充、绵阳3点开展了增密行距联合试验。试验采用双因素随机区组试验设计，以播种密度和种植行距为处理因素，其中，种植密度设置低密度（南充、绵阳：2 800株/亩，简阳：3 200株/亩）、高密度（南充、绵阳：3 300株/亩，简阳：4 200株/亩）两个水平；平均种植行距设置0.5 m、0.67 m、0.83 m和1 m 4个水平。

表5－5　增密行距试验结果　（kg/亩）

密度	行距	南充	绵阳	简阳	平均
低密度	0.50 m	375.78 c C	452.77 ab AB	573.56 c B	467.37 bc B
	0.67 m	399.00 bc BC	426.05 b AB	519.78 c B	448.28 c B
	0.83 m	406.28 bc ABC	442.11 ab AB	568.62 c B	472.34 bc B
	1.00 m	412.17 b ABC	377.28 b B	563.35 c B	450.93 c B
高密度	0.50 m	436.11 ab AB	516.59 a A	748.89 a A	567.20 a A
	0.67 m	424.11 ab ABC	428.64 b AB	679.12 b A	510.62 b AB
	0.83 m	453.11 a A	420.64 b AB	676.59 b A	516.78 b AB
	1.00 m	433.23 ab AB	390.54 b B	686.63 ab A	503.47 b AB

试验结果表明（表5－5）：不同密度间差异达到极显著水平，其中，高密度产量较低密度增产64.79 kg/亩，增幅达到14.09%。不同行距对产量的影响在不同密度情况下表现不同。在低密度种植条件下不同行距间差异不显著；在高密度种植条件下差异达到显著水平，其中，0.50 m行距产量显著高于其它行距，且总体而言呈现随行距增加而逐步下降的趋势。由此可见，要通过玉米增密增产，必须研究配套的种植技术。本试验结果表明，

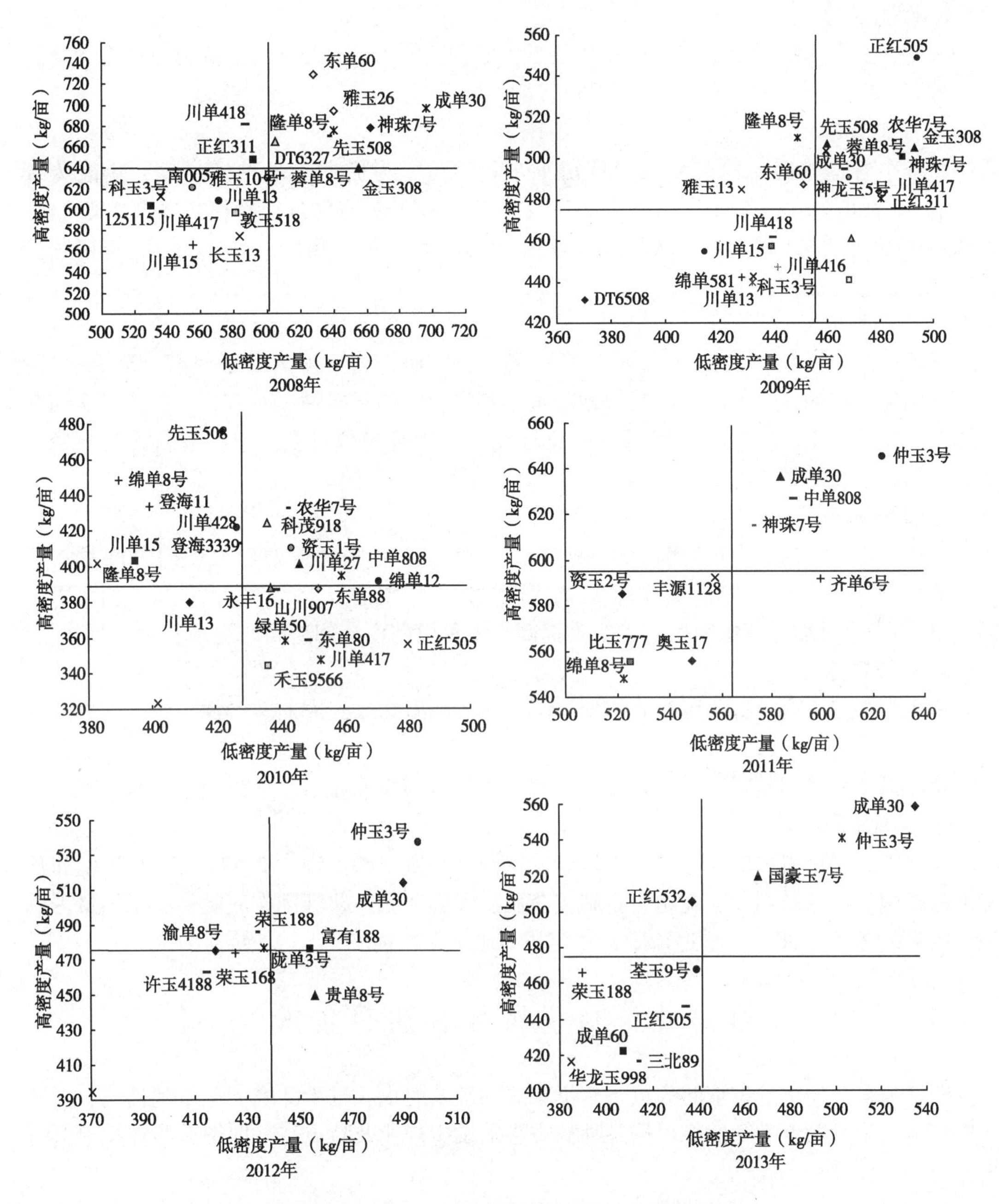

图 5－4　2008—2013 年高产耐密品种筛选结果

通过缩小行距可保障增密的增产效应得以发挥。

三、增密增产技术模式

以改善群体结构、提高群体整齐度、增加群体产量为目标，集成了“耐密品种、规范套作、育苗移栽、缩行增密、地膜覆盖、平衡施肥”等增密增产技术模式，挖掘玉米生产潜力。主要内容如下。

1. 耐密品种

选用适宜本区的耐密高产品种，如荃玉9号、成单30、仲玉3号、正红505等耐密高产品种。

2. 规范套作

秋季小春播种时，规范开厢，预留玉米种植带。为提高玉米种植密度，应改传统“双三〇”种植为“双二五”或“双二〇”；同时根据开厢宽度选择种植模式，“双二五”可选用小麦/玉米或马铃薯/玉米模式，并适当减少小春种植带宽；“双二〇”选用马铃薯/玉米模式，或蔬菜/玉米模式。

3. 育苗移栽

育苗移栽能培育“三苗”，降低株高、穗高，防倒，利于玉米尽早封行，形成冠层，充分利用生长前期光热资源，同时与地膜覆盖相结合，提早播种，对避开夏、伏旱实现高产具有重要的作用。在移栽时使用“定位打孔器”进行定位打孔，单株双行，定向错窝移栽，确保移栽质量。

4. 缩行增密

一般生产上改传统平均行距100 cm为66～80 cm，亩植株数增加500～1 000株。通过调节行株距来改善田间冠层结构，提高光能利用率，促进玉米增产。高产攻关田可采用50～65 cm，通过缩行疏株密植，大幅度提高玉米种植密度，创造高产纪录。

5. 地膜覆盖

玉米育苗结束后，对预留行进行松土、开沟，沟宽20 cm左右、沟深10 cm左右。开好沟后，先将化学肥料均匀撒于沟的下层，上面再撒农家肥。垒土作厢，做成低度瓦背型，将厢面土块整细整平，下雨后盖膜。盖膜质量做到膜面光洁，采光面达70%左右。

6. 平衡施肥

在肥料管理过程中应注意：一要做到平衡施肥，氮：磷：钾为2：1：2，有机肥和化肥配合施用。二要做到分次施用，重施攻苞肥。深施底肥，磷钾肥作底肥，氮肥用量占总施氮肥量的20%～30%，早追苗肥，巧施拔节肥，猛攻穗肥。

第四节　病虫害综合防控技术

四川玉米常发及危害重的病虫害有玉米螟、玉米蚜虫、玉米叶螨、玉米纹枯病、玉米叶斑病类、玉米病毒病等，要根据各种病虫害的发生规律及特点，采取综合防控技术进行早预防、早控制。

一、农业防治

选用优良品种，实行轮作倒茬；在玉米收获后应彻底清除田间病残体，并及时深翻，可减少越冬虫源和菌量，同时，加强肥水管理，提高抗病力。

二、药剂防治

1. 地下害虫（蛴螬、金针虫、耕葵粉蚧等）

利用70%噻虫嗪种衣剂、70%吡虫啉可湿性粉剂拌种或含有上述成分的种衣剂包衣，可以有效控制地下害虫。同时对苗期蓟马、蚜虫及灰飞虱有一定的控制作用。

2. 玉米螟

用辛硫磷或毒死蜱颗粒剂点心。在玉米螟卵孵化率达到30%时喷洒Bt制剂或使用氯氟氰菊酯喷雾。

3. 玉米蚜虫

玉米蚜虫在点片发生和盛发初期施药，可使用吡虫啉（或抗蚜威、啶虫脒、吡蚜酮、高效氯氟氰菊酯等），按使用说明用量均匀喷雾防治。

4. 玉米叶螨

叶螨点片发生时，可选用阿维菌素、炔螨特、哒螨灵、噻螨酮等，按使用说明用量均匀喷雾防治或相互进行合理混配喷施。

5. 玉米纹枯病

结合中耕除草剥掉基部叶鞘，露出茎秆，可减轻发病。发病初期可在茎基叶鞘上喷施井冈霉素或菌核净，间隔7～10 d再1次。

6. 玉米叶斑病类

发病初期，可叶面喷施丙环唑；苯醚甲环唑、代森锰锌（全络合态）、甲基硫菌灵、吡唑醚菌酯、吡唑醚菌酯等药剂，视发病情况7～10 d喷1次，共喷2～3次。

7. 玉米病毒病

玉米粗缩病和矮花叶病是病毒性病害，由蚜虫和飞虱传毒。可在玉米四叶期，用啶虫脒等喷雾防治蚜虫及灰飞虱；玉米播种后出苗前实施化学除草的同时加入有机磷杀虫剂，消灭粗缩病毒病传毒媒介灰飞虱栖息地。

三、玉米螟绿色防控

1. 毒·蜂杀虫卡

在玉米螟产卵初期至卵盛期，统一释放病毒·赤眼蜂2～3次，将毒·蜂杀虫卡挂在中部叶片背面的叶脉上，每亩4～5个。

2. 灯光诱杀

在玉米螟成虫羽化期，可使用杀虫灯诱杀各代成虫，对越冬代成虫可结合性诱剂诱杀。

3. 性诱剂诱杀

在越冬代玉米螟成虫羽化的始见期之前安装玉米螟性信息素诱捕器。每亩安放1～2个诱捕器。悬挂距离地面1.5 m。每个诱捕器放1枚诱芯，每30～40 d更换一次诱芯，诱捕器可以重复使用。

4. 生物农药

在玉米大喇叭口期，可用Bt乳剂对适量水，与细河砂混拌均匀，晾干后点心；或用每克含300亿孢子的白僵菌粉对细砂，混拌均匀后点心。

第五节 适时晚收

收获期是影响玉米产量和品质的重要因素之一，选择适宜的收获期是获得高产优质玉米的关键。徐茂林等（2010）研究表明，玉米鲜籽粒粒重的变化规律为先增加较快，后增加缓慢。然而，干千粒重一直增加较快，说明后期玉米籽粒主要增加的是淀粉等内容物，适当推迟收获有利于提高玉米千粒重。一般情况下，早熟品种在开花授粉55 d左右收获最好，中晚熟品种在开花授粉后的60 d左右收获最好，有利于促使籽粒外观品质、内在品质及效益达到最大化。

一、玉米收获指标

四川玉米主产区多为间套种植地块，玉米籽粒成熟后应及时收获，有利于甘薯和大豆等下茬作物的生长。收获过早，籽粒灌浆尚未结束，籽粒不饱满，影响产量和品质；收获过晚，如遇连绵阴雨天气，果穗易发霉变质。

一般玉米授粉后30 d左右，籽粒顶部的胚乳组织开始硬化，与下部多汁胚乳部分形成一横向界面层即乳线。随着淀粉沉积量增加，乳线逐渐向下推移。授粉后50 d左右，果穗下部籽粒乳线消失，出现黑分层，籽粒含水量降到30%以下，果穗苞叶变白并且包裹程度松散，此时籽粒完全成熟，是玉米最佳的收获时期。因此，玉米籽粒生理成熟的标志主要有两个（彩图5-5）：一是籽粒基部剥离层组织变黑，黑层出现；二是籽粒乳线消失。

二、适时晚收

实际生产中，农户为促进下茬作物的生长，常在果穗苞叶刚发黄时收获，此时玉米正处于蜡熟期（吐丝后40～45 d），千粒重仅为完熟期的90%左右，一般减产10%左右。研究表明（表5-6）：播种期在4月上旬的玉米，7月下旬至8月上旬是灌浆的最后阶级（蜡熟至完熟期），每晚收1 d，千粒重增加2～5 g，亩增加产量5～10 kg。因此，应改变过去“玉米苞叶变黄、籽粒变硬即可收获”为“玉米叶干枯、黑层出现、乳线消失即籽粒生理成熟时收获”，适当晚收。一般丘陵区春玉米在8月上旬收获为宜。

表5-6　收获时间对成单30千粒重及产量影响结果

收获期（月/日）	吐丝后天数（d）	苞叶颜色	千粒重（g）	千粒重日增重（g）	亩穗数	穗粒数	理论产量（kg/亩）	占最高产量（%）
7月8日	30	绿色	160.24	10.07	4 095	549	360.25	57
7月13日	35	绿色	196.91	7.33	4 095	549	442.69	70
7月18日	40	黄白	232.44	7.11	4 095	549	522.57	83
7月23日	45	黄白	265.80	6.67	4 095	549	597.56	94
7月28日	50	白色	275.97	2.03	4 095	549	620.42	98
8月2日	55	白色	279.37	0.68	4 095	549	628.06	99
8月7日	60	变干	281.37	0.40	4 095	549	632.57	100

三、高产创建区域玉米生育进程及收获

四川玉米主产区气候、生态条件及种植制度复杂，播种主要受茬口、降水条件及温度的影响，收获期受播种时间、生育期长短以及灌浆期和收获期天气的影响。因此，在大量生产实践和气象数据分析的基础上，制定了四川玉米主产区适宜播种与适时晚收的时期

(表5－7)，供各地参考。

表5－7 四川玉米主产区春玉米适宜栽种与收获时期

分区	适播(栽)期	收获期	备注
盆东南丘陵春玉米区(包括宜宾、泸州、自贡)	3月10日至3月31日	7月10日至7月30日	
盆中浅丘春玉米区(包括内江、遂宁、南充、资阳)	3月20日至4月10日	7月30日至8月15日	2月25日至3月10日育苗
盆西北平丘春夏玉米区(包括成都、绵阳、德阳、眉山)	3月20日至4月10日	7月30日至8月20日	
盆周边缘山地玉米区(包括广元、巴中、达州、广安)	3月20日至4月30日	7月20日至8月30日	3月20日开始育苗
川西南山地玉米区(包括甘孜、阿坝、西昌、攀枝花)	3月15日至5月20日	9月10日至10月10日	高海拔山区(≥2 000 m)
	5月1日至6月15日	9月1日至9月15日	河谷沟坝与干热河谷区(＜2 000 m)，播种时间依据降雨情况

(本章撰稿：杨勤、刘永红、蒋凡、杨林波)

参考文献

[1] 刘永红．西南玉米耐旱生理与抗逆栽培［M］，北京：中国农业科技技术出版社，2009.11：198－233.

[2] 陈国平，高聚林，赵明，等．近年我国玉米超高产田的分布、产量构成及关键技术［J］．作物学报，2012，38(1)：80－85.

[3] 李向岭，李从锋，葛均筑，等．播期和种植密度对玉米产量性能的影响［J］．玉米科学，2011，02：95－100.

[4] 田红琳，杨华，周汝平，等．种植密度对不同玉米性状和产量的影响［J］．中国农学通报，2013，30：100－104.

[5] 丰光，李妍妍，景希强，等．玉米不同种植密度对主要农艺性状和产量的影响［J］．玉米科学，2011，19(1)：109－111.

[6] 勾玲，黄建军，张宾，等．群体密度对玉米茎秆抗倒力学和农艺性状的影响［J］．作物学报，2007，33(10)：1688－1695.

[7] 马国胜，薛吉全，路海东，等．关中灌区夏播陕单8806玉米密度与播期耦合技术研究［J］．中国农学通报，2007，23(3)：185－189.

[8] 李小勇，唐启源，李迪秦，等．不同种植密度对超高产稻田春玉米产量性状及光合生理特性的影响［J］．华北农学报，2011，26(5)：174－180.

[9] 徐茂林，周得宝，陈洪俭，等．淮北地区夏玉米高产的适宜收获期研究［J］．中国农学通报，2010，26(7)：103－107.

第六章　高产创建技术模式

第一节　丘陵低山玉米产区

一、区域特点

丘陵低山玉米区主要包括海拔在1 000 m以下的盆地内盆中、盆西北、盆东南丘陵区，主要种植模式为小麦（油菜、蔬菜等）/玉米/甘薯（大豆）一年3熟，多在3月上中旬—4月上中旬播种，7月中旬至8月中旬收获。该区域属亚热带季风气候，年平均温度15.2～17.6℃，≥10℃年积温5 000～8 000℃，无霜期300～365 d；年日照时数850～1 400 h，年降水量800～1 300 mm。土壤类型以紫色土、黄壤为主。该区域玉米面积近1 000万亩，目前，平均有效灌溉面积不足10%，玉米多靠雨养。此外，土壤贫瘠、施肥水平只相当于全国平均的79.2%，玉米产量处于全省平均产量水平略高。影响该区域玉米高产的制约因素：一是干旱、洪涝、低温冻害、阴雨寡照等气象灾害发生频繁；二是密度低，苗期管理粗放，难以一次性全苗、壮苗、齐苗；三是玉米纹枯病、大小斑病、玉米螟等病虫害发生面积大、危害重。

二、亩产800 kg技术模式（表6－1）

根据超高产攻关实践，四川省丘陵低山区实现玉米亩产800 kg的产量构成为亩收获有效穗4 000～5 000穗、单穗重达到180～200 g，即在保证4 000穗/亩基础上，平均穗行数为16～18行，平均行粒数40粒以上，千粒重不低于300 g。技术模式内容如下。

1. 品种选择

选用耐密高产、种植4 000株/亩以上不倒伏、抗纹枯病和穗粒腐、苗期耐低温和穗期耐高温的高产玉米新品种，如成单30、正红505等。

2. 地块选择

选择土壤肥沃，有机质含量＞0.8%，速效氮＞60 mg/kg，速效磷＞15 mg/kg，速效钾＞100 mg/kg；年日照时数≥1 000 h、玉米关键生长季昼夜温差＞7℃、生育期内降水量＞500 mm或水源有保证的区域。

3. 精细播种

（1）精选种子及种子处理

所选种子应该达到纯度≥98%，发芽率≥90%，净度≥98%，含水率≤13%，并按照规定进行了种子包衣。

（2）播种

①播种时期：春季播种时间一般为3月20日—4月20日。根据所在区域的自然灾害特点（避开倒春寒和高温伏旱）和耕作制度可适当提早。

②播种量：播种量一般为1.5～2.0 kg/亩，可根据品种千粒重酌情增减。

③育苗移栽：丘陵玉米主产区土壤“酸、黏、瘦、薄”，直播深浅不一、出苗不整齐，“一步跟不上、步步跟不上”。育苗移栽可确保玉米苗全、苗齐、苗壮。亩产800 kg的高产田最好采用育苗移栽。

④合理密植：耐密中穗型玉米品种留苗4 500～5 000株/亩，耐密大穗型玉米品种留苗4 000～4 200株/亩。为了在高密度种植情况下增强行间通透性，降低田间湿度，挖掘光热资源潜力，高产创建田宜采用宽窄行种植。四川最佳的宽窄行种植规格是宽行距1.17 m、窄行距0.5 m，或宽行距0.83～0.9 m，窄行距0.4～0.5 m。

4. 肥水管理技术

丘陵玉米主产区多为坡耕地，保水保肥力差，且大部分地区常发生季节性春、夏、伏旱。因此，必须坚持“以肥促根、以磷促根、以肥调水、以水调肥”的原则，以提高肥料和水分利用效率。

（1）施足底肥水

玉米播栽前对窄行进行深松，在窄行间挖一条深20 cm、宽10 cm的“肥水沟”。先将化学肥料均匀撒于沟的下层，上面再撒农家肥。施尿素10～15 kg/亩、过磷酸钙50 kg/亩、硫酸锌1.5 kg/亩、氯化钾15 kg/亩、硫酸镁4 kg/亩，腐熟干粪2 000 kg/亩，浇底水5 000～10 000 kg/亩。有条件的地区，可一次性施入60～80 kg/亩控释专用肥，中后期根据田间长势酌情追施化肥。

（2）早追苗肥或巧施拔节肥，以磷促氮促壮苗

4～6叶是玉米的需磷临界期，易造成土壤速效磷供应不足，从而导致玉米苗矮小纤细，甚至出现整株紫茎紫叶，严重者导致苗衰苗枯。此时应结合中耕除草早追苗肥或巧施拔节肥，追肥数量为过磷酸钙20～30 kg/亩，尿素5～10 kg/亩，对匀人畜粪水3 000 kg/亩。

（3）重施穗肥，水肥齐上促高产

玉米孕穗期是水肥敏感期。在玉米大喇叭口期或见展叶差4.5～5叶或叶龄指数50%～60%时猛施穗肥，以农家水粪对匀速效氮肥，肥水齐上以促使穗分化。所施穗肥占总施氮量的50%，即尿素20～25 kg/亩，对匀人畜粪水5 000～10 000 kg/亩。

5. 病虫害综合防治

玉米病虫害主要有大小叶斑病、纹枯病、地老虎、黏虫和玉米螟等。一旦发生病虫为害，应及早防治。具体措施如下。

（1）大小叶斑病防治

发病初期，使用43%好力克乳剂（15 ml/亩，对水50 kg），或用25%必朴尔乳剂（12 ml/亩，对水50 kg），或用50%多菌灵粉剂（100 g/亩，对水50 kg），或用50%朴海因乳剂（30 ml/亩，对水50 kg）进行喷雾防治。

（2）土传病害防治

土传病害主要为纹枯病和茎腐病。纹枯病发病初期可及时剥去感病叶鞘和病叶，切断蔓延“桥梁”以阻止危害蔓延。同时，使用20%井岗霉素可湿性粉剂（50 g/亩，对水

50 kg）进行喷雾防治。对于茎腐病可使用50%多菌灵粉剂（100 g/亩，对水50 kg）进行喷雾防治。

（3）虫害防治

为保护生态环境和食品安全，防治虫害应以采用高效低毒的化学农药和生物制剂为宜。针对玉米螟，可采用50%锐劲特乳剂（30 ml/亩，对细沙2 kg）或白僵菌粉剂（20 g/亩，对细沙2 kg）进行点心防治。对于蚜虫可采用艾美乐70%水分散颗粒剂（1.4～1.9 g/亩，对水50 kg）进行喷雾防治。

6. 适时收获

于玉米成熟期即籽粒乳线基本消失、基部黑色层出现时收获。收获后，及时晾晒。

表6－1　四川省丘陵低山区玉米亩产800 kg高产创建技术规范模式

<table>
<tr><td rowspan="2">月份</td><td colspan="3">3</td><td colspan="3">4</td><td colspan="3">5</td><td colspan="3">6</td><td colspan="3">7</td><td colspan="3">8</td></tr>
<tr><td>上</td><td>中</td><td>下</td><td>上</td><td>中</td><td>下</td><td>上</td><td>中</td><td>下</td><td>上</td><td>中</td><td>下</td><td>上</td><td>中</td><td>下</td><td>上</td><td>中</td><td>下</td></tr>
<tr><td>节气</td><td>惊蛰</td><td></td><td>春分</td><td>清明</td><td></td><td>谷雨</td><td>立夏</td><td></td><td>小满</td><td>芒种</td><td></td><td>夏至</td><td>小暑</td><td></td><td>大暑</td><td>立秋</td><td></td><td>处暑</td></tr>
<tr><td>品种及产量构成</td><td colspan="18">主要品种：成单30、正红505、先玉508等
产量构成：每亩4 500～5 000穗，每穗600～650粒，千粒重300 g左右，单穗粒重180～200 g</td></tr>
<tr><td rowspan="3">播前准备</td><td colspan="2">选地</td><td colspan="16">选择年日照时数1 000 h以上、玉米关键生长季昼夜温差7℃以上、生育期内降水量500 mm以上并有水源保证的区域</td></tr>
<tr><td colspan="2">肥水供应</td><td colspan="16">播栽前，对播种带整理，在行间挖一条深20 cm、宽10 cm的“肥水沟”。先将化学肥料均匀撒于沟下层，上面再撒农家肥。一般每亩施尿素10～15 kg、过磷酸钙50 kg、硫酸锌1.5 kg、氯化钾15 kg、硫酸镁4 kg，腐熟干粪2 000 kg，每亩浇底水5 000～10 000 kg</td></tr>
<tr><td colspan="2">种子准备</td><td colspan="16">所选种子应达到纯度≥98%，发芽率≥90%，净度≥98%，含水率≤13%，并按照规定进行种子包衣</td></tr>
<tr><td rowspan="2">精细播种</td><td colspan="2">适期播种</td><td colspan="16">春播时间一般为3月20日—4月20日。根据所在区域的自然灾害特点（避开倒春寒和高温伏旱）和耕作制度可适当提早或推迟，因地制宜确定当地最佳播种期，采用宽窄行育苗移栽。播种量一般每亩1.5～2.0 kg，可根据品种千粒重酌情增减</td></tr>
<tr><td colspan="2">育苗移栽</td><td colspan="16">亩产800 kg的玉米高产田最好采用育苗移栽方式，具体技术规范：
①选用背风向阳的肥沃菜园地，先深挖整平，做成1.3～1.7 m宽的苗床，便于盖膜、管理和起苗
②营养土配制以30%～40%的腐熟有机渣料和60%～70%的肥沃细土为基质，每100 kg料土加入1 kg过磷酸钙和0.1 kg尿素，混匀后加清粪水至“手捏成团，触地即散”时为宜
③将营养土装至营养杯或软盘的80%后，压实在苗床中。育苗数量要多于计划苗数的10%
④每杯或每孔播种1～2粒，撒细土盖种厚度不少于1 cm。用已备好的2 m长的竹片在苗床上搭上拱，再盖上2 m宽的农膜，四周用土压严实。出苗后，及时浇水和揭膜炼苗以防烧苗
⑤当苗床玉米幼苗达到2叶1心时，大田提前使用“定距移栽打孔器”进行定距打孔，再分级、定向、错窝、单株双行移栽。移栽苗比目标苗数多5%，在5～6片可见叶时进行间苗和定苗
⑥栽后管理。必须以促根、壮苗为中心，紧促紧管。要勤查苗，早追肥，早治虫，并结合中耕松土促其快返苗、早发苗，力争在穗分化之前尽快形成较大的营养体，为高产奠定基础</td></tr>
</table>

（续表）

<table>
<tr><td colspan="2" rowspan="2">月份</td><td colspan="3">3</td><td colspan="3">4</td><td colspan="3">5</td><td colspan="3">6</td><td colspan="3">7</td><td colspan="3">8</td></tr>
<tr><td>上</td><td>中</td><td>下</td><td>上</td><td>中</td><td>下</td><td>上</td><td>中</td><td>下</td><td>上</td><td>中</td><td>下</td><td>上</td><td>中</td><td>下</td><td>上</td><td>中</td><td>下</td></tr>
<tr><td colspan="2">节气</td><td>惊蛰</td><td></td><td>春分</td><td>清明</td><td></td><td>谷雨</td><td>立夏</td><td></td><td>小满</td><td>芒种</td><td></td><td>夏至</td><td>小暑</td><td></td><td>大暑</td><td>立秋</td><td></td><td>处暑</td></tr>
<tr><td rowspan="4">田间管理</td><td>化学除草</td><td colspan="18">用莠去津类胶悬剂和乙草胺乳油（或异丙甲草胺）混合，对水后在播后苗前土壤较湿润时进行土壤喷雾封闭除草。干旱年份或干旱地区，土壤处理效果差，可用莠去津类乳油对水在杂草2～4叶期进行茎叶喷雾。土壤有机质含量高的地块在较干旱时使用高剂量，反之使用低剂量，苗带施药按施药面积酌情减量。施药要均匀，做到不重喷、不漏喷，不能使用低容量喷雾器及弥雾机施药</td></tr>
<tr><td>间、定苗</td><td colspan="18">5～6叶期定苗。留大苗、壮苗、齐苗，不苛求等距，但要按单位面积保苗密度留足苗</td></tr>
<tr><td>追肥</td><td colspan="18">①苗肥：4～6叶可见叶时，结合中耕培土，追施过磷酸钙20～30 kg/亩，尿素5～10 kg/亩，对匀人畜粪水3 000 kg施用
②穗肥：大剌叭口期，或见展叶差4.5～5叶，或用叶龄指数50%～60%时猛施穗肥，以农家水粪对匀速效氮肥，肥水齐上，促进穗分化。穗肥占总施氮量的50%，即每亩尿素20～25 kg，对匀人畜粪水5 000～10 000 kg
③花粒肥：玉米生长后期若脱肥，用1%尿素溶液+0.2%磷酸二氢钾进行叶面喷施。时间最好为上午9时前或下午5时后</td></tr>
<tr><td>病虫害防治</td><td colspan="18">①大斑病：50%多菌灵可湿性粉剂500倍液，或有50%退菌特可湿性粉剂800倍液等药剂，于玉米雄花期喷1～2次，每隔10～15 d喷1次
②小斑病：发病初期，用50%多菌灵可湿性粉剂500倍液，或用65%代森锰锌可湿性粉剂500倍液等药剂，从心叶末期到抽雄期每7 d喷1次，连喷2～3次
③纹枯病：初期剥去感病叶鞘和病叶，同时用20%井冈霉素喷雾防治
④玉米螟：
• 白僵菌防治：春季玉米螟化蛹前，用白僵菌75～100 g/m³与10倍的细土（或滑石粉）拌匀，喷粉防治；6月末可在植株心叶间投洒白僵菌防治，1、2龄玉米螟幼虫；或在玉米放螟羽化盛期用50%锐劲特乳剂熏杀羽化成虫。
• 赤眼蜂防治：一般在6月初至7月10日剖秆调查。玉米螟化蛹率达20%时，后推11 d第1次放蜂（每亩0.7万头），5～7 d后第2次放峰（每亩0.8万头）。每亩1～2个点，将蜂卡固定在植株中部叶片背面，将螟虫消灭在孵化前</td></tr>
<tr><td colspan="2">适时收获</td><td colspan="18">玉米籽粒成熟后及时收获，收获后及时晾晒脱粒</td></tr>
<tr><td colspan="2">备　注</td><td colspan="18">在干旱地区可推广膜侧栽培技术</td></tr>
</table>

三、亩产600 kg技术模式（表6－2）

根据高产创建实践，丘陵低山区实现玉米亩产600 kg的产量构成为亩收获有效穗3 500～4 000穗、单穗重达到150～180 g，平均单穗结实550～600粒，千粒重280～300 g。技术模式内容如下。

1. 品种选择

选用种植3 500株以上不倒伏、抗青枯病和纹枯病、耐高温的品种。如成单30、川单189、正红6号、隆单8号、川单418、仲玉3号等。

2. 地块选择

四川丘陵低山区季节性干旱发生频率高，季节性干旱是影响丘陵低山区玉米大面积高产创建的主要因素。因此，选择有机质含量 > 0.6%，速效氮 > 40 mg/kg，速效磷 > 10 mg/kg，速效钾 > 80 mg/kg；年日照时数≥850 h、生育期内降水量 > 400 mm 且有一定灌溉保证的区域开展高产创建。

3. 精细播种

（1）精选种子及种子处理

所选种子应该达到纯度≥95%、发芽率≥85%、净度≥95%、含水率≤13%，并按照规定进行了种子包衣。

（2）播种

①播种时期

适宜播种期为 3 月 20 日—4 月 30 日。

②种植方式和密度

可采用宽窄行种植，规格是宽行距 1.17 ~ 1.5 m、窄行距 0.5 m 左右。耐密中穗型玉米品种留苗 4 200 株/亩，确保收获 4 000 穗/亩；耐密大穗型品种留苗 3 800 株/亩，确保收获 3 500 穗/亩。

③育苗移栽或盖膜打孔直播

有条件的地区可采用育苗移栽。大面积可推广盖膜打孔直播技术。

4. 肥水管理技术

底肥施用尿素 10 ~ 15 kg/亩、过磷酸钙 30 ~ 40 kg/亩、硫酸锌 1 kg/亩、氯化钾 10 kg/亩，浇底水 5 000 kg/亩；苗期追施过磷酸钙 20 kg/亩、尿素 5 ~ 6 kg/亩，对水 3 000 kg/亩；穗肥施尿素 15 ~ 20 kg/亩、对匀人畜粪水 5 000 ~ 8 000 kg。

5. 病虫害综合防治

玉米病虫害主要有大小叶斑病、纹枯病、地老虎、黏虫和玉米螟等。一旦发生病虫为害，应及早防治。具体措施如下：

（1）叶斑病防治

发病初期，使用 43% 好力克乳剂（15 ml/亩，对水 50 kg），或用 25% 必朴尔乳剂（12 ml/亩，对水 50 kg），或用 50% 多菌灵粉剂（100 g/亩，对水 50 kg），或用 50% 朴海因乳剂（30 ml/亩，对水 50 kg）进行喷雾防治。

（2）土传病害防治

土传病害主要为纹枯病和茎腐病。纹枯病发病初期可及时剥去感病叶鞘和病叶，切断蔓延"桥梁"以阻止危害蔓延。同时，使用 20% 井岗霉素可湿性粉剂（50 g/亩，对水 50 kg）进行喷雾防治。对于茎腐病可使用 50% 多菌灵粉剂（100 g/亩，对水 50 kg）进行喷雾防治。

（3）虫害防治

为保护生态环境和食品安全，防治虫害以采用高效低毒的化学农药和生物制剂为宜。针对玉米螟，可采用 50% 锐劲特乳剂（30 ml/亩，对细砂 2 kg）或白僵菌粉剂（20 g/亩，对细砂 2 kg）进行点心防治。对于蚜虫可采用艾美乐 70% 水分散颗粒剂（1.4 ~ 1.9 g/亩，对水 50 kg）进行喷雾防治。

6. 适时收获

于玉米成熟期，即籽粒乳线基本消失、基部黑色层出现时收获。收获后，及时晾晒。

表 6－2 四川省丘陵低山区玉米亩产 600 kg 高产创建技术规范模式

<table>
<tr><td rowspan="2">月份</td><td colspan="3">3</td><td colspan="3">4</td><td colspan="3">5</td><td colspan="3">6</td><td colspan="3">7</td><td colspan="3">8</td></tr>
<tr><td>上</td><td>中</td><td>下</td><td>上</td><td>中</td><td>下</td><td>上</td><td>中</td><td>下</td><td>上</td><td>中</td><td>下</td><td>上</td><td>中</td><td>下</td><td>上</td><td>中</td><td>下</td></tr>
<tr><td>节气</td><td>惊蛰</td><td></td><td>春分</td><td>清明</td><td></td><td>谷雨</td><td>立夏</td><td></td><td>小满</td><td>芒种</td><td></td><td>夏至</td><td>小暑</td><td></td><td>大暑</td><td>立秋</td><td></td><td>处暑</td></tr>
<tr><td>品种及产量构成</td><td colspan="18">主要品种：成单 30、川单 189、正红 6 号、隆单 8 号、川单 418、仲玉 3 号等。
产量构成：每亩 3 500～4 000 穗、单穗重达到 150～180 g，平均单穗结实 550～600 粒，千粒重 280～300 g</td></tr>
<tr><td rowspan="3">播前准备</td><td colspan="2">选地</td><td colspan="16">选择年日照时数 1 000 h 以上、玉米关键生长季昼夜温差 5℃以上、生育期内降水量 400 mm 以上且有一定灌溉保证的区域</td></tr>
<tr><td colspan="2">肥水供应</td><td colspan="16">播栽前，对窄行进行深松，在窄行间挖一条深 20 cm、宽 10 cm 的“肥水沟”。先将化学肥料匀撒于沟下层，上面再撒农家肥。一般每亩施尿素 15～20 kg、过磷酸钙 30 kg、硫酸锌 1 kg、氯化钾 15 kg，腐熟干粪 1 000 kg，每亩浇底水 5 000 kg</td></tr>
<tr><td colspan="2">种子准备</td><td colspan="16">所选种子应达到纯度≥95%，发芽率≥85%，净度≥95%，含水率≤13%，并按照规定进行种子包衣</td></tr>
<tr><td rowspan="2">精细播种</td><td colspan="2">适期播种</td><td colspan="16">春播时间一般为 3 月 20 日至 4 月 30 日。根据当地最佳播种期，采用宽窄行盖膜打孔直播。播种量一般每亩 2.0～2.5 kg，可根据品种千粒重酌情增减</td></tr>
<tr><td colspan="2">盖膜直播</td><td colspan="16">亩产 600 kg 的玉米高产田可推广盖膜打孔直播技术。具体技术规范：
①足墒盖膜。盖膜前浇足底水，或待降水使湿土层达到 15 cm 以上时，及时全膜覆盖或半量膜侧覆盖
②加大播种量。为保证基本苗，降低风险，一般打孔点播每穴 3～5 粒，每亩用种量 2～2.5 kg
③提高播种质量。播种应深浅一致，深度控制在 3～5 cm 种子不过深、不落干。播种时应尽量播匀，且种、肥隔离防止烧根、烧苗。播后覆土 3～4 cm，覆土要均匀细碎，最好用土杂肥盖种，以利出苗整齐</td></tr>
<tr><td rowspan="4">田间管理</td><td colspan="2">化学除草</td><td colspan="16">用莠去津类胶悬剂和乙草胺乳油（或异丙甲草胺）混合，对水后在播后苗前土壤较湿润时进行土壤喷雾封闭除草。干旱年份或干旱地区，土壤处理效果差，可用莠去津类乳油对水在杂草 2～4 叶期进行茎叶喷雾。土壤有机质含量高的地块在较干旱时使用高剂量，反之使用低剂量，苗带施药按施药面积酌情减量。施药要均匀，做到不重喷、不漏喷，不能使用低容量喷雾器及弥雾机施药</td></tr>
<tr><td colspan="2">间定苗</td><td colspan="16">3 叶期间苗，4～5 叶期定苗。留大苗、壮苗、齐苗，不苛求等距，但要按单位面积保苗密度留足苗</td></tr>
<tr><td colspan="2">追肥</td><td colspan="16">①苗肥：拔节前，追施过磷酸钙 20 kg/亩、尿素 5～6 kg/亩，对水 3 000 kg/亩
②穗肥：大喇叭口期，或见展叶差 4.5～5 叶，或叶龄指数 50%～60%时猛施穗肥，以农家水粪对匀速效氮肥，肥水齐上，促进穗分化。穗肥占总施氮量的 50%，即每亩尿素 20～25 kg 对匀人畜粪水 5 000～8 000 kg</td></tr>
<tr><td colspan="2">病虫害防治</td><td colspan="16">①大斑病：50%多菌灵可湿性粉剂 500 倍液，或 50%退菌特可湿性粉剂 800 倍液等药剂，于玉米雄花期喷 1～2 次，每隔 10～15 d 喷 1 次
②小斑病：发病初期，用 50%多菌灵可湿性粉剂 500 倍液，或 65%代森锰锌可湿性粉剂 500 倍液等药剂，从心叶末期到抽雄期每 7 d 喷 1 次，连喷 2～3 次
③黏虫：6 月中旬至 7 月上旬，每株平均有 1 头黏虫时，用 2.5%功夫乳油或 20%速灭杀丁乳油按 20 毫升/亩并对水 30 kg 喷雾或 50%敌敌畏乳油 1 000倍液喷雾防治，将黏虫消灭在 3 龄前
④玉米螟：
• 白僵菌防治：春季玉米螟化蛹前，用白僵菌 75～100 g/m^3 与 10 倍的细土（或滑石粉）拌匀喷粉；6 月末可在植株心叶间投洒白僵菌防治，1、2 龄玉米螟幼虫；或在玉米放螟羽化盛期用 50%锐劲特乳剂熏杀羽化成虫
• 赤眼蜂防治：一般在 6 月初至 7 月 10 日剖秆调查。玉米螟化蛹率达 20%时，后推 11 d 第 1 次放蜂（每亩 0.7 万头），5～7 d 后第 2 次放峰（每亩 0.8 万头）。每亩 1～2 个点，将蜂卡固定在植株中部叶片背面，将螟虫消灭在孵化前</td></tr>
<tr><td>适时收获</td><td colspan="18">玉米籽粒成熟后及时收获，收获后及时晾晒脱粒</td></tr>
<tr><td>备注</td><td colspan="18">在干旱地区可推广膜侧栽培技术</td></tr>
</table>

四、典型案例（表 6 -3）

将丘陵低山区高产技术模式在简阳进行高产攻关和高产创建实践，采取的主要技术如下。

①规范带植，适期早播。小春开始，规范带植，预留玉米空行，带距为 1 m 或 0.8 m。玉米播种时根据茬口及当地时间尽量早播，于 3 月 20 日播种育苗。

②沟施底肥，膜侧栽苗。其方法是在玉米育苗结束后，对预留行进行松土、掏沟，沟宽 20 cm、沟深 10 cm 左右。掏好沟后，先将化学肥料均匀撒于沟的下层，上面再撒农家肥。底肥数量：每亩施三元复合肥 100 kg（N 素 20%、P 素 5%、K 素 5%），加过磷酸钙 50 kg，农家肥（牛粪）1 000 ~ 2 000 kg 对水 5 000 kg。施肥后，垒土作厢，做成低度瓦背型，将厢面土块整细整平，下雨后盖膜。盖膜质量做到了膜面光洁，采光面达 70% 左右。移栽时，将玉米栽于地膜两侧。

③增温育苗，规范移栽。采取方格盖膜增温育苗，在移栽时单株双行，定向错窝移栽，于 3 月 28 日移栽，种植密度一般为 3 200 ~ 4 000 株/亩。

④早追早治，重施穗肥。移栽成活后，于 4 月 5 日追施提苗肥一次，亩用尿素 5 kg、农家肥 200 kg 同时灌水 3 000 kg，提早防治病虫害；大喇叭口期（5 月 10 日）追施穗肥，亩用尿素 25 kg、农家肥 200 kg 同时灌水 5 000 kg 以上。在追肥时中耕培土，防止倒伏。

表 6 -3　四川省简阳市玉米高产创建示范田基本情况

	所在村镇	东溪镇万古村（上等田）	东溪镇万古村（中等田）	东溪镇万古村（下等田）
基本情况	验收面积（亩）	30.6	76.5	45.9
	涉及农户（户）	20	48	26
	种植品种	成单 30、隆单 8 号		
基础肥力（耕作前取耕层 20 cm 土样）	有机质（g/kg）	10.2		
	速效氮（mg/kg）	119.8		
	速效磷（mg/kg）	17.2		
	速效钾（mg/kg）	155.6		
生育进程	播种日期（月/日）	3/14	3/14	3/14
	出苗（月/日）	3/25	3/25	3/25
	抽雄（月/日）	5/18	5/18	5/18
	吐丝（月/日）	5/20	5/20	5/20
	完熟（月/日）	7/18	7/18	7/18
产量构成	亩株数（去空秆）	3 760	3 261.5	3 250.8
	亩实收穗数	3 870	3 380.36	3 362.2
	穗行数	15.9	16.7	16.5
	行粒数	42.5	34.95	35.3
	鲜出籽率（%）	77.8	81.6	80.8
	含水率（%）	28.8	27.95	28.1
	实产（kg/亩）	724.9	605.41	594.55

第二节　中山玉米产区

一、区域特点

中山玉米区主要指四川盆周山区和川西北、川西南高原区，即从四川盆地到云贵高原的过渡区域和低纬度高海拔地区。该区域多为一年一熟，种植面积1 000万亩以上，主要种植在海拔1 000～3 000 m的高山高原地带，光照充足，昼夜温差大，玉米产量形成期昼夜温差10℃左右。3月中下旬至5月上旬播种，8月下旬至9月上旬收获。区域内立体气候明显，年平均温度10～14℃，10℃以上的平均活动积温2 597℃，无霜期283 d，年日照时数平均2 000 h左右，年降水量平均400～1 000 mm，干湿季节分明，夏、秋季降雨占全年的74.3%。制约该区域玉米高产的主要因素：一是农田基础设施差；二是主导品种和先进实用种植技术缺乏；三是干旱缺水和灰斑病等灾害频繁；四是玉米田间管理粗放。

二、亩产1 000 kg技术模式（表6－4）

根据超高产攻关实践，四川省中山区实现玉米亩产1 000 kg的产量构成为亩收获有效穗6 000穗、单穗重达到180～200 g，即在保证6 000穗/亩基础上，平均穗行数为16～18行，平均行粒数35粒以上，千粒重不低于320 g。技术模式内容如下。

1. 品种选择

选用耐密高产、种植6 000株/亩以上不倒伏、抗丝黑穗病和穗粒腐、苗期耐低温和穗期耐高温的高产玉米新品种，如荃玉9号、登海605等。

2. 地块选择

选择土壤肥沃，有机质含量＞1.0%，速效氮＞60 mg/kg，速效磷＞15 mg/kg，速效钾＞100 mg/kg；同时，必须选择光照较充足、昼夜温差大、有灌溉保证或者降水较充沛的冷凉地区，且年日照时数≥1 200 h、玉米关键生长季昼夜温差＞10℃左右、生育期内降水量＞600 mm或水源充足的区域。

3. 精细播种

（1）精选种子及种子处理

所选种子应该达到纯度≥98%、发芽率≥90%、净度≥98%、含水率≤13%，并按照规定进行了种子包衣。

（2）播种

①播种时期：春季播种时间一般为3月中下旬至5月上旬。根据所在区域的自然灾害特点（避开倒春寒和高温伏旱）和耕作制度可适当提早或推迟。

②播种量：播种量一般为2.0～2.5 kg/亩，可根据品种千粒重酌情增减。

③育苗移栽：育苗移栽可确保玉米苗全、苗齐、苗壮。亩产1 000 kg的高产田最好采用育苗移栽。

4. 合理密植

耐密中穗型玉米品种留苗6 500～7 000株/亩，耐密大穗型玉米品种留苗6 000～6 200株/亩。为了在高密度种植情况下增强行间通透性，降低田间湿度，挖掘光热资源潜力，高产创建田宜采用1.33 m左右开厢，宽窄行种植。最佳宽窄行种植规格是宽行距0.8～0.9 m、窄行距0.4～0.5 m。

5. 肥水管理技术

采用“以肥促根、以磷促根、以肥调水、以水调肥”的原则，以提高肥料和水分利用效率。

（1）施足底肥水

玉米播栽前对窄行进行深松，在窄行间挖一条深20 cm、宽10 cm的“肥水沟”。先将化学肥料匀撒于沟的下层，上面再撒农家肥。施尿素15～20 kg/亩、过磷酸钙50 kg/亩、硫酸锌2 kg/亩、氯化钾15～20 kg/亩、硫酸镁4 kg/亩、硼砂1 kg/亩，腐熟干粪2 000 kg/亩，浇底水5 000～10 000 kg/亩。

（2）早追苗肥或巧施拔节肥，以磷促氮促壮苗

4～6叶是玉米的需磷临界期，易造成土壤速效磷供应不足，从而导致玉米苗矮小纤细，甚至出现整株紫茎紫叶，严重者导致苗衰苗枯。此时应结合中耕除草早追苗肥或拔节肥，追肥数量为过磷酸钙30～40 kg/亩，尿素10～15 kg/亩，对匀人畜粪水5 000 kg/亩。

（3）重施穗肥，水肥齐上促高产

玉米孕穗期是水肥敏感期。在玉米大喇叭口期或见展叶差4.5～5叶或叶龄指数50%～60%时猛施穗肥，以农家水粪对匀速效氮肥，肥水齐上以促使穗分化。所施穗肥占总施氮量的50%左右，即尿素20～25 kg/亩，对匀人畜粪水5 000～10 000 kg/亩。

6. 病虫害综合防治

玉米病虫害主要有大小叶斑病、锈病、纹枯病、地老虎、黏虫和玉米螟等。一旦发生病虫为害，应及早防治。具体措施如下。

（1）叶斑病防治

发病初期，使用43%好力克乳剂（15 ml/亩，对水50 kg），或用25%必朴尔乳剂（12 ml/亩，对水50 kg），或用50%多菌灵粉剂（100 g/亩，对水50 kg），或用50%朴海因乳剂（30 ml/亩，对水50 kg）进行喷雾防治。

（2）土传病害防治

土传病害主要为纹枯病和茎腐病。纹枯病发病初期可及时剥去感病叶鞘和病叶，切断蔓延“桥梁”以阻止危害蔓延。同时，使用20%井岗霉素可湿性粉剂（50 g/亩，对水50 kg）进行喷雾防治。对于茎腐病可使用50%多菌灵粉剂（100 g/亩，对水50 kg）进行喷雾防治。

（3）虫害防治

为保护生态环境和食品安全，防治虫害应以采用高效低毒的化学农药和生物制剂为宜。针对玉米螟，可采用50%锐劲特乳剂（30 ml/亩，对细砂2 kg）或白僵菌粉剂（20 g/亩，对细砂2 kg）进行点心防治。对于蚜虫可采用艾美乐70%水分散颗粒剂（1.4～1.9 g/亩，对水50 kg）进行喷雾防治。

7. 适时收获

于玉米成熟期即籽粒乳线基本消失、基部黑色层出现时收获。收获后，及时晾晒。

表 6-4　四川省中山区玉米亩产 1 000 kg 高产创建技术规范模式

月份	3			4			5			6			7			8			9	
	上	中	下	上	中	下	上	中	下	上	中	下	上	中	下	上	中	下	上	中
节气	惊蛰		春分	清明		谷雨	立夏		小满	芒种		夏至	小暑		大暑	立秋		处暑	白露	

项目		技术规范
品种及产量构成		主要品种：荃玉 9 号、登海 605、科玉 3 号等 产量构成：每亩 6 000 ~6 500 穗，每穗 550 ~600 粒，千粒重 320 g 左右，单穗粒重 180 ~200 g
播前准备	选地	选择年日照时数 1 200 h 以上、玉米关键生长季昼夜温差 10℃左右、生育期内降水量 600 mm 以上区域的地块
	肥水供应	播栽前，对播种带整理，在行间挖一条深 20 cm、宽 10 cm 的“肥水沟”。先将化学肥料匀撒于沟下层，上面再撒农家肥。一般每亩施尿素 15 ~20 kg、过磷酸钙 50 kg、硫酸锌 2 kg、氯化钾 15 ~20 kg、硫酸镁 4 kg、硼砂 1 kg，腐熟干粪 2 000 kg 以上，每亩浇底水 5 000 ~10 000 kg
	地膜覆盖	选用厚度为 0.005 ~0.008 mm，宽度为 80 ~100 cm 的普通聚乙烯薄膜，用量 5 ~6 kg/亩，对已完成底肥水施用，并做成垄面的厢面盖膜，做到膜面平直，前后左右拉紧，使地膜紧贴地面，膜面光面达 70% 以上，膜边压实，以防大风揭膜
	种子准备	所选种子应达到纯度≥98%、发芽率≥90%、净度≥98%、含水率≤13%，并按照规定进行种子包衣
精细播种	适期播种	春播时间一般为 3 月中下旬至 5 月上旬。根据所在区域的自然灾害特点（避开倒春寒和高温伏旱）和耕作制度可适当提早或推迟，因地制宜确定当地最佳播种期，采用宽窄行育苗移栽。播种量一般每亩 2.0 ~2.5 kg，可根据品种千粒重酌情增减
	育苗移栽	亩产 1 000 kg 的玉米高产田最好采用育苗移栽方式。具体技术规范： ①选用背风向阳的肥沃菜园地，先深挖整平，做成 1.3 ~1.7 m 宽的苗床，便于盖膜、管理和起苗 ②营养土配制以 30% ~40% 的腐熟有机渣料和 60% ~70% 的肥沃细土为基质，每 100 kg 料土加入 1 kg 过磷酸钙和 0.1 kg 尿素，混匀后加清粪水至“手捏成团，触地即散”时为宜 ③将营养土装至营养杯或软盘的 80% 后，压实在苗床中。育苗数量要多于计划苗数的 10% 以上 ④每杯或每孔播种 1 ~2 粒，撒细土盖种厚度不少于 1 cm。用已备好的 2 m 长的竹片在苗床上搭上拱，再盖上 2 m 宽的农膜，四周用土压严实。出苗后，及时浇水和揭膜炼苗以防烧苗 ⑤当苗床玉米幼苗达到 2 叶 1 心时，大田提前使用“定距移栽打孔器”进行定距打孔，再分级、定向、错窝、单株双行移栽。移栽苗比目标苗数多 5%，在 5 ~6 片可见叶时进行间苗和定苗 ⑥栽后管理。必须以促根、壮苗为中心，紧促紧管。要勤查苗，早追肥，早治虫，并结合中耕松土促其快返苗、早发苗，力争在穗分化之前尽快形成较大的营养体，为高产奠定基础

（续表）

<table>
<tr><td rowspan="2">月份</td><td colspan="3">3</td><td colspan="3">4</td><td colspan="3">5</td><td colspan="3">6</td><td colspan="3">7</td><td colspan="3">8</td><td colspan="2">9</td></tr>
<tr><td>上</td><td>中</td><td>下</td><td>上</td><td>中</td><td>下</td><td>上</td><td>中</td><td>下</td><td>上</td><td>中</td><td>下</td><td>上</td><td>中</td><td>下</td><td>上</td><td>中</td><td>下</td><td>上</td><td>中</td></tr>
<tr><td>节气</td><td>惊蛰</td><td></td><td>春分</td><td>清明</td><td></td><td>谷雨</td><td>立夏</td><td></td><td>小满</td><td>芒种</td><td></td><td>夏至</td><td>小暑</td><td></td><td>大暑</td><td>立秋</td><td></td><td>处暑</td><td>白露</td><td></td></tr>
<tr><td rowspan="4">田间管理</td><td>化学除草</td><td colspan="19">用莠去津类胶悬剂和乙草胺乳油（或异丙甲草胺）混合，对水后在播后苗前土壤较湿润时进行土壤喷雾。干旱年份或干旱地区，土壤处理效果差，可用莠去津类乳油对水在杂草 2～4 叶期进行茎叶喷雾。土壤有机质含量高的地块在较干旱时使用高剂量，反之使用低剂量，苗带施药按施药面积酌情减量。施药要均匀，做到不重喷、不漏喷，不能使用低容量喷雾器及弥雾机施药</td></tr>
<tr><td>间、定苗</td><td colspan="19">5～6 叶期定苗。留大苗、壮苗、齐苗，不苛求等距，但要按单位面积保苗密度留足苗。一般每亩 4 500 株以上</td></tr>
<tr><td>追肥</td><td colspan="19">①苗肥：拔节前，结合中耕培土，追施过磷酸钙 20～30 kg/亩、尿素 10～15 kg/亩，对水 5 000 kg/亩施用
②穗肥：大喇叭口期，或见展叶差 4.5～5 叶，或叶龄指数 50%～60% 时猛施穗肥，以农家水粪对匀速效氮肥，肥水齐上，促进穗分化。穗肥占总施氮量的 50%，即每亩尿素 20～25 kg 对匀人畜粪水 5 000～10 000 kg
③花粒肥：玉米生长后期若脱肥，用 1% 尿素溶液 +0.2% 磷酸二氢钾进行叶面喷施。时间最好为上午 9 时前或下午 5 时后</td></tr>
<tr><td>病虫害防治</td><td colspan="19">①大斑病：50% 多菌灵可湿性粉剂 500 倍液，或 50% 退菌特可湿性粉剂 800 倍液等药剂，于玉米雄花期喷 1～2 次，每隔 10～15 d 喷 1 次
②小斑病：发病初期，用 50% 多菌灵可湿性粉剂 500 倍液，或 65% 代森锰锌可湿性粉剂 500 倍液等药剂，从心叶末期到抽雄期每 7 d 喷 1 次，连喷 2～3 次
③黏虫：6 月中旬至 7 月上旬，每株平均有 1 头黏虫时，用 2.5% 功夫乳油或 20% 速灭杀丁乳油按 20 ml/亩并对水 30 kg 喷雾或 50% 敌敌畏乳油 1 000倍液喷雾防治，将黏虫消灭在 3 龄前
④玉米螟：
• 白僵菌防治：春季玉米螟化蛹前，对玉米和高粱秸、茬垛用白僵菌 $75\sim100g/m^3$ 与 10 倍的细土（或滑石粉）拌匀，喷粉封垛；6 月末可在植株心叶间投洒白僵菌防治，1、2 龄玉米螟幼虫；或在玉米放螟羽化盛期用 50% 敌敌畏乳油浸泡的高粱秆 2～3 根/m^3 熏杀羽化成虫
• 赤眼蜂防治：一般在 6 月初—7 月 10 日剖秆调查。玉米螟化蛹率达 20% 时，后推 11 d 第 1 次放蜂（每亩 0.7 万头），5～7 d 后第 2 次放蜂（每亩 0.8 万头）。每亩 1～2 个点，将蜂卡固定在植株中部叶片背面，将螟虫消灭在孵化前</td></tr>
<tr><td>适时收获</td><td colspan="20">玉米籽粒成熟后及时收获，收获后及时晾晒脱粒</td></tr>
</table>

三、亩产 800 kg 技术模式（表 6－5）

据高产创建实践，亩产 800 kg 的产量结构是每亩 4 000～4 500 穗、每穗 550～600 粒、千粒重 320 g 左右，单穗粒重 180～200 g。其技术模式内容如下。

1. 品种选择

选择耐密中大穗型品种，如川单 189、高玉 79、长玉 19、天玉 2008 等。

2. 播前准备

选择地势平坦，土质较好，排灌方便，肥力均匀、中上等的地块。播前精细整地，播种时施足底肥（农家肥和磷钾肥），及时防治地下害虫，确保全苗。

3. 精细播种

（1）精选种子及种子处理

为防治和减轻病虫害，所提供种子均应进行精选和包衣处理。

（2）适时播种

根据最佳节令调节播种期，播种时间一般为4月10—25日。

4. 合理密植

种植密度以4 200～5 000株/亩为宜。

5. 合理施肥

底肥施用尿素10～15 kg/亩、过磷酸钙50 kg/亩、硫酸锌1.5 kg/亩、氯化钾15 kg/亩，浇底水5 000 kg/亩；5～6叶期，结合间苗、锄草，施拔节肥（尿素10 kg/亩，过磷酸钙20～30 kg/亩），对水5 000 kg/亩；大喇叭口期，结合中耕培土，重施攻穗肥（尿素25～30 kg/亩），浇水5 000～10 000 kg/亩。

6. 加强田间管理

及时中耕除草，防治病、虫、鼠害，及时灌溉和排涝。

7. 适时收晒，妥善贮存

于玉米成熟期，即籽粒乳线基本消失、基部黑色层出现时收获。收获后，及时晾晒。

表6－5　四川中山区玉米亩产800 kg高产创建技术规范模式

<table>
<tr><td rowspan="2">月份</td><td colspan="3">4</td><td colspan="3">5</td><td colspan="3">6</td><td colspan="3">7</td><td colspan="3">8</td><td colspan="2">9</td></tr>
<tr><td>上</td><td>中</td><td>下</td><td>上</td><td>中</td><td>下</td><td>上</td><td>中</td><td>下</td><td>上</td><td>中</td><td>下</td><td>上</td><td>中</td><td>下</td><td>上</td><td>中</td></tr>
<tr><td>节气</td><td>清明</td><td></td><td>谷雨</td><td>立夏</td><td></td><td>小满</td><td>芒种</td><td></td><td>夏至</td><td>小暑</td><td></td><td>大暑</td><td>立秋</td><td></td><td>处暑</td><td>白露</td><td></td></tr>
<tr><td>品种类型及产量构成</td><td colspan="17">主要品种：川单189、高玉79、长玉19等
产量构成：每亩4 000～4 500穗，每穗550～600粒，千粒重320 g左右，单穗粒重180～200 g</td></tr>
<tr><td rowspan="3">播前准备</td><td colspan="2">选地</td><td colspan="15">选择土壤肥沃，有机质含量0.8%以上，速效氮60 mg/kg以上，速效磷15 mg/kg以上，速效钾80 mg/kg以上。年日照时数1 200 h以上、玉米关键生长季昼夜温差9℃以上、生育期内降水量500 mm以上或水源充足的区域</td></tr>
<tr><td colspan="2">肥水供应</td><td colspan="15">播栽前，对窄行进行深松，在窄行间挖一条深20 cm、宽10 cm的“肥水沟”。先将化学肥料匀撒于沟下层，上面再撒农家肥。一般每亩施尿素15～20 kg、过磷酸钙50 kg、硫酸锌1.5 kg、氯化钾15 kg、腐熟干粪1 000 kg，每亩浇底水5 000 kg</td></tr>
<tr><td colspan="2">种子准备</td><td colspan="15">精选种子，除去坏种、烂种和病种。所选种子应达到纯度≥98%、发芽率≥90%、净度≥98%、含水率≤13%，并按照规定进行种子包衣</td></tr>
<tr><td rowspan="2">精细播种</td><td colspan="2">适期播种</td><td colspan="15">春播时间一般为4月10—25日。根据所在区域的自然灾害特点（避开倒春寒和高温伏旱）和耕作制度可适当提早或推迟。根据当地最佳播种期，采用宽窄行或等行距直播。播种量一般每亩2.0～3.0 kg，可根据品种千粒重酌情增减</td></tr>
<tr><td colspan="2">育苗移栽</td><td colspan="15">育苗移栽可确保玉米苗全、苗齐、苗壮。亩产800 kg的玉米高产田最好采用育苗移栽方式。具体技术规范：
①选用背风向阳的肥沃菜园地，先深挖整平，做成1.3～1.7 m宽的苗床，便于盖膜、管理和起苗
②营养土配制以30%～40%的腐熟有机渣料和60%～70%的肥沃细土为基质，每100 kg料土加入过磷酸钙1 kg，尿素0.1 kg，混匀后加清粪水至“手捏成团，触地即散”时为宜
③将营养土装至营养杯或软盘的80%后，压实在苗床中。育苗数量要多于计划苗数的10%以上；
④每杯或每孔播种1～2粒，撒细土盖种厚度不少于1 cm。用已备好的2 m长的竹片在苗床上搭上拱，再盖上2 m宽的农膜，四周用土压严实。出苗后，及时浇水和揭膜炼苗，以防烧苗
⑤当苗床幼苗达到2叶1心时，提前使用“定距移栽打孔器”进行定距打孔，再分级、定向、错窝、单株双行移栽。移栽苗比目标苗数多5%，幼苗5～6片可见叶时进行间苗和定苗
⑥栽后管理。必须以促根、壮苗为中心，紧促紧管。要勤查苗，早追肥，早治虫，并结合中耕松土促其快返苗、早发苗，力争在穗分化之前尽快形成较大的营养体以为高产奠定基础</td></tr>
</table>

（续表）

<table>
<tr><td rowspan="2" colspan="2">月份</td><td colspan="3">4</td><td colspan="3">5</td><td colspan="3">6</td><td colspan="3">7</td><td colspan="3">8</td><td colspan="2">9</td></tr>
<tr><td>上</td><td>中</td><td>下</td><td>上</td><td>中</td><td>下</td><td>上</td><td>中</td><td>下</td><td>上</td><td>中</td><td>下</td><td>上</td><td>中</td><td>下</td><td>上</td><td>中</td></tr>
<tr><td colspan="2">节气</td><td>清明</td><td></td><td>谷雨</td><td>立夏</td><td></td><td>小满</td><td>芒种</td><td></td><td>夏至</td><td>小暑</td><td></td><td>大暑</td><td>立秋</td><td></td><td>处暑</td><td>白露</td><td></td></tr>
<tr><td rowspan="3">田间管理</td><td>苗期</td><td colspan="17">①化学除草：将莠去津类胶悬剂与乙草胺乳油（或异丙甲草胺）混合，对水后在播后苗前土壤较湿润时进行土壤喷雾封闭除草。干旱年份或干旱地区，土壤处理效果差，可用莠去津类乳油对水在杂草2～4叶期进行茎叶喷雾。土壤有机质含量高的地块在较干旱时使用高剂量，反之使用低剂量，苗带施药按施药面积酌情减量。施药要均匀，做到不重喷、不漏喷，不能使用低容量喷雾器及弥雾机施药
②间、定苗：3叶期间苗，5～6叶期定苗。留大苗、壮苗、齐苗，不苛求等距，但要按单位面积保苗密度留足苗。耐密中穗型品种留苗密度一般每亩4 500株，耐密大穗型品种留苗密度一般每亩4 000株
③早追苗肥：4～6叶是玉米需磷临界期，易造成土壤速效磷供应不足，从而导致玉米苗矮小纤细，甚至出现整株紫茎紫叶，严重者导致苗衰苗枯。此时应结合中耕除草早追苗肥，每亩可施过磷酸钙20～30 kg，尿素10 kg左右，对匀人畜粪水5 000 kg</td></tr>
<tr><td>穗期</td><td colspan="17">大喇叭口期或见展叶差4.5～5叶或叶龄指数50%～60%时猛施穗肥，以农家水粪对匀速效氮肥，肥水齐上，以促穗分化。所施穗肥占总施氮量的50%，即每亩施尿素20～25 kg，对匀人畜粪水5 000～10 000 kg</td></tr>
<tr><td>花粒期</td><td colspan="17">①追肥：玉米生长后期若脱肥，可用1%尿素溶液+0.2%磷酸二氢钾，最好于上午9时前或下午5时后进行叶面喷施
②病虫害防治：
• 大斑病：可用50%多菌灵可湿性粉剂500倍液或50%退菌特可湿性粉剂800倍液等药剂，于雄花期喷1～2次，每隔10～15 d喷1次
• 小斑病：发病初期，可用50%多菌灵可湿性粉剂500倍液或65%代森锰锌可湿性粉剂500倍液等药剂，于心叶末期～抽雄期每7 d喷1次，连喷2～3次
• 黏虫：6月中旬至7月上旬，平均每株1头黏虫时，每亩用2.5%功夫乳油或20%速灭杀丁乳油20 ml对水30 kg，或用50%敌敌畏乳油1 000倍液进行喷雾防治，将黏虫消灭在3龄前
• 玉米螟：白僵菌防治一般在春季玉米螟化蛹前，用白僵菌75～100 g/m^{3}与10倍的细土（或滑石粉）拌匀，喷粉封垛；6月末可在植株心叶间投洒白僵菌防治1、2龄玉米螟幼虫；或在玉米放螟羽化盛期用50%锐劲特乳剂熏杀羽化成虫。赤眼蜂防治可于6月初—7月10日剖秆调查，当玉米螟化蛹率达20%时，后推11 d为第1次放蜂适期（每亩0.7万头），隔5～7 d第2次放蜂（每亩0.8万头）。每亩1～2个点，将蜂卡固定在植株中部叶片背面，将螟虫消灭在孵化前</td></tr>
<tr><td colspan="2">适时收获</td><td colspan="17">玉米成熟后及时收获，收获后及时晾晒脱粒</td></tr>
<tr><td colspan="2">备注</td><td colspan="17">最好推广地膜覆盖</td></tr>
</table>

四、亩产600 kg技术模式（表6－6）

根据高产创建实践，中山区实现玉米亩产600 kg的产量构成为亩收获有效穗3 500～4 000穗、单穗重达到150～180 g，平均单穗结实550～600粒，千粒重300 g左右。技术模式内容如下。

1. 品种选择

选择中大穗、抗丝黑穗病、耐灰斑病、适应性广的品种。如，中单808、正红311、高玉79等。各地可根据品种比较，因地制宜地选用合适的玉米高产创建品种。

2. 地块选择

选择光照较充足、玉米关键期昼夜温差8℃，玉米生长季节降水量超过400 mm且有一定灌溉保证的区域。

3. 播种

（1）播种时期

适宜播种期为4月10日至5月10日。

（2）种植方式和密度

采用宽窄行种植，规格为宽行距1.17～1.5 m、窄行距0.5 m左右。耐密中穗型玉米品种留苗4 200株/亩，确保收获4 000穗/亩；耐密大穗型品种留苗3 800株/亩，确保收获3 500穗/亩。

4. 育苗移栽或盖膜打孔直播

有条件的地区，可推广育苗移栽技术。大面积推广盖膜打孔直播技术，或“三干”（干土、干种、干肥）播种待雨出苗。

5. 肥水管理技术

底肥施用尿素10～15 kg/亩、过磷酸钙30～40 kg/亩、硫酸锌1 kg/亩、氯化钾10 kg/亩，浇底水5 000 kg/亩；苗期追施过磷酸钙20 kg/亩、尿素5～6 kg/亩，对水3 000 kg/亩；穗肥施尿素15～20 kg/亩、对匀人畜粪水5 000～8 000 kg。

6. 病虫害综合防治

玉米病虫害主要有大小叶斑病、灰斑病、地老虎、粘虫和玉米螟等。一旦发生病虫为害，应及早防治。具体措施如下。

（1）叶斑病防治

发病初期，使用43%好力克乳剂（15 ml/亩，对水50 kg），或25%必朴尔乳剂（12 ml/亩，对水50 kg），或用50%多菌灵粉剂（100 g/亩，对水50 kg），或用50%朴海因乳剂（30 ml/亩，对水50 kg）进行喷雾防治。

（2）土传病害防治

土传病害主要为纹枯病和茎腐病。纹枯病发病初期可及时剥去感病叶鞘和病叶，切断蔓延“桥梁”以阻止危害蔓延。同时，使用20%井岗霉素可湿性粉剂（50 g/亩，对水50 kg）进行喷雾防治。对于茎腐病可使用50%多菌灵粉剂（100 g/亩，对水50 kg）进行喷雾防治。

（3）虫害防治

为保护生态环境和食品安全，防治虫害以采用高效低毒的化学农药和生物制剂为宜。针对玉米螟，可采用50%锐劲特乳剂（30 ml/亩，对细砂2 kg）或白僵菌粉剂（20 g/亩，对细砂2 kg）进行点心防治。对于蚜虫可采用艾美乐70%水分散颗粒剂（1.4～1.9 g/亩，对水50 kg）进行喷雾防治。

7. 适时收获

于玉米成熟期，即籽粒乳线基本消失、基部黑色层出现时收获。收获后要及时晾晒。

表6-6 四川省中山区玉米亩产600 kg高产创建技术规范模式

月份	3			4			5			6			7			8			9	
	上	中	下	上	中	下	上	中	下	上	中	下	上	中	下	上	中	下	上	中
节气	惊蛰		春分	清明		谷雨	立夏		小满	芒种		夏至	小暑		大暑	立秋		处暑	白露	

品种及产量构成		主要品种：中单808、高玉79、正红311等 产量构成：有效穗3 500~4 000穗、单穗重达到150~180 g，平均单穗结实550~600粒，千粒重300 g左右
播前准备	选地	选择年日照时数1 000 h以上、玉米关键生长季昼夜温差8℃以上、生育期内降水量400 mm以上区域的地块
	肥水供应	播栽前，对窄行进行深松，在窄行间挖一条深20 cm、宽10 cm的"肥水沟"。先将化学肥料匀撒于沟下层，上面再撒农家肥。一般每亩施尿素15~20 kg、过磷酸钙30~40 kg、硫酸锌1 kg、氯化钾10 kg，腐熟干粪1 000 kg，每亩浇底水5 000 kg
	种子准备	所选种子应达到纯度≥98%、发芽率≥90%、净度≥98%、含水率≤13%，并按照规定进行种子包衣
精细播种	适期播种	春播时间一般为4月10日至5月10日。根据所在区域的自然灾害特点（避开倒春寒和高温伏旱）和耕作制度可适当提早或推迟。根据当地最佳播种期，采用宽窄行直播。播种量一般每亩2.0~3.0 kg，可根据品种千粒重酌情增减
	育苗移栽	亩产600 kg的玉米高产田可推广盖膜打孔直播技术。具体技术规范： ①足墒盖膜。盖膜前浇足底水，或待降水使湿土层达到15 cm以上时，及时全膜覆盖或半量膜侧覆盖 ②加大播种量。为保证基本苗，降低风险，一般打孔点播每穴3~5粒，每亩用种量2~2.5 kg ③提高播种质量。播种应深浅一致，深度控制在3~5 cm之间种子不过深、不落干。播种时应尽量播匀，且种、肥隔离防止烧根、烧苗。播后覆土3~4 cm，覆土要均匀细碎，最好用土杂肥盖种，以利出苗整齐
田间管理	化学除草	用莠去津类胶悬剂和乙草胺乳油（或异丙甲草胺）混合，对水后在播后苗前土壤较湿润时进行土壤喷雾。干旱年份或干旱地区，土壤处理效果差，可用莠去津类乳油对水在杂草2~4叶期进行茎叶喷雾。土壤有机质含量高的地块在较干旱时使用高剂量，反之使用低剂量，苗带施药按施药面积酌情减量。施药要均匀，做到不重喷、不漏喷，不能使用低容量喷雾器及弥雾机施药
	间、定苗	3叶期间苗，4~5叶期定苗。留大苗、壮苗、齐苗，不苛求等距，但要按单位面积保苗密度留足苗
	追肥	①苗肥：拔节前，追施过磷酸钙20 kg/亩、尿素5~6 kg/亩，对水3 000 kg/亩施用 ②穗肥：大剌叭口期，或见展叶差4.5~5叶，或叶龄指数50%~60%时猛施穗肥，以农家水粪对匀速效氮肥，肥水齐上，促进穗分化。穗肥占总施氮量的50%，即每亩尿素20~25 kg对匀人畜粪水5 000~8 000 kg
	病虫害防治	①大斑病：50%多菌灵可湿性粉剂500倍液，或50%退菌特可湿性粉剂800倍液等药剂，于玉米雄花期喷1~2次，每隔10~15 d喷1次 ②灰斑病和小斑病：发病初期，用50%多菌灵可湿性粉剂500倍液，或65%代森锰锌可湿性粉剂500倍液等药剂，从心叶末期到抽雄期每7 d喷1次，连喷2~3次 ③黏虫：6月中旬至7月上旬，每株平均有1头粘虫时，用2.5%功夫乳油或20%速灭杀丁乳油按20 ml/亩并对水30 kg喷雾或50%敌敌畏乳油1 000倍液喷雾防治，将粘虫消灭在3龄前 ④玉米螟： • 白僵菌防治：春季玉米螟化蛹前，用白僵菌75~100 g/m^{3}与10倍的细土（或滑石粉）拌匀，喷粉封垛；6月末可在植株心叶间投洒白僵菌防治，1、2龄玉米螟幼虫；或在玉米放螟羽化盛期用50%锐劲特乳油熏杀羽化成虫 • 赤眼蜂防治：一般在6月初至7月10日剖秆调查。玉米螟化蛹率达20%时，后推11 d第1次放蜂（每亩0.7万头），5~7 d后第2次放蜂（每亩0.8万头）。每亩1~2个点，将蜂卡固定在植株中部叶片背面，将螟虫消灭在孵化前
适时收获		玉米籽粒成熟后及时收获，收获后及时晾晒脱粒

五、典型案例（表 6-7）

将中山区高产技术模式在宣汉进行了高产创建实践。采取的主要技术如下。

1. 规范留行，适期早播

小春开始，规范带植，预留玉米空行，平均行距为 0.7 m 或 0.8 m。玉米播种时根据茬口及当地时间适期早播，于 3 月 25 日至 4 月 1 日播种育苗。

2. 增温育苗，规范移栽

采取肥团盖膜增温育苗，在移栽时使用“定位打孔器”进行定位打孔，单株双行，定向错窝移栽，确保移栽质量。移栽时间为 4 月 15—16 日移栽。

3. 沟施底肥，盖膜玉米

其方法是在玉米育苗结束后，对预留行进行松土、掏沟，沟宽 20 cm、沟深 10 cm 左右。挖好沟后，先将化学肥料匀撒于沟的下层，上面再撒农家肥。底肥数量：每亩施三元复合肥 100 kg（N 素 20%、P 素 5%、K 素 5%），加过磷酸钙 50 kg，农家肥（如牛粪）2 000~2 500 kg。施肥后，垒土作厢，做呈低度瓦背型，将厢面土块整细整平，下雨后盖膜。盖膜质量做到了膜面光洁，采光面达 70% 左右。

4. 早追早治，重施穗肥

移栽成活后（5 月 12—14 日），用“化肥深施器”追施提苗肥 1 次，亩用尿素 5~10 kg，提早防治病虫害，大喇叭口期用“化肥深施器”追施穗肥，亩用尿素 20~25 kg。

表 6-7　四川省宣汉县玉米高产创建示范田基本情况

	所在村镇	峰城镇 西牛村 3 社	峰城镇西牛村 （上等田）	峰城镇西牛村 （中等田）	峰城镇西牛村 （下等田）
基本情况	验收面积（亩）	1.16	129	309.6	77.4
	涉及农户（户）	1	35	145	20
	种植品种	登海 605	高玉 79、科玉 3 号、长玉 19 等		
基础肥力（耕作前取耕层 20 cm 土样）	速效氮（mg/kg）	61.00			
	速效磷（mg/kg）	12.90			
	速效钾（mg/kg）	84.00			
生育进程	播种日期（月/日）	4/1	4/1	4/1	4/1
	出苗（月/日）	4/10	4/10	4/10	4/10
	抽雄（月/日）	7/6	7/6	7/6	7/6
	吐丝（月/日）	7/9	7/9	7/9	7/9
	完熟（月/日）	8/31	8/31	8/31	8/31
产量构成	亩株数（去空秆）	7 500	4 500.0	3 767.6	3 482.3
	亩实收穗数	7 228	4 077.2	3 858.3	3 515.5
	穗行数	13.6	16.4	15.4	15.1
	行粒数	35.2	35.2	36.1	35.6
	出籽率（%）	82.1	76.3	79.6	74.5
	含水率（%）	32.0	32.7	32.6	29.9
	实产（kg/亩）	1 181.6	823.8	680.21	608.0

（本章撰稿：刘永红、梁南山、李涛等）

参考文献

[1] 荣廷昭，李晚忱，杨克诚，等．西南生态区玉米育种 [M]．北京：中国农业出版社，2003.3：18－29.
[2] 何国亚，曾祖俊，刘定辉．麦玉苕旱三熟培肥土壤及保墒效应的灰色分析 [J]．西南农业学报，1993，(3)：62－68.
[3] 熊凡，徐凤来，等．对新旱三熟轮作制效益的分析 [J]．作物杂志，1990 (5)：27－29.
[4] 刘永红，李本国．川中丘陵区小麦空行利用的产量结构及综合效益评价 [J]．四川农业科技，1993 (4)：7－8.
[5] 李大祥，杨文元．麦玉苕空行利用方式及配套技术体系的研究 [J]．西南农业学报，1993 (1)：55－63.
[6] 刘永红，杨勤，高强，等．丘陵区玉米农田水分响应指标的筛选及其相关性研究 [J]．西南农业学报，2006，19 (5)：842－846.
[7] 刘永红，曾祖俊、何国亚等．四川盆地旱粮持续增产与耕制改革 [J]．西南农业学报，1993 (3)：62－68.
[8] 刘永红，何文铸，杨勤．耕作制度与“三农”问题：四川盆地多熟超高产技术途径探讨 [J]．北京：中国农业出版社，2005.78－82.
[9] 谢瑞芝，李少昆，李小君，等．中国保护性耕作研究分析：保护性耕作与作物生产 [J]．中国农业科学，2007，40 (9)：1914－1924.
[10] 何铁光，王灿琴，黄卓忠．玉米节水栽培技术研究进展 [J]．节水灌溉，2006，6：14－16.
[11] 师江澜，刘建忠，吴发启．保护性耕作研究进展与评述 [J]．干旱地区农业研究，2006，24 (1)：205－212.
[12] 安瞳昕，吴伯志．坡耕地玉米双垄种植及地表覆盖保持耕作措施研究 [J]．西南农业学报，2004，17 (增刊)：94－100.
[13] 石承苍，刘定辉．四川省自然地理环境与农业分区 [M]．成都：四川科学技术出版社，2013.01：2－3.
[14] 赵久然，王积军，等．全国玉米高产创建配套栽培技术规程 [M]．北京：中国农业出版社，2008.6：114－129.

第七章　高产创建机制及应用

第一节　高产创建机制与生产经营模式

自2008年以来，在玉米高产创建中，四川省充分发挥党政部门的组织协调作用、农业部门（包括农业科研教育单位）的主体作用以及相关部门的配合作用和农民群众（包括专业合作社、龙头企业）的广泛参与作用，创新运行机制，确保创建一片成功一片，助推全省粮食持续稳定增产。

一、高产创建机制

（一）多平台的大面积创建机制

项目采取分层次多平台建设模式，在创建规模和创建目标上突破传统的试验示范，力求把专家小面积的试验产量转变为万亩以上大面积的农业产量。2008年采取百亩攻关、千亩展示、万亩示范的创建形式，创建目标分别为亩产700 kg、600 kg和500 kg。2009年到2014年，创建平台的规模扩大，分万亩片建设、整乡推进、整县推进3个层次进行创建，创建目标统一为亩产600 kg以上、比上年提高2%以上。据统计，全省在中江等100多个县次建立万亩片680个，面积768.6万亩。其中，巴州区、平昌县、金堂县、广安区、仪陇县、高坪区、峨边县、朝天区、安居区、大英县、射洪县、苍溪县、三台县、雁江区、越西县共15个县次的15个乡开展整乡高产创建，面积67.1万亩，在宣汉、仁寿和西充3个县开展整县创建，面积共计132.9万亩。

（二）专家领衔的技术服务机制

为确保实现玉米高产创建技术落实，四川省实行产学研大联动，农科教大协作，建立了专家领衔的技术推广服务机制。由省农业科学院和四川农业大学的2名专家作为全省的领衔专家，每个市州一名当地的首席专家，各县农业局成立由农技、植保、土肥、种子等方面的技术骨干组成的高产创建技术指导组。采取专家带技术指导小组、技术指导小组带县乡农技人员、县乡农技人员带科技示范户（种粮大户、专合社）、科技示范户带普通农户的梯级技术指导模式。根据不同的创建规模，合理配置技术力量，实行专家包区域，技术人员包村包片。具体操作上，专家在深入调研和实地踏勘的基础上，与县技术指导小组一起确定玉米高产创建的技术路线，编制技术方案，由县、乡农技人员对高产创建区域的农户进行统一技术培训，县乡农技人员对科技示范户和规模经营主体（玉米种植大户和专业合作社）进行面对面指导。

1. 百亩攻关田模式与机制

采取“专家+农技人员+农户（种粮大户）”的技术指导模式。超常设计技术方案，实行农技人员全程参与，蹲点指导服务，确保每项高产技术措施落实到田。

2. 万亩高产创建模式与机制

采取“专家＋农技人员＋基层干部＋农户（种粮大户、专业合作社）”的模式。优化集成大面积实施方案，实行“四定、六统一”创建机制，即：定点（示范地点）、定人（技术责任人）、定位（目标任务）、定量（创建内容和技术指标），统一技术方案、统一技术培训、统一品种、统一播期、统一田间管理，确保主要高产技术措施落实到田。

3. 整建制创建模式与机制

采取“政府＋专家＋农技人员＋基层干部＋农户”的模式，实行一条示范线路有一名县级领导挂帅、一片有一名局级领导坐阵、一点有一个技术标兵负责。做到“四统一”，即：统一技术方案、统一技术培训、统一田间管理、统一测产验收，确保关键技术措施落实到田。

（三）政技结合的责任落实机制

各地围绕大面积创高产，充分发挥行政推动的作用。每个高产创建县都成立了以政府分管领导（整县推进县为政府主要领导）为领导小组组长，农业、财政等部门负责人为成员的高产创建领导小组，负责搞好组织协调、检查督导和物资、资金、人员等方面的调配工作。宣汉县创立了“三包三定”责任制（领导包线、单位包片、实施人员包点，定人、定点、定责）和“三出三挂”的高产创建机制（出人才、出成效、出经验，高产创建的成效与单位年终目标考核、职工职称评聘及奖励工资挂钩）。平昌县建立了“四定四包四盯一抓”的高产创建工作机制，即定人员、定时间、定任务、定奖惩，包宣传发动、包良种到户、包技术培训、包示范办点；盯关键环节、盯田间地块、盯良种育苗、盯规范栽植，抓规范管理，从而确保了高产配套技术推广到户，落实到田。

（四）项目高度整合的投入保障机制

各项目县把高产创建活动与玉米良种推广补贴、农业防灾减灾关键技术玉米覆膜、农业科技入户工程、玉米产业提升行动、测土配方施肥、病虫害防控等技术推广项目有机结合，项目资金捆绑使用，最大限度提高资金使用效能，有效地调动了创建区域农民群众采用新技术的积极性。同时，整合金土地、小农水、高标准农田、以工代赈等资金，加强创建区域水、路、电等基础设施建设，从根本上提高创建区域粮食生产能力。据统计，国家和四川省7年共投入玉米高产创建专项资金21 560万元。项目区平昌县探索了财政引导投入、企业产前投入、农户自主投入相结合的项目投入机制，即本级财政增加支农投入保障示范片点建设所需宣传和技术资料费、种子、农膜和农药款等。饲料加工厂、饲养场与农户签订产销订单，并以预付订金的形式支持农户物资投入，政府以奖代补调动农户投入积极性。

（五）适度规模经营的生产方式创新机制

为解决项目区劳动力缺乏的问题，提高高产创建成效，各项目县大力发展适度规模经营。采取优先安排高产创建资金、专家（农技人员）对口联系指导等措施，引导玉米种植大户和专业合作社参与玉米高产创建。通过高产创建这个平台，培育出了一批接受能力强、技术水平高、带动作用大的种植大户和科技示范户，探索出了农技推广专业化、社会化服务新模式，即“专家（农技人员）＋种粮大户”“专家（农技人员）＋农机（植保）专合社＋农户”的规模经营技术服务模式。解决了新技术推广运用难、撂荒地复耕难、单产提高难等“三难”问题，有效提升了农户科学种田水平和种粮效益，降低了生产成本，推进了规模经营。在高产创建等项目的带动下，全省玉米规模种植面积逐年扩大。据统计，2011年，全省农户（专合社）玉米种植30亩以上面积11.56万亩，2012年16.32万亩，2013年20.3万亩，2014年达到28万亩，其中，高产创建区域24.6亩。

（六）交叉测产验收的督查机制

为真实掌握各地玉米高产创建项目任务落实情况及单位面积产量等指标完成情况，推动玉米高产创建有序开展，项目实施单位制定了玉米高产创建测产验收办法，对整县、整乡、万亩高产创建项目进行测产验收。省农业厅组建了省级测产验收专家库，制定了全省统一的实收测产方案，各市州建立市级测产验收专家库。整县推进项目由省农业厅直接以农业部的名义组织测产验收，整乡推进项目由农业厅统一组织，市州农业局以省农业厅的名义交叉测产验收，万亩片由项目县所在的市州农业局组织辖区内的项目县之间交叉测产验收。测产验收结果作为省农业厅安排来年高产创建项目的重要依据。同时，巴中、南充、达州、资阳和多数县政府拨专款，依据测产验收结果对创建效果好的单位和人员进行奖励，极大地调动了基层干部和科技人员参与高产创建工作的积极性。

二、生产经营模式

（一）单家独户为主体的经营模式

按照联产承包责任制，四川玉米主产区多实行单家独户生产。这部分农户的高产创建的具体做法：一是要政府主导，加大投入，加大玉米生产关键技术贯彻落实的组织协调力度；二是要整合项目资金，将高产创建资金和扶贫移民资金等整合使用；三是要加强培训和科学知识普及，提高农户对现代玉米生产的科学知识和现代农村经济经营意识；四是切实落实玉米生产的关键技术、最适品种的应用、玉米育苗移栽等适宜技术的使用，适当增加密度、适时的病虫防控技术等。

根据玉米高产创建项目要求，农业部门对项目区农户的种子、肥料等农用物资实行统一补贴，引导农户重视高产创建。并采用电视讲座、广播宣传、现场培训、发放技术资料等方式，对项目区农民进行技术培训。同时组织县、乡农技人员，分片包干，实地指导，确保农户科学化、规范化种植玉米，种出单家独户的高产创建产量，形成了玉米高产创建单家独户为主体的经营模式。

（二）种植大户参与的经营模式

主要指近年发展起来的种粮大户、家庭农场、专业合作社等新型经营主体。按照合作共赢的发展目标，探索形成了种植大户参与的“三大”经营模式。

1.“专业合作社＋农户”的组织型模式

譬如，“宣汉县大地玉米专业合作社”在玉米高产创建项目实施过程中，帮助社内社员协调上下关系，调供农用物资，开展技术培训，并组织社员代表到外地参观学习，提升社员科学种植意识，实现玉米规范化种植；搭建网络信息服务平台，构建对外销售服务窗口，与社员签订收购合同，切实解决社员“种粮难”和“卖粮难”的问题，实现“种出高水平，卖出好价钱”的专合社服务宗旨。

2.“大户＋农户”的托管型模式

是指具备机械化作业条件的乡村社，比如宣汉县胡家镇鸭池村高标准农田建设区域。在主要粮油作物播种和收获时，由当地具有科技种田意识和科学种田能力的新型农民袁军，帮助农户进行机插秧和机收，其农产品归农户所有，农户给他一定托管报酬。

3. “农户 + 农户”的互助型模式

主要是针对目前农村外出务工人员多，劳动力减少，撂荒土地剧增等突出问题而形成的一些地方性适用型经营模式。其运行机制是：由当地种植大户租种或代种亲戚朋友和本村本社的撂荒土地，谁种植谁受益。

第二节　高产创建达州模式

一、高产创建背景

达州市地处四川盆地东北部，位于川、渝、陕三省结合部。常年粮食种植面积820万亩左右，粮食总产290万吨左右，粮食种植面积、总产分别位居全省前一、二名。玉米高产创建项目实施前，截至2009年，全市玉米面积达130余万亩，总产量达到54万余吨，占全市粮食总产量的20%以上。虽然如此，但全市玉米生产仍存在一些问题。主要表现在：一是玉米供需矛盾较为突出。据初步估计，当时全市玉米总产量只占全市玉米消费量的70%左右，下差部分均靠从北方等外地调入。二是玉米种植规范化程度不高，科技含量不足。主要体现在玉米品种多乱杂；套作留行不规范，前后作共生矛盾突出；移栽密度不够等问题。

2010年开始实施玉米高产创建项目以来，从全市玉米栽培技术薄弱环节入手，开展玉米高产高效示范，辐射带动全市玉米平均亩产从2009年411 kg提高到了2014年的443 kg，种植面积增大近20万亩，全市玉米总产量突破67万吨，在一定程度上缓解了市场玉米供需矛盾，解决了规范留行、合理密植等一些技术瓶颈。

二、技术模式和创建机制

（一）技术模式

在高产创建项目实施过程中，主要推广应用了“规范留行 + 增温育苗 + 盖膜早栽 + 配方施肥 + 绿色防控”技术模式，示范应用人工去雄、健壮素矮化抗倒、双行单株分级错窝定向移栽、重施穗肥等配套技术。同时，示范推广应用了省工省力定距打窝器和化肥深施器适用型农业机械。

（二）创建机制

1. 成立创建工作小组

为切实加强高产创建领导工作，成立以市委常委分管领导任组长，各县（市、区）农业分管领导为副组长，各县（市、区）涉农部门及项目乡镇一把手为成员的高产创建领导小组，负责项目督促落实、资金筹措、关系协调、检查验收等工作，确保项目顺利开展。成立以市农业局局长为组长，各县（市、区）农业局长为副组长的技术指导小组，组织市级有关专家，在玉米育苗、移栽、测产等关键环节，加强技术督查和技术指导。同时，在各县（市、区）成立专门的高产创建领导办公室，负责上下衔接、左右联系等协调工作。

2. 注重工作落实

每年市委、市政府均出台一系列关于达州市农业生产工作意见，对各县（市、区）

下任务、定目标、出政策、给经费。同时，县（市、区）委、政府根据市委、市政府以及市农业局相关文件精神，出台相应高产创建工作意见，切实加强对各项目乡镇进行项目管理。

3. 规范项目管理工作

各县（市、区）建立完善高产创建工作档案，对高产创建过程中的各种记录、测产结果、工作总结等资料进行系统整理，及时归档。同时，对高产创建资金使用范围，管理办法，监管责任建立台账，形成资金使用方案，上报市农业局批复，报送省农业厅、省财政厅备案，定期组织专项检查，对出现的违规行为，严肃追究相关单位和人员责任。

4. 实行目标量化考核

年度高产创建项目实施结束前，市农技站根据市农业局，财政局年初印发的关于《达州市粮油高产高效创建活动目标考评办法（试行）》的通知要求，对各县（市、区）实施的农业部、财政部下达的万亩高产创建和整建制高产创建，省级粮油高产创建，市级粮油高产创建等项目进行交叉测产验收和综合评价考核。考核内容主要包括组织保障、宣传报道、面积落实、辐射带动、财政配套资金、交叉测产产量等，按100分制综合考评，设置一、二、三等奖，经市农业局和财政局审查上报市政府审定后在全市公布。

三、产量与效益

（一）经济效益

达州市从2010年广泛开展玉米高产创建以来，5年间，全市玉米平均亩产比高产创建项目实施前平均亩产最高年份（2008年）增24.6 kg。其中，2014年玉米平均亩产达443 kg，比项目实施前最高平均亩增产30 kg，面积增加32万亩左右，实现总产量67万余t，总产值达15亿多元。尤其是该市的宣汉县，至2010年大力实施整县制玉米高产创建以来，每年玉米平均亩产均在600 kg以上，创造了西南山地整县制玉米平均亩产高产纪录。

表7－1　2006—2014年达州市玉米面积、产量统计

年度	2006	2007	2008	2009	2010	2011	2012	2013	2014
面积（亩）	1 300 146	1 255 164	1 295 099	1 320 748	1 388 563	1 436 790	1 470 936	1 506 210	1 513 995
亩产（kg）	357	394	413	411	420	442	439	444	443
总产（吨）	463 860	494 940	534 360	542 741	581 711	635 420	645 989	669 449	671 002

注：表格数据为统计数据

（二）生态效益

项目实施过程中，一是大力推广应用了太阳能杀虫、生物导弹等绿色防控技术，大大减少了农药施用量，降低了农药对土壤环境污染。二是采取测土配方施肥，增施有机肥，减少化学肥料施用量，降低了土壤的污染，在一定程度上，实现了生态环境的良性循环。

（三）社会效益

近年来，整个达州市承担农业部和省级玉米高产创建项目面积均在30万亩以上。由于各级领导高度重视，涉农部门的通力合作，农业部门精心组织实施，取得了显著的示范效果，辐射带动全市150余万亩玉米生产，总产量达到67万余t，辐射带动效果明显。尤其是宣汉县整县制玉米高产创建，连续5年实现了玉米平均亩产600 kg大关，已成为达州市，乃至于四川省玉米生产的一面“旗帜”。

第三节 高产创建南充模式

一、高产创建机制

（一）加强组织领导，提供行政保障

为推进高产创建有序实施，高标准、高质量完成任务，制定实施方案，成立由政府分管农业副县（市/区）长任组长，政府办、目标办、农牧业局、财政局、工商局、项目乡镇等单位主要负责人为成员的项目高产创建实施领导小组，具体负责项目组织和协调工作。项目乡镇也成立了相应的工作机构，确保各项措施落实到位，安排支农专项资金用于玉米高产创建工作，充分调动了示范片农民的积极性。

（二）强化技术服务，提高种植水平

协调农技、种子、土肥、植保等农业技术服务部门，对项目区实行统一服务，将物化补助落实到位，减轻农民负担，调动了农民种植的积极性，为全面推广优良品种、玉米膜侧栽培、配方施肥、病虫综合防治等农业增产实用新技术，各市区县加大了培训指导力度，利用春季农闲季节组织专家组成员深入示范片开展技术培训，在生产管理的关键时期，组织专家组成员深入示范片手把手地进行技术指导，及时解决了种植户在生产中遇到的技术难题。

（三）建立创建档案，严格督查考核

落实专人负责玉米高产创建示范片档案管理工作，收集整理年度技术指导方案、示范户种植档案、田间管理、技术培训、病虫害防治等档案的收集整理。从春耕备播开始，检查组不定期对高产创建工作人员的职责、任务进行督导，保障玉米高产创建活动正常有序的开展。

二、技术模式（表7-2）

南充市农业科学院“十一五”、“十二五”期间与各县市区农牧业局在嘉陵区河西乡、仪陇县双胜镇、西充县义兴镇建设玉米高产创建攻关田，南充市科学技术与知识产权局邀请省、市农业专家进行了田间现场验收，按照“农业部粮食高产创建测产验收方法（试行）”，选择高、中、低产三种类型田块，每块田去边行、边株，连续收取0.1亩以上的果穗称重，每点用果穗平均法测定出籽率，折成14%标准含水率计算，结果最高亩产达到700.56 kg。技术模式如下。

（一）品种

选用耐密适应性强的品种如成单30、中单808、仲玉3号、国豪玉7号、登海605、正红505等。

（二）适期早育早播

在3月5—20日完成营养坨或塑料软盘育苗，覆膜保温保湿，4月10日前乳苗单株分级定向移栽完毕，玉米直播应在3月15日至4月5日完成，确保抽穗花期避开夏旱和绵阴雨。

（三）合理密植

亩植3 500～4 000株，双二五（83 cm）种两行，株距40～46 cm；双三零（1 m）种两行，

株距 33 ~ 40 cm，使个体与群体充分协调，最大的发挥个体与群体最大优势。实行集雨节水侧膜栽植方式，土壤湿润情况下，在预留行正中开沟施足底肥，垒土后覆盖地膜，四周用土压严，地膜两侧打窝栽植玉米，降雨时，雨水汇集到玉米根系附近，干旱时，膜下土壤湿润，盖膜能起到保水、保肥、保温，促进早期微生物活动，抑制杂草生长的作用。

（四）科学施肥

大力推广水肥耦合技术，亩施纯氮 25 ~ 30 kg，五氧化二磷 11.5 ~ 13.5 kg，氧化钾 14 ~ 18 kg，锌肥 1 ~ 1.5 kg，做到底肥重，苗肥、拔节肥、粒肥补，穗肥猛。

（五）严防病虫

在病虫防治上，要根据病虫发生情况，选用相应的农药。重点推广生物技术、大喇叭口药剂点心、杀虫灯诱虫、井岗霉素防治纹枯病等技术，防治纹枯病、大小斑病、玉米螟等病虫害。

表 7－2　南充玉米高产创建技术模式规范

<table>
<tr><td rowspan="2">月份</td><td colspan="3">3</td><td colspan="3">4</td><td colspan="3">5</td><td colspan="3">6</td><td colspan="3">7</td></tr>
<tr><td>上</td><td>中</td><td>下</td><td>上</td><td>中</td><td>下</td><td>上</td><td>中</td><td>下</td><td>上</td><td>中</td><td>下</td><td>上</td><td>中</td><td>下</td></tr>
<tr><td>节气</td><td>惊蛰</td><td></td><td>春分</td><td>清明</td><td></td><td>谷雨</td><td>立夏</td><td></td><td>小满</td><td>芒种</td><td></td><td>夏至</td><td>小暑</td><td></td><td>大暑</td></tr>
<tr><td>品种</td><td colspan="15">选用耐密适应性强的品种如成单 30、中单 808、仲玉 3 号、国豪玉 7 号、登海 605、正红 505 等</td></tr>
<tr><td rowspan="3">播前准备</td><td>选地</td><td colspan="14">高产地块要求肥力中等偏上，土壤疏松，通透性好，具备灌溉条件，光照充足，有机质含量达 0.8% 以上</td></tr>
<tr><td>肥水</td><td colspan="14">每亩基肥施玉米专用复合底肥 25 ~ 30 kg</td></tr>
<tr><td>备种</td><td colspan="14">为防治出苗时地下害虫和鸟鼠危害，达到苗齐苗壮，选用经过专用玉米种衣剂处理的种子，播前晒种 1 ~ 2 d，剔出霉烂、虫蛀种子，促进种子有效萌芽、提高种子发芽率</td></tr>
<tr><td rowspan="2">适期早播早育</td><td>直播</td><td colspan="14">3 月下旬至 4 月初建议选用河北农哈哈玉米播种机 2BYSF—4 或亚澳旋播施肥一体机 SGTNB—220Z5/9 进行机械适墒直播</td></tr>
<tr><td>育苗</td><td colspan="14">3 月上中旬采用温室或苗床双膜（平膜 + 拱膜）覆盖增温肥团育苗。①按体积 1 : 1 的比例，将腐熟后的细粪与细土混合，加入总重量 0.5% 的复合肥或 0.1% 的尿素和 0.2% 的磷肥，混合均匀，加水搓捏成团；②每团播一粒种子，播后盖细土，并覆膜保温；③移栽前根据天气情况炼苗，二叶一心至三叶一心选择墒情较好时移栽，严格去除病、弱、杂苗，大、小苗分级，单株错窝定向栽植</td></tr>
<tr><td rowspan="4">田间管理</td><td>合理密植</td><td colspan="14">实行宽窄行种植，保证密度达到 3 500 ~ 4 000 株/亩（登海 605、仲玉 3 号、成单 30 可达 4 000 株/亩以上）。地膜选用厚度为 0.005 ~ 0.008 mm，宽度略小于预留行宽的薄膜或超薄膜，覆膜方式宜采用凸瓦背形覆膜，掌握好盖早不盖晚，盖湿不盖干，膜与土壤充分接触的原则，揭膜时间以玉米大喇叭口期为最佳</td></tr>
<tr><td>苗期</td><td colspan="14">3 叶间苗，5 叶定苗，7 叶控苗，10 叶以后一直攻，早查早补保全苗。玉米植株高大，单株产量较高，缺苗少株对其产量影响较大，在玉米出苗后，5 叶期以前，应认真查苗补缺，带土不伤根，趁墒移栽，该区鸟害和虫害严重，最好延迟至出苗后 6 ~ 7 叶时定苗，看苗及时追施尿素 6 ~ 10 kg/亩</td></tr>
<tr><td>穗期</td><td colspan="14">大喇叭口期揭膜后锄地可破除土壤板结，使土壤疏松，改善土壤的通气性，提高土壤的含氧量，利于微生物活动，加快土壤有机物的分解和转化，同时消灭杂草，锄地宜浅不宜深，一般以 3 ~ 5 cm 为宜。大喇叭口期每亩穗肥施玉米专用复合追肥 25 ~ 30 kg，加 6 ~ 10 kg 尿素开沟深施。在春玉米抽雄前 10 d 至抽雄后 20 d 里，是玉米一生需水最多和最关键的时期，此期土壤遇旱应及时浇水，以满足玉米正常灌溉的需要</td></tr>
<tr><td>花粒期</td><td colspan="14">玉米进入蜡熟后期，尤其对紧凑型玉米，应注意保护叶片，禁止割叶晒棒，出现缺肥症状时每亩用尿素 2 kg，磷酸二氢钾 0.5 kg，玉米微肥 1 袋对水 100 kg 制成混合液叶面喷洒一次</td></tr>
<tr><td>适时收获</td><td colspan="15">适当晚收，在果穗白皮后 7 ~ 10 d 收获为最佳期，可充分发挥叶片的光合效能，形成较多的光合产物和提高产量</td></tr>
</table>

第四节　高产创建绵阳模式

一、背景

绵阳市地处四川西北，涪江中上游地带。地理坐标为：东经103°45′~105°43′，北纬30°42′~33°03′。全市按地貌分，山区占61%，丘陵区占20.4%，平坝区占18.6%，平均海拔700 m。属亚热带季风性湿润气候区，光、热、水资源丰富，常年年均气温16℃左右，降水量866 mm左右，四季易耕。

全市有耕地面积600万亩，其中，常年玉米种植面积约165万亩。玉米多分布于丘陵山区，生产条件相对较差，加之农民习惯性种植密度低、施肥不合理、品种结构布局不当、缺乏灌溉条件、春、夏旱频发等因素影响，玉米生产发展缓慢。通过高产高效创建项目的实施，整合各方优势资源，狠抓科技服务，玉米生产水平有了长足的进步。常年在9个县市区实施小麦、油菜、玉米、水稻、马铃薯、花生等六大作物高产高效创建，示范面积34.5万亩以上。通过该项目的辐射带动，玉米种植面积逐年扩大，玉米单产和总产也稳步提高。2014年全市玉米种植面积172.5万亩，较2006年扩大了14.2%；2014年玉米总产52.2万t，较2006年提高了41.7%；年均新增总产量1.9万余t，新增总产值近5千万元。

二、技术模式和创建机制

（一）技术模式

实行双三〇规范化改制，按照良种良法配套的要求，建立不同品种、不同台位的玉米高产栽培技术体系，全面贯彻“选良种、足墒播、配方肥、增密度、膜覆盖、绿防控”十八字技术路线。

1. 改制留行

小春旱地规范改制，1.67~2 m（5~6尺）开厢，中厢带植。

2. 选用良种

选择优质高产、株型半紧凑、生育期120 d左右、发芽和出苗期耐旱、抗性好、适宜本区域播栽的玉米新品种。如蜀龙13、成单30、正红505、德玉18、中单808等。

3. 适墒佳期播种

为避开5月下旬至6月中旬夏旱期，7月下旬至8月上旬伏旱期，确保玉米安全抽雄扬花灌浆，获得高产，丘区无水源灌溉条件的旱坡台土集中在4月中下旬播栽；有水源灌溉条件的坝区和丘区沟槽土集中在3月下旬至4月上旬播栽。二季秋玉米应在7月15日前结束播栽。

4. 突出“三栽”

壮苗单株栽、宽窄行套栽、深沟深栽。

5. 增密增肥

种植密度3 000~4 000株/667m^2；施肥水平和方法以土肥站测土配方为准。

6. 节水栽培

集雨节水膜侧栽培和稿秆糠壳覆盖保墒防旱栽培。

7. 防止倒伏

选用抗倒品种，适当增加播栽深度。玉米拔节和大喇叭口期结合施肥上厢垒兜；对常年易倒伏的品种及长势旺盛的地块可在 8 ~ 10 片叶时喷施玉米矮丰化控防倒。

8. 加强田管

播栽后及时做好查苗补缺，提弱补壮，5 ~ 7 片叶时施好提苗壮杆肥，12 ~ 14 片叶时施足攻苞肥，并及时做好病虫防控工作。

（二）技术模式表

<table>
<tr><td rowspan="2">月份</td><td colspan="3">3</td><td colspan="3">4</td><td colspan="3">5</td><td colspan="3">6</td><td colspan="3">7</td><td colspan="3">8</td></tr>
<tr><td>上</td><td>中</td><td>下</td><td>上</td><td>中</td><td>下</td><td>上</td><td>中</td><td>下</td><td>上</td><td>中</td><td>下</td><td>上</td><td>中</td><td>下</td><td>上</td><td>中</td><td>下</td></tr>
<tr><td>节气</td><td>惊蛰</td><td></td><td>春分</td><td>清明</td><td></td><td>谷雨</td><td>立夏</td><td></td><td>小满</td><td>芒种</td><td></td><td>夏至</td><td>小暑</td><td></td><td>大暑</td><td>立秋</td><td></td><td>处暑</td></tr>
<tr><td>品种类型及产量构成</td><td colspan="18">主要品种：蜀龙 13、成单 30、正红 505、德玉 18、中单 808、绵单 118、国豪玉 7 号等
产量构成：每亩 3 200 ~ 4 000 穗，每穗 400 ~ 500 粒，千粒重 300 g 左右，单穗粒重 120 ~ 150 g</td></tr>
<tr><td>生育时期</td><td colspan="18">播种：3 月下旬至 4 月中旬出苗：4 月上旬至 4 月下旬拔节：4 月下旬至 5 月中旬抽雄、散粉、吐丝：6 月上旬至 6 月下旬灌浆：7 月中旬至 8 月上旬成熟、收获</td></tr>
<tr><td rowspan="2">播前准备</td><td colspan="2">条带耕整</td><td colspan="16">选用微耕机对播种带进行旋耕 1 ~ 2 次。标准达到深度不低于 12 cm，耕层内直径大于 4 cm 的土块不超过 5%，表土细碎，地面平整</td></tr>
<tr><td colspan="2">种子准备</td><td colspan="16">所选种子应达到纯度≥98%、发芽率≥90%、净度≥98%、含水率≤13%，并按照规定进行种子包衣</td></tr>
<tr><td rowspan="2">精细播种</td><td colspan="2">适期播种</td><td colspan="16">春播时间：直播一般为 3 月 20 日至 4 月 20 日，育苗移栽一般可在 3 月上旬盖膜育苗。采用宽窄行直播或育苗移栽。播种量一般每亩 1.5 ~ 2.5 kg，可根据品种千粒重酌情增减</td></tr>
<tr><td colspan="2">播种技术</td><td colspan="16">（1）覆膜直播。包括直播后盖膜和盖膜后直播两种方式。均要求施足底肥和底水后覆盖。一般底肥施入总施肥量的全部磷钾肥和有机肥，及氮肥总量的 30%。每亩浇底水不少于 3 000 kg 或播前降水累积不少于 30 mm。播种深浅一致，深度 5 cm 左右，种子不过深、不落干
（2）育苗移栽。包括营养袋、秸秆钵、肥团或方块育苗等多种方式。育苗用营养土按 30% ~ 40% 的腐熟有机渣料、60% ~ 70% 的苗床土、每 100 kg 料土加入磨细过筛的过磷酸钙 1 kg、尿素 0.1 kg混匀配制营养土。移栽期掌握在 3 片可见叶前，分级、定向移栽
（3）缩行增密。通过缩小行距 20 ~ 30 cm 或双株留苗，使大面积生产增加种植密度 500 株/667m^2 以上</td></tr>
<tr><td rowspan="3">田间管理</td><td colspan="2">化学除草</td><td colspan="16">用莠去津类胶悬剂和乙草胺乳油（或异丙甲草胺）混合，对水后在播后立即进行土壤喷雾。干旱年份或干旱地区，土壤处理效果差，可用莠去津类乳油对水在杂草 2 ~ 4 叶期进行茎叶喷雾。土壤有机质含量高的地块在较干旱时使用高剂量，反之使用低剂量，苗带施药按施药面积酌情减量。施药要均匀，做到不重喷、不漏喷，不能使用低容量喷雾器及弥雾机施药</td></tr>
<tr><td colspan="2">间、定苗</td><td colspan="16">2 叶 1 心期间苗，4 ~ 5 叶期定苗。留大苗、壮苗、齐苗，不苛求等距，但要按单位面积保苗密度留足苗</td></tr>
<tr><td colspan="2">追肥</td><td colspan="16">①穗肥：大剌叭口期，或见展叶差 4.5 ~ 5 叶，或叶龄指数 50% ~ 60% 时猛施穗肥，以农家水粪对匀速效氮肥，肥水齐上，促进穗分化。穗肥占总施氮量的 50%，即每亩尿素 20 ~ 25 kg 对匀人畜粪水 3 000 kg
②花粒肥：玉米生长后期若脱肥，用 1% 尿素溶液 +0.2% 磷酸二氢钾进行叶面喷施。时间最好为上午 9 时前或下午 5 时后</td></tr>
</table>

（续表）

月份	3			4			5			6			7			8		
	上	中	下	上	中	下	上	中	下	上	中	下	上	中	下	上	中	下
节气	惊蛰		春分	清明		谷雨	立夏		小满	芒种		夏至	小暑		大暑	立秋		处暑
田间管理	病虫害防治	①大斑病：50%多菌灵可湿性粉剂500倍液，或用50%退菌特可湿性粉剂800倍液等药剂，于玉米雄花期喷1~2次，每隔7~10 d喷1次 ②小斑病：发病初期，用50%多菌灵可湿性粉剂500倍液，或用65%代森锰锌可湿性粉剂500倍液等药剂，从心叶末期到抽雄期每7 d喷1次，连喷2~3次 ③黏虫：6月中旬至7月上旬，每株平均有1头黏虫时，用2.5%功夫乳油或20%速灭杀丁乳油按20 ml/亩对水30 kg喷雾，或用50%敌敌畏乳油1 000倍液喷雾防治，将黏虫消灭在3龄前 ④玉米螟： •白僵菌防治：春季玉米螟化蛹前，对玉米和高梁秸、茬垛用白僵菌75~100 g/m^{3}与10倍的细土（或滑石粉）拌匀，喷粉封垛；6月末可在植株心叶间投撒白僵菌防治，1、2龄玉米螟幼虫；或在玉米螟羽化盛期用50%敌敌畏乳油浸泡的高梁秆2~3根/立方米熏杀羽化成虫。 •赤眼蜂防治：一般在6月初至7月10日剖秆调查。玉米螟化蛹率达20%时，后推11 d第1次放蜂（每亩0.7万头），5~7 d后第2次放蜂（每亩0.8万头）。每亩1~2个点，将蜂卡固定在植株中部叶片背面，将螟虫消灭在孵化前																	
适时收获	玉米籽粒成熟后及时收获，收获后及时晾晒脱粒																	
规模种植	种植规模30亩以下的，采取购买微耕、机播、机动喷雾器等轻小型农机作业服务的方式 种植规模30~100亩的，购置轻小型农机和15马力以上中型农机及配套机具 种植规模100~300亩的，购置35马力以上的动力机械3台和配套机具进行生产环节管理，可为周边农户提供专业化服务 种植规模500亩以上的，购置35马力以上的动力机械5台和配套机具进行生产环节管理的同时，可配置2行摘穗的收获机为周边农户提供专业化服务																	

（三）创建机制

以技术大集成、部门大协作、水平大提高、工作大联动为目标，强化行政推动、资金投入、技术指导、观摩示范、项目管理工作，认真落实“四新”（新品种、新技术、新模式、新机制）示范和“五良”（良种、良法、良制、良壤、良机）配套措施，通过高产创建项目带动大面积平衡增产。

①成立工作小组，负责项目的组织协调和督促检查工作以及目标考核，明确职责，确保了高产创建顺利开展。

②成立专家指导小组，负责实施方案制定、技术培训、技术指导、技术示范、检查验收总结等具体工作，确保各项技术措施落实。

③开展培训会、发放资料、科技赶场、广播讲座、面对面传授种植知识，深入田间地头、家庭院坝，送技术上门，培训基层干部、科技示范户和农户。

④安排专项资金用于技术推广补助、专业化服务补助、物化补助、测产、验收、考核奖励等。

⑤通过开辟专栏、编发高产创建动态等形式，宣传高产创建示范片建设成果、先进典型和成功经验，营造舆论氛围，推动粮油高产创建示范活动深入开展。示范区实行“四统一”，即统一规划、统一供应良种、统一技术培训、统一病虫害防治，打造大样板、大现场，提升示范带动功能；辐射区实行“三到位”，即宣传发动到位、技术培训到位、技

术指导到位，保证技术入户到田，扩大辐射带动范围。

⑥实行县、镇（乡）、村三级联创，以县为主体，加强高产创建的指挥和协调，各相关单位协助搞好规划，完善技术方案，共同组织实施。

三、产量与效益

（一）经济效益

近10年，绵阳市将玉米高产创建当作常态性工作认真对待。全市玉米种植面积稳步扩大，玉米单产和总产也稳步提高。种植面积由2006年的150万亩扩大到2014年的172.6万亩，增幅14.2%；单产由2006年的243.4 kg/667m^2增加到302.1 kg/667m^2，增幅24.1%；总产由2006年的36.8万t增长到2014年的52.2万t，增幅41.7%。年均新增总产量1.9万余t，新增总产值近5 000万元。

表7－3 2006—2014年绵阳市玉米面积、产量

年份	面积（万亩）	总产（吨）	单产（kg/667m^2）
2014	172.6	521 658	302.1
2013	173.1	515 856	297.9
2012	169.0	494 684	292.6
2011	168.0	495 499	294.8
2010	166.7	463 688	278.1
2009	164.4	441 988	268.8
2008	162.4	432 100	266.0
2007	158.2	397 179	251.0
2006	151.2	368 067	243.4

注：表格数据来源于绵阳市农业局

（二）生态效益

项目实施过程中，一是大力推广了太阳能杀虫灯、性诱剂诱杀害虫、生物导弹等绿色防控技术，并结合物理方法进行病虫害防治，大大减少了农药施用量，极大地降低了农药对环境的污染。二是采取测土配方施肥，增施有机肥，减少化学肥料施用量，降低了土壤的污染，在一定程度上，实现了生态环境的良性循环。三是大力推广秸秆还田技术，培肥了地力的同时，缓解了秸秆焚烧污染环境等突出问题。四是通过合理的耕作制度科学地利用耕地资源，保障了耕地的可持续生产力。

（三）社会效益

近年来，整个绵阳市承担各级玉米高产创建项目，各级政府高度重视，涉农部门通力协作，农民积极参与，辐射带动全市172.6万亩玉米生产，使得玉米品种布局更加合理，玉米种植密度每亩增加了500株以上，机械化应用面积也快速增加，玉米单产和总产量均稳步提升，为确保粮食安全做出了重要贡献。尤其是全国粮食生产先进县三台县，年投入高产创建专项资金200万元以上，建立核心示范片面积9万亩，辐射带动50余万亩；在示范片全面推行“四新（新品种、新技术、新模式、新机制）”技术，实行“五良（良种、良法、良制、良壤、良机）”配套，高产创建取得了显著成效，连续8年荣获全国粮食生产先进县。

第五节　高产创建宣汉模式

一、单块田高产攻关

2008年，宣汉县农业局与四川省农业厅、四川省农科院，在宣汉县海拔1 150 m的峰城镇西牛村，联合开展了单块田玉米超高产攻关。通过精心组织、认真落实高产创建技术模式，取得了亩产1 181.6 kg的单块田超高产纪录，创造了当年西南山地玉米单块田高产纪录。超高产攻关的成功，主要取决于合理的运行机制和落实超常规设计的技术方案。

（一）超高产攻关运行机制

运行机制以“专家+技术员+农户”为主，即由专家设计超常规技术攻关方案和亲临现场指导。技术骨干蹲点实施，从品种选择、培育壮苗、精准移栽、施肥管理等每个关键环节，严格按照攻关方案，与攻关农户一道，亲自操作指导，确保超高产攻关技术不走样。

（二）超高产攻关配套技术

以高密种植为核心，配套落实“高产良种、肥团育苗、地膜覆盖、定距移栽、平衡生长、测土配方、辅助授粉、绿色防控”八大技术。

1. 高产良种

选用株型较紧凑，耐密植；茎秆硬，抗倒伏；千粒重和出籽率较高，综合性状表现较好的突破性新品种登海605。

2. 培育壮苗

育苗时间比当地习惯育苗时间提早5 d，即3月29号育苗。育苗方式，主要采取了利于玉米蹲苗，培育壮苗和移栽后无明显缓苗的肥团育苗方式。肥团按30%～40%的腐熟有机渣料、60%～70%的肥沃菜园土为基本材料，每100 kg料土加入磨细过筛的过磷酸钙1 kg，尿素0.1 kg配制营养土。肥团大小标准为直径5 cm、高5～6 cm。

3. 地膜覆盖

在翻地整厢基础上，按133 cm对半开，顺厢掏好施肥沟（以沟代宽行）。沟口宽30 cm，沟底宽20 cm，沟深15～20 cm。沟内施肥时，将粗大农家肥施于沟底，化学肥料均匀撒于农家肥上，垒土作厢，规范盖膜。

盖膜应注意以下几个技术环节。

①厢土要细，有利于微膜紧贴厢土，防治杂草生长。

②膜面要光洁，膜边沿压土不宜超过15 cm，膜的受光面要达70%以上。

③膜的四周用细土压严压实，既避免大风掀膜，又增强保温、保湿、保肥效果。

4. 定距移栽

为确保攻关田块移栽密度，提高规范化程度，使用定距打窝器打窝移栽。2叶前，选用长势一致的健壮玉米苗定向、错窝移栽。株距13.3 cm，亩移栽7 500株。栽后用细土覆窝，防治干旱暴晒肥团，影响根系生长。

5. 平衡生长

从选种培育健壮苗入手。当玉米移栽成活后，生长到4～5叶时，及时对弱苗、小苗追施提苗肥，促进平衡生长。

6. 测土配方

通过对土壤肥力水平测定，根据目标产量及玉米需肥特点，合理配置肥料。一般亩产1 000 kg 以上产量水平施肥标准是：

①底肥：亩施农家肥2 500 kg 左右、尿素30 ~ 35 kg、过磷酸钙40 ~ 50 kg、氯化钾10 ~ 15 kg、硫酸锌1 ~ 2 kg。

②追肥：当玉米生长到5 ~ 6 叶时，对小苗追施偏肥提苗。大喇叭口期亩用尿素20 kg重施穗肥，促大穗，保粒重。

7. 辅助授粉

超高产攻关田块，密度较大，叶片密集，妨碍授粉，所以在抽穗扬花期，积极采取人工授粉，增加穗粒数，降低秃尖，实现超高产目标。

8. 绿色防控

以玉米大小叶斑病、纹枯病、锈病和地老虎为病虫防治对象。

①防治地老虎—将麦麸饵料炒香，每亩用4 ~ 5 kg，加入90% 敌百虫的30 倍水液150ml，拌匀成毒饵，于傍晚撒于地面诱杀。

②防治大小斑病—用50% 多菌灵可湿性粉剂或70% 甲基托布津可湿性粉剂防治。

③防治纹枯病—初发期可以用人工摘除病叶或用1% 井岗霉素喷洒病处。

④防治锈病—发病初期，喷施25% 粉锈宁可湿性粉剂或乳油1 500 ~ 2 000倍液防治2 ~ 3 次即可。

9. 适当晚收

果穗苞叶发黄时，玉米正处于蜡熟期，千粒重仅为完熟期90%，若晚收1 d，千粒重增加1 ~ 5 g，亩增产5 ~ 10 kg。因此，要在玉米达到完熟期时收获。

二、万亩高产创建

2009 年，宣汉县开始实施玉米万亩高产创建。在各级领导和专家关心支持下，通过精心组织实施，取得了连续6 年平均亩产超800 kg 的实施效果，创造了西南山地万亩玉米示范片高产纪录。在项目实施过程中，按照“专家 + 技术员 + 基层干部 + 农户”的运行模式，从机制体制创新、优化技术方案入手，强力推进玉米万亩高产创建示范项目。

（一）创新机制体制

1. 院县合作机制

项目实施中，进一步与四川省农业科学院、省玉米创新团队、四川农业大学等科研教学单位密切配合，建立科技成果转化基地，创新成果转化路径，健全“上有专家 + 创新团队、下有科技带头人 + 县乡农技干部”的四级科技推广服务体系，实现了“创新转化一条线、专家农户面对面”的院县合作效果，切实解决了零距离服务难的问题。

2. 技术服务机制

为加强玉米高产创建技术服务，确保玉米生产各关键环节栽培技术到位，县上抽派技术骨干，配合项目乡镇农技人员，采取专家带农技员，突破技术关；种植能手带农户，突破生产关；经营能手带大户，突破市场关的“三带三突破”技术服务模式，有效提高了玉米高产栽培技术到位率。

3. 监督激励机制

宣汉县委、政府分管领导任项目指挥长，项目乡镇和相关业务部门为第一责任人，将万亩玉米高产创建示范片各项目标任务直接与政绩挂钩，与“帽子”挂钩。采取对工作落实到位，成绩突出的单位和个人给予重奖，提拔重用。对办事不力，造成不良后果的单位和个人进行全县通报批评、降薪降职等措施，充分调动干部群众实施万亩玉米高产创建积极性，确保项目顺利开展，完成各项目标任务。

（二）主推技术

玉米种植技术推广应用过程中，以增密种植为核心，大力推广应用了“两早”“三增”“一控”关键技术，促进了玉米平衡生长，均衡增产。

1. “两早”

一是增温早育，当日均温稳定通过9℃时，及时采取肥团盖膜增温育苗，培育壮苗；二是盖膜早栽，育苗后及早松行炕土，开沟施肥、作厢盖膜。二叶一心前，完成分级定向错窝移栽。

2. “两增”

一是增加移栽密度，根据不同玉米品种，适当增加玉米移栽密度。一般大穗型品种坝区亩移栽3 200 株左右，山区亩移栽4 200 株左右。中或中偏大穗型品种移栽密度相应增加200～300 株。二是增施有机肥，每亩施用有机肥1 500～2 500 kg，达到培肥地力、持续供肥的目的。

3. “一控”

即喷施玉米健壮素、矮丰，控制植株高度，增强玉米抗倒伏能力，确保丰收。

三、整建制高产创建

为高标准、高质量完成各项目标任务，县委、县政府高度重视，县级涉农部门和项目乡镇，打破常规，优化方案，创新机制，按照“政府＋专家＋农技人员＋农户”的运行模式，全力以赴实施整县制玉米高产创建，取得了整县制推进连续 5 年平均亩产突破600 kg大关的高产纪录。以上成绩的取得，缘于在措施上主要落实了以下两个方面工作：

（一）整建制实施机制

1. 组织保障机制

项目实施前，县委、县政府就成立了强有力的整县制玉米高产创建项目领导小组和技术指导小组。一是成立由县长任组长，分管领导任副组长，县级涉农部门和项目乡镇一把手为成员组成项目行政领导小组，主要负责检察督促、关系协调、资金筹措、目标考核等工作。二是成立由县农业局局长任组长，分管副局长任副组长，科技股、产业股股长，县级相关职能站所和片区站主要负责人为成员的项目技术指导小组，主要负责与省市专家衔接、拟定实施方案、技术培训指导、补贴物资发放等工作，确保项目实施顺利进行。

2. 技术培训机制

①健全指导服务体系。借力省内外科研院校知名专家，建立院县合作关系，创新成果转化路径，健全上有专家＋创新团队，下有科技带头人＋县乡农技干部的四级科技推广服务体系。

②大力开展技术培训。以大培训、大示范、大推广“三大行动”为载体，分片区对

乡镇农技人员和新型农民进行集中培训，受训人员分村分社对广大农户进行培训，形成“上下互动、左右联动”的培训氛围。以进村入户、现场等形式，将技术直接培训到人、指导到田，确保了技术落实不走样。

3. 社会服务机制

通过积极探索市场开拓，组建新型农民专业合作社，扶持建设粮食专业合作社向标准化、规范化发展，切切实实把玉米高产创建作为农民增收致富的主导产业。通过大力拓展市场，强化专业化服务体系建设，真正实现将玉米种出高水平，卖出好价钱。

4. 考核激励机制

项目实施中，推行领导包线、单位包片、实施人员包点和定人、定点、定责“三包三定”责任制，按照“出人才、出成绩、出经验，创建效果与年度考核、职称评聘、绩效工资挂勾”的“三出三挂”激励机制严格考核，营造有人做事、有条件做事、有积极性做事的良好创建氛围。

（二）创新配套技术

整县制玉米高产创建实施过程中，除全面落实增温早育、盖膜增密早栽、测土配方施肥、绿色防控病虫等均衡增产关键技术外，创新使用了省力、省工的实用型专利—定距打窝器，实现玉米精准移栽，保证了玉米移栽密度；推广应用了矮化壮苗的玉米健壮素，有效降低了玉米植株高度，提高了玉米抗倒伏能力，确保玉米稳产高产。

（本章撰稿：刘代银、梁南山、郑祖平、王秀全、李朝泉、李涛、王小中等）

参考文献

[1] 李少昆，刘永红，等．玉米高产高效栽培模式［M］．北京：金盾出版社，2011：87－111.

[2] 李少昆，刘永红，李晓，等．西南玉米田间种植手册［M］．北京：中国农业出版社，2012.

第八章　四川现代玉米产业发展战略

第一节　高产创建的贡献与主要经验

在四川玉米发展史上，2007—2014 年的高产创建必然会留下光辉的篇章。研讨四川现代玉米产业发展战略，就必须认真总结高产创建工作的成功经验，站在高产创建成果上再出发，才能取得更大成绩、作出更大贡献。梳理、总结四川高产创建工作的贡献与主要经验，主要体现在以下几个方面。

一、全面推动了四川玉米生产发展

从高产创建启动以来的 2007—2014 年（图 8－1）四川省玉米总产可以看出，总产从 2007 年的 602.67 万 t 快速增长，2010 年突破 650 万 t 达到 669.43 万 t，2013 年开始上 750 万 t 大关，2013 年、2014 年分别达到 762.4 万 t、751.9 万 t，7 年累计增加玉米 149.23 万 t，创直接经济效益 32 亿元以上。其中，面积和单产几乎连年增加，面积从 1 995.6万亩增加到 2 071.8万亩，年均增长 0.5%；单产从 301.9 kg/亩增加到 362.9 kg/亩，年均增长 2.9%。与重庆分出后四川 1997—2006 年平均水平比较（图 8－2），总产上了 3 个台阶（以增加 50 万 t 为标准）、单产上了两个台阶（增产 10% 为标准）。1997—2006 年总产变幅为 511.2 万～640 万 t，单产变幅为 251.1～324 kg/亩，9 年中总产增加年有 5 年，累计增加 195.5 万 t，减产年有 4 年，累计减少 265 万 t。总产和单产的变异系数分别为 17.99% 和 15.87%，种植面积变异系数为 5.37%。

二、构建了政、产、研、推联合协作机制

由政府整合相关项目建立高产创建平台、划定高产区域，提出攻关产量目标，并确定省级、市级领衔专家和县级技术指导组，同实施乡镇农技人员一道，研究编制完成产量目标的实施方案，再指导科技示范户和规模经营主体（玉米种植大户和专业合作社）进行实施，农资、饲料、加工等企业开展订单供应和产品收购，保障“种出高水平、卖出好价钱”。再通过测产验收专家库抽取专家，进行交叉测产验收，建立激励机制，推动高产创建工作持续开展。通过 7 年多的探索与实践，构建形成了省、市、县、乡镇政府部门联合行动，省、市、县、乡镇农科和农技推广人员联合互助，农户、规模经营主体、企业联合互动的政、产、研、推联合协作机制。

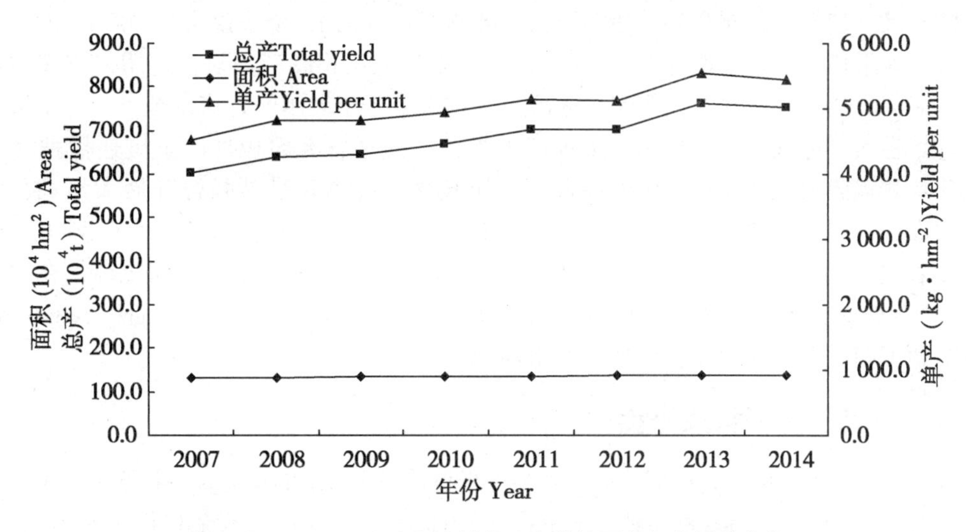

图 8-1 2007—2014 年四川省玉米种植面积与产量的变化

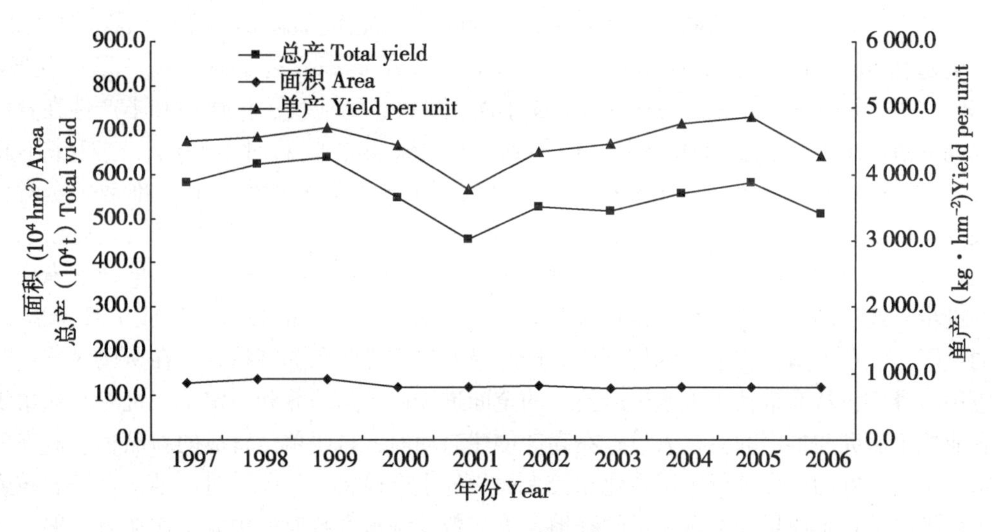

图 8-2 1997—2006 年四川省玉米种植面积与产量的变化

三、建立了不同层次、不同产量目标的高产创建技术模式及配套的推广机制

针对单块田、百千万亩示范片、县乡整建制以及全省大面积高产创建工作，通过逐步探索，建立了相应的高产创建技术模式及配套推广机制。其中，单块田超高产攻关创建高产纪录，采用超常规设计的技术方案，加上“专家 + 农技人员蹲点 + 科技示范户”的机制，创建了盆周山区宣汉、高原区盐源吨粮，丘陵区简阳、中江亩产 800 kg 的高产纪录；百千万亩示范片高产创建，采用多项高产关键技术组装集成模式，加上“专家 + 农技人员 + 基层干部 + 农户”的推广机制，创建了盆周山区宣汉万亩亩产 800 kg、多个丘陵县市区亩产 700 kg 和 600 kg 的高产水平；县乡整建制高产创建，采用围绕 1 ~ 2 项高产核心技术集成模式，加上“政府 + 专家 + 农技人员 + 基层干部 + 农户”的推广机制，创建了盆

周山区宣汉、仁寿、西充全县整建制以及主要玉米产区的15个乡镇亩产600 kg的高产水平，较当地平均产量普遍增加50～100 kg/亩；全省大面积高产创建，采用先进实用技术规范化落实，加上分层次建设机制，采取百亩攻关、千亩展示、万亩示范、整乡推进、整县推进等层次，边试点、边总结、边推广的方式，向全省大面积推广了抗逆播种（地膜覆盖移栽和盖膜打孔直播）、水肥耦合等关键技术，以及农科推联合开展大培训、大示范、大推广的机制，探索创新了“专家（农技人员）＋种粮大户” “专家（农技人员）＋农机（植保）专合社＋农户”的适度规模经营技术服务模式。据统计，在中江等100多个县建立百亩千亩展示片1 000余个（次），万亩片680个（次），面积768.6万亩，全面推动了四川玉米品种和栽培技术的更新换代。

四、带动了玉米科技进步

以高产高效为目标的高产创建工作，为玉米科技提出了新的课题。一是增加密度为核心的高产创建技术路线，对耐密品种、增密栽培及配套的肥水调控技术提出了更高要求，促使育种、耕作栽培、植保学科科研重点的转变。例如，在宣汉吨粮攻关过程中，2006—2007年项目组以当时审定的多个品种在常规3 500～4 000株/亩密度基础上，增加1 000～1 500株，多在孕穗初期开始倒伏，空秆率普遍在10%以上，结实率显著下降，亩产量多在800～950 kg。2007年引进北方耐密品种登海605小面积试种，适应性、抗病性和丰产性在宣汉总体表现不错。2008年，项目组将密度增加到7 500株/亩，收获时不倒伏、空秆率不超过5%，亩产量达到1 181.6 kg。该品种超高密度实现玉米产量的重大突破，推动了全省育种攻关方向从稀植大穗向耐密中大穗的转变，2011年四川省新品种审定的区域试验增设3 600株/亩组别，旨在鉴选审定适合高产创建耐密、机械化管理的新品种。二是推动玉米生产技术的进步。通过高产创建，在实现产量目标突破过程中，广大农技人员形成了赶、学、比、超的氛围，农技人员竞相学习每年创造高产纪录的先进经验和关键技术，在所属区域进行集成应用与推广，从而带动了玉米生产技术的全面进步。三是培养和稳定了一批专心从事玉米等农业技术研究与推广的科技人员。在高产创建启动前，科研单位育成的新品种、研发的新技术，缺乏良好的条件进行中试熟化和较大面积的生产检验。与此同时，县、乡镇农技人员缺乏可推广的技术成果和本领展示的阵地，大多数围绕地方政府的中心工作从事一般性的行政事务，荒芜了自己的专业技术。高产创建正好为科研单位成果转化推广、农技服务体系业务开展创造了对接条件，它既检验科技成果解决生产问题的作用大小，又检验广大农技人员服务推广的本事大小。持续稳定的工作推进，培养了一支不怕吃苦、勤于专研、乐于服务农业和农民的农业科技队伍，为现代玉米产业发展提供了人才保障。而且，部分农业科技人员通过专业化、社会化服务，扶持并推动了种粮大户、家庭农场、专业合作社的发展，自身价值通过服务得到体现，实现了创新与创业的有机结合。

第二节　现代玉米产业发展的基本思路

四川玉米播种面积2000多万亩，丘陵低山区、盆周山区和高原区等中山区分别占40%、60%，一般3—7月均可播种，呈现多样化的生产特点。随着国家对节粮型畜牧业及种养循环模式的政策推动，农村特别是山区劳动力锐减及投入减少，四川玉米产业必然需要"调结构、转方式"，通过区域的重新布局，生产方式的改革和提升，逐步向优质化、机械化、集约化方向发展。目前，四川玉米消费分配，饲料占70%，加工20%，口粮及种子约占10%。借鉴美国、欧洲山地玉米产业发展经验，结合四川农业的发展态势，未来四川玉米的消费趋势是：优质粒用玉米仍是消费需求的主体，其中仍以优质蛋白玉米为重点，加工用高淀粉玉米、高油玉米需求呈上升趋势；甜糯玉米逐步增大；青饲青贮玉米需求快速增长。

四川现代玉米产业发展的基本思路是优化品种结构，丰富品种类型，加强区域布局，集成推广机械化生产技术模式，提高种植效率和效益。首先，应以发展优质饲料（草）玉米为主，包括高蛋白玉米、粮饲通用型玉米、青贮玉米等，优化品种结构，丰富品种类型；其次，应大力发展淀粉工业和食品加工业用的高淀粉玉米（高淀粉玉米是淀粉糖、变性淀粉和乙醇的重要原料）、高油玉米及甜、糯玉米（甜、糯玉米可加工方便食品，还可作为休闲观光农业的重要内容，延伸玉米生产功能），重点规划建立专用玉米核心生产基地；再次，应培植壮大玉米加工业，包括饲料工业、淀粉加工业、酒精制造业、食品加工业，加快玉米终端食品发展速度，延长玉米产业链；最后，应加强玉米全株利用。根据玉米秸秆特点，部分秸秆通过还田作为改良土壤的基本物料，部分秸秆可生产生物颗粒饲料，或直接青贮、黄贮养殖草食动物，"过腹"转化还田。

第三节　四川玉米区域划分

一、适宜区的划分

通常以气温全年≥10℃的活动积温达2 000℃·d以上，稳定通过10℃初日－稳定通过16℃终日之间的天数120 d以上以及降水量达≥350 mm作为种植玉米的基本气候条件（龚绍先，1989；陈淑全等，1997；薛生梁等，2003）。因此，以玉米种植的基本气象条件作为玉米气候适应性区划的指标来进行玉米分区。利用四川全省150个气象站历年观测资料统计，通过SSPS软件分析，分别建立各指标因子的空间分布模型如下。

$N = 494.8 - 0.2569h^2 - 28.9451\varphi + 2.2194\varphi 2 - 39.807\lambda + 2.2194\lambda^2$

$R = 0.955 \quad F(5, 143) = 299.7$

$Q = 11474 - 102.1202h - 3.1146h^2 - 834.01\varphi + 75.1034\varphi 2 - 893.0047\lambda + 52.1359\lambda^2$

$R = 0.967 \quad F(6, 142) = 338.4$

$P = 1553.9 + 0.3399h - 1.0322h^2 - 33.2337\varphi - 0.0678\varphi 2 - 120.5128\lambda + 8.1476\lambda^2$

$R = 0.855 \quad F(6, 142) = 64.5$

以上各式中，N、Q、P分别为稳定通过10℃初日－稳定通过16℃终日的天数、积温（℃.d）和降水量（mm），h、φ、λ分别为海拔高度（100 m）、纬度（°）和经度（°）。以上各式均通过1%的显著性经验。根据指标因子的统计模型，以1∶25万地理信息资料为基础，采用GIS软件制作玉米种植气候分区结果。从图8－3看出，玉米适宜区域主要在四川盆区，包括盆周山区和川西南山地的大部分地区。川西高原只有接近河谷、海拔相对较低的地区具有少部分适宜区域，次适宜区域也主要分布于凉山州和阿坝州、甘孜州的少部分区域。

二、玉米气候生产潜力优势区域划分

四川盆区虽然气候资源丰富，水、热、光等气候条件能满足玉米生长发育的要求，玉米适应性广，玉米气候生产潜力也较高，但由于地理位置和地形的不同，在各个区域之间又有很大差异，为了给玉米生产及产业布局提供科学依据，我们借鉴前期熟制分区的结果（王明田等，2012；侯美亭等，2010；谢洪波等，1994），综合考虑玉米的主要气候资源和气象灾害等因素，选择3—8月日照时数和温度日较差、稳定通过10～16℃初终日期之间的平均温度、最大光温生产潜力以及不同熟制玉米需水关键期降水保证率等因子进行四川盆区玉米气候生产潜力优势分区。

一般认为玉米抽雄前后30 d内为其生理需水敏感期，此期玉米需水量大（占全生育期需水总量的30%左右）。若供水不足，将影响雌雄穗的开花吐丝及授粉，造成减产。利用盆中玉米试验资料，从播种前10 d开始，按其发育期出现日期逐段计算降水与产量的相关性，结果发现玉米产量Y与抽雄前20 d的降水量（R）存在显著的相关关系。因此，可以将抽雄前20 d定为玉米第一需水关键期。经统计，以减产率10%定为临界减产值，推算出降水量的临界值为65.8 mm，按70 mm计算。其次，抽雄期—抽雄后10 d左右为玉米的第二关键需水期。此期若供水不足，会影响雄穗和雌穗的正常开花吐丝及授粉，造成减产，此期需要20 mm以上的降水量，两期相加，关键期总降水量为≥90 mm。

结合生产实际，四川玉米各区域播种期、抽雄期和需水关键期如表8－1。

表8－1　各区域玉米播期和需水关键期

区 域	播种期	抽雄期	需水关键期（日/月）
盆中浅丘春玉米区	3月下旬末	6月中旬前期	26/5－25/6
盆西北平丘早夏玉米区	4月上旬末	6月下旬中期	6/6－5/7
盆东南丘陵春玉米区	3月下旬初	6月上旬前期	16/5－15/6
盆周边缘山地玉米区	4月中旬前期	6月下旬末期	8/6－7/7
川西南山地玉米区	4月下旬	7月上旬	21/6－20/7

通过综合分析，并参考其他研究成果，进行归纳分析，确定四川玉米气候生产潜力优势分区指标如表8－2。

表8－2　玉米气候生产潜力优势分区指标

区 域	3—8月日照时数（h）	10～16℃期间平均温度（℃）	3—8月温度日较差（℃）	光温生产潜力（kg/亩）	关键期降水保证率（%）
一级区	>800	>20	>8.5	>1 600	>80
二级区	700～800	18～20	8～8.5	1 200～1 600	70～80
三级区	<700	<18	<8	<1 200	<70

利用四川盆区及其周边100多个气象站1961年以来的气象观测资料统计分析，分别建立各指标与海拔、纬度、经度关系的空间分布模型（表8－3）。这些模型均通过0.01水平的显著性检验，其中10～16℃期间平均温度与地理位置呈线性变化，特别是随海拔变化最明显，单相关系数为－0.943 2。其余各因子随地理位置的变化具有抛物线特征。

根据指标因子推算模型，采用GIS分析技术，首先对一级区域进行划分，即5个指标均满足条件；其次，将剩余区域按二级区域指标或一级指标中有4个指标满足条件的划分为二级区域，剩下的为三级区域。结果如彩图8－4（平面图）和彩图8－5（立体图）。

表8－3 指标因子的空间推算模型

因子	推算模型	复相关系数	F检验值
3—8月日照时数（hr）	$S = 246.361\ 31\lambda + 67.459\ 19\varphi + 43.894\ 02h - 11.001\ 99\lambda^2 - 7.583\ 44\varphi^2 - 4.566\ 99h^2 - 699.328\ 53$	0.882 9	$F(6, 93) = 54.8^{**}$
10～16℃期间平均温度	$T = -0.043\ 43\lambda - 0.230\ 97\varphi - 0.294\ 53h + 23.851\ 91$	0.954 3	$F(3, 145) = 492.7^{**}$
3—8月温度日较差（℃）	$\Delta c = -2.568\ 34\lambda - 2.309\ 84\varphi - 0.469\ 85h\ \ 0.147\ 70\lambda^2 + 0.307\ 92\varphi^2 + 0.033\ 76\ h^2 + 24.358\ 19$	0.736 2	$F(6, 95) = 18.7^{**}$
光温生产潜力（kg/亩）	$Q = -142.442\ 79\lambda - 119.052\ 41\varphi - 45.241\ 84h + 12.906\ 28\lambda^2 + 9.920\ 72\varphi^2 + 0.176\ 26\ h^2 + 2\ 421.999\ 55$	0.969 9	$F(6, 138) = 364.8^{**}$
关键期降水保证率（%）	$P = -55.477\ 76\lambda - 17.667\ 91\varphi - 3.207\ 25h + 3.393\ 54\lambda^2 + 1.499\ 03\varphi^2 + 0.251\ 82h^2\ \ 354.562\ 07$	0.709 7	$F(6, 86) = 14.5^{**}$

注：φ表示纬度（实际纬度－26°），λ表示经度（实际经度－97°），h表示海拔高度（100 m）

结果表明，四川玉米气候综合优势的区域分布具有明显的区域特征，最高一级在达州市、巴中市北部海拔较高的区域以及盆地南部小部分山区；第二级区域主要在南充、广安、遂宁、内江、泸州、宜宾、泸州等地，即盆中、盆南的丘陵地区；第三级区域盆西、盆北的大部分区域，包括广元西北部、绵阳、德阳、成都、雅安、乐山、自贡和内江的西部。

三、潜力分析

玉米产量潜力利用现状

玉米光温生产潜力利用率＝玉米实际单产/稳定通过10～16℃期间光温生产潜力×100%。

利用四川省1961—2010年农业统计年鉴资料，分别计算四川盆区历年各县玉米单产和历年各县稳定通过10～16℃期间光温生产潜力，计算各县历年玉米光温生产潜力的利用率。

（1）光温潜力的年际和年代际变化

通过统计分析，1961—2010年的50年间，盆区玉米光温潜力利用率总平均为16%。其中，20世纪60年代为7.7%，20世纪70年代为12.8%，20世纪80年代为18.7%，20世纪90年代为20%，21世纪00年代为22.8%，光温潜力利用率呈现逐年代提高的趋势（图8－6），平均每10年提高3.72个百分点。但实际年际之间的差异很明显，如图8－7，1961—1980年总体上增加，1981—2010年也增加，增加的幅度相对较小，而且波动很大。如1987年、1994年、2001年、2006年，出现明显的下降趋势，主要因为这些年均出现了比较严重的干旱。

（2）光温潜力利用率的空间变化

1961—2010年四川玉米光温潜力利用率的空间分布情况从图8－8看出，有几个高值

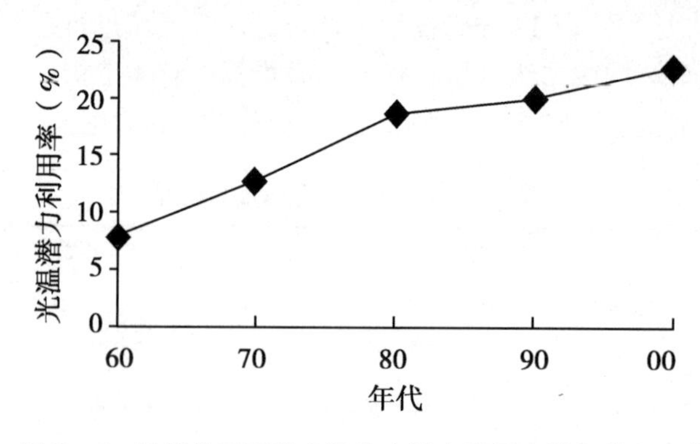

图 8－6　四川盆区玉米光温生产潜力利用率的年代际变化

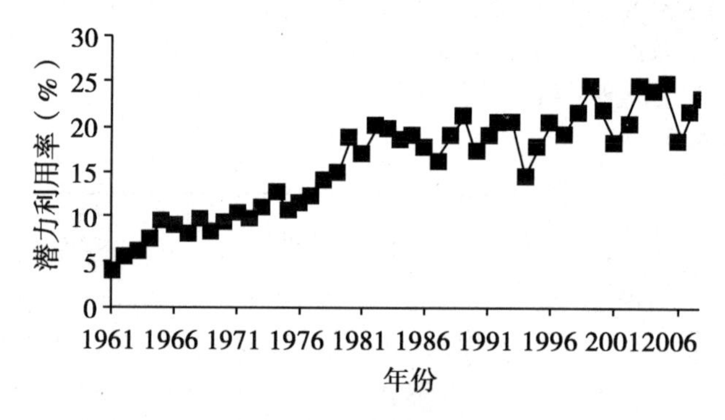

图 8－7　四川盆区光温生产潜力利用率的年际变化

区，遂宁、巴中、德阳、雅安等地区都在 20% 以上，内江、宜宾、自贡等地区在 12～16%，绵阳北部在 12% 以下，属于相对较小的区域。

按行政区划统计，各个市州之间的差异也很大，如表 8－4。遂宁在各个年代的利用率都较高，20 世纪 60 年代就达到 19. 46%，而其余各市州都在 10% 以下。另外，雅安市 20 世纪 60 年代仅有 9. 46%，20 世纪 70 年代增加到 17. 8%，进入 20 世纪 80 年代后，利用率迅速增长到 30% 以上，一直持续到 21 世纪 10 年代。

表 8－4　四川玉米光温生产潜力利用率的地区差异

地区	60 年代	70 年代	80 年代	90 年代	00 年代	1961—2010
成都	7. 78	14. 82	20. 53	21. 76	23. 44	17. 86
德阳	9. 70	17. 72	25. 95	27. 57	23. 61	20. 94
绵阳	7. 13	12. 05	17. 92	17. 91	19. 71	14. 96
雅安	9. 46	17. 80	30. 81	32. 67	32. 44	24. 64
眉山	9. 75	14. 14	19. 97	19. 37	22. 58	17. 42
资阳	5. 14	10. 87	15. 64	16. 46	20. 13	13. 28
乐山	6. 88	10. 67	15. 44	15. 02	17. 37	13. 08
内江	5. 18	9. 83	18. 93	16. 33	20. 33	14. 16
宜宾	6. 61	9. 16	14. 94	15. 98	20. 65	13. 25
自贡	5. 61	9. 36	17. 18	16. 13	20. 41	13. 74
广元	8. 02	12. 34	16. 91	20. 50	24. 13	16. 33
巴中	6. 66	18. 48	14. 25	22. 20	26. 92	17. 70

（续表）

地区	60 年代	70 年代	80 年代	90 年代	00 年代	1961—2010
达州	5. 64	7. 27	13. 98	20. 56	27. 88	15. 10
南充	9. 31	11. 79	14. 17	15. 46	21. 47	14. 44
遂宁	19. 46	28. 43	20. 93	18. 70	19. 53	21. 41
广安	8. 39	12. 81	20. 49	21. 93	25. 35	17. 84
泸州	6. 08	9. 15	17. 20	17. 21	18. 73	13. 13

综上认为，随着年代际变化，玉米光温潜力利用率逐步提高，反映了政府推动、科技进步、生产条件改善，对玉米生产的推动作用，但与美国等发达地区光温潜力利用率超过40%比较，仍有很大潜力尚需挖掘。以改善生产条件为基础，以建立抗御干旱等抗逆生产技术体系为关键，进一步发挥高产创建的机制模式，大幅度提高光温潜力利用率，推动玉米从传统产业向现代产业转型升级。

第四节　发展策略

一、合理规划，科学建立专用玉米产业基地

根据气候综合优势分区为依据，结合相关产业的布局规划，重新规划布局专用玉米产业基地。

①一级优势区。对达州市、巴中市北部海拔较高的区域以及盆地南部及川西南小部分山区，调整品种结构，重点规划布局高淀粉玉米、高油玉米产业，研究与推广挖掘光温潜力的技术成果，提高玉米生产能力，建立淀粉、玉米油大型加工生产基地以及以利用DDGS 等加工副产物的配套养殖基地。

②二级生产区。盆中、盆南的丘陵地区，以规划布局高产耐密、籽秆两用型（通用型）的优质蛋白玉米为主，研究与推广抗逆、节本、高产技术体系，提高玉米综合生产能力，配套建立多元化养殖和饲料加工基地。

③三级生产区。盆西、盆北的大部分区域，调整品种结构，以规划布局青贮青饲玉米为主，研究与推广营养体优质高产技术体系及新型种植模式，提高健康食品的综合生产能力，配套建立饲草生产加工和草食动物产品生产基地。

④都市城郊及返季优势条件好的地区，以规划布局甜、糯玉米为主，研究与推广优质高效技术体系及配套种植模式，拓展玉米产业功能，建立绿色生产和小食品加工基地以及秸秆资源化的养殖配套基地。

二、依靠科技，提升玉米综合生产能力

（一）加强种质资源创新，培育综合性状优良的突破性玉米新品种

目前，我国玉米育种体系依赖 5 个骨干种质，玉米种质的遗传基础比较薄弱，应通过先进实用的育种技术加强种质资源的创新。在品种选育上应重视综合性状优良的种质资源和品种选育，如耐密、耐瘠薄、抗旱、抗病、抗寒、抗倒等抗逆性以及适合不同用途的高

蛋白、高淀粉、高油等优异专用型种质和品种选育，大幅度提高品种的遗传增益。

（二）加强轻简种植技术的研究，提高玉米种植效益

玉米轻简技术可以实现省工、省时，增产增收。应针对不同生态区、不同种植制度重点开展以机械化秸秆还田及少免耕、抗逆简化播栽、简化高效施肥与专用长效缓控肥、种植包衣及简化植保技术等关键技术研究，集成建立不同生态区玉米简化高效技术体系。

（三）农机与农艺融合，加强主要玉米产区适配农机研究与选型配套

重点针对缓坡耕地和高山高原平地，发展机械化栽培，如将增产作用显著的地膜覆盖实行机械化覆膜等。同时加强育种、耕作栽培与农机融合的前瞻性研究。育种领域要培育中早熟、结穗高度一致、成熟度一致、适宜机播机收的新品种。耕作栽培则要大力推进玉米种植标准化。而农机则要根据区域玉米生产特点，有针对性地研发和选型配套满足区域需求的、不同动力配置的、不同管理环节需求的农机产品。

（四）加强玉米抗旱抗逆关键技术创新与技术集成

针对四川玉米生长季自然灾害，特别是季节性干旱频繁的特点，重视生物、农艺、工程等措施集成与示范推广的同时，大力研发抗旱抗逆的关键技术及其物化产品，发挥技术的抗逆增产作用。

（五）重视玉米科技成果转化推广模式的探索

在充分调动农技推广体系积极性基础上，需要进一步探索适应新时期的科技成果转化推广模式，建立区域中试熟化基地，通过“试验－中试－示范－推广”的成果转化模式，促进先进生产技术在大面积生产上的迅速应用。

三、促进玉米生产发展的政策措施

（一）加大政策支持

进一步建立健全玉米生产发展的政策支撑体系，加强和完善现有的惠农支农政策，激励农民种植玉米的积极性。扩大玉米良种补贴范围和补贴力度，适度提高补贴标准，使更多的农民享受到良种补贴的惠农政策。增加地膜覆盖、测土配方施肥等重大增产措施补贴，立项支持玉米高产、优质、高抗品种研发和技术推广补贴经费，突出科技创新、节本增效。注意引导企业与玉米良种补贴基地挂钩，把养殖和加工企业的需求与良种推广、规模种植有机衔接起来，切实落实国家政策。

（二）加大资金投入

省市等各级财政要加大对优质高产玉米生产发展扶持力度，建立政府、企业、农民多元化投入机制。多层次、多渠道、多形式筹集资金，进一步加大投入。特别应积极争取农业部“绿色增产模式攻关”的政策条件，为发展四川玉米生产提供政策、科技、资金保障。通过制订相应的政策性补贴、利用调整信贷、税收等手段，引导玉米加工企业积极参与玉米基地的各种建设，吸引更多的资金加入玉米生产发展。通过政府、企业、农民的多级投入，切实保证玉米生产的发展。

（三）加强科研投入

随着近年来四川省玉米科研能力的不断加强，玉米生产的科技水平不断提高，但与北方和国外相比还有较大差距，同时生产中还有许多实际问题亟待解决。因此，应通过加强科研投入不断提高科技水平。同时在玉米科研上应重视以下几个方面：一是重视生物、农艺、工程等措施集成，大力研发抗旱抗逆的关键技术及其物化产品，发挥技术的抗逆增产作用。二是加强种质资源创新，培育综合性状优良的突破性玉米新品种。三是加强轻简种植技术的研究，提高玉米种植效益。四是加强适应农机研制，注重农机与农艺融合。

（四）提高农田基础设施建设投入和标准

整合项目资金，高标准、高起点地开展农田基础设施建设，大力提高灌溉农业面积和机械化程度。一方面，大力推进“五小”水利建设，通过就地蓄集降水，既保障玉米座水播种、水肥耦合技术的推广应用，又兼顾小麦、马铃薯、大豆等其他粮经作物的用水，解决旱季缺水和季节性干旱问题。另一方面，田间机耕道建设应着眼于未来现代农业发展需求，制定农田和机耕道建设的标准，因地制宜地开展玉米产区梯田化和欧洲大缓坡式旱地的建设，以满足大、中、小、微型农业机械进入田间的要求。

（五）大力扶持龙头企业

以玉米加工企业和养殖企业（大户）为龙头，以农户为基础，以利益为纽带，实行订单生产，加强产销衔接，推进产业化经营。加大对大中型玉米加工企业技术改造的投入力度，设立玉米加工企业技术立项资金，鼓励和支持玉米产品的精深加工，增加玉米产品的附加值。

（六）加强部门合作

建立上下联动、部门互动的工作机制，推动农科教、产学研联合协作，政府、企业、专家、农民紧密配合，形成玉米生产发展的合力。

（本章撰稿：刘永红、彭国照、梁南山）

参考文献

[1] 龚绍先．粮食作物与气象［M］．北京：北京农业大学出版社，1989.

[2] 陈淑全，罗富顺，熊志强，等．四川气候［M］．成都：四川科学技术出版社，1997：139－142.

[3] 山东省农业科学研究院．中国玉米栽培学［M］．上海：上海科学技术出版社，1986.

[4] 薛生梁，刘明春，张惠玲．河西走廊玉米生态气候分析与适生种植气候区划［J］．中国农业气象，2003，24（2）：12－15.

[5] 刘明春，邓振镛，李巧珍，等．甘肃省玉米气候生态适应性研究［J］．干旱地区农业研究，2005，23（3）：112－117.

[6] 杨志跃．山西玉米种植区划研究［J］．山西农业大学学报，2007，25（3）：223－227.

[7] 段金省，牛国强．气候变化对陇东塬区玉米播种期的影响［J］．干旱地区农业研究，2007，25（2）：235－238.

[8] 姚晓红，李侠．气候变暖对天水市川灌地玉米生长发育的影响及对策研究［J］．干旱气象，2006，24（3）：57－61.

[9] 陆魁东，黄晚华，方丽，等．气象灾害指标在湖南春玉米种植区划中的应用［J］．

应用气象学报，2007，18（4）：548－554.
[10] 王明田，张玉芳，马均，等．四川省盆地区玉米干旱灾害风险评估及区划［J］．应用生态学报，2012，23（10）：2803－2811.
[11] 侯美亭，张顺谦，熊志强，等．气候干旱影响下的四川盆地玉米熟制布局与适播期探讨［A］．第27届中国气象学会年会现代农业气象防灾减灾与粮食安全分会场论文集［C］．2010，10.
[12] 冯达权．四川盆地玉米种植的农业气象问题及合理布局的分析［J］．四川农业科技，1982（1）：6－8.
[13] 谢洪波，冯达权．四川盆中玉米低产气象原因及其统计模型［J］．四川气象，1994，14（2）：39－42.
[14] 四川省气象局农业气象中心．四川丘区玉米熟制布局和气候适播期［J］．四川气象，1995，15（2）：44－51.
[15] 刘永红．提高我省现代玉米生产能力的科技对策（上）：消费趋势与区域发展方向［J］．农业科技动态，2004（7）.
[16] 刘永红．提高我省现代玉米生产能力的科技对策（中）：以抗旱节水技术为突破口［J］．农业科技动态，2004（10）.
[17] 刘永红．提高我省现代玉米生产能力的科技对策（下）：专用玉米优质增效关键技术［J］．农业科技动态，2004（12）.
[18] 刘永红．新形势下发展我省玉米产业的对策建议［J］．农业科技动态，2007（6）.
[19] 刘永红．学习美国和陕西榆林高产经验大力提高四川玉米单产［J］．农业科技动态，2008（5）.
[20] 刘永红，杨勤，等．依靠科技，大力提升我省玉米生产能力：宣汉峰城玉米创造1182公斤的技术途径分析［J］．农业科技动态，2008（33）.